Drehstrommaschinen im Inselbetrieb

Hartmut Mrugowsky

Drehstrommaschinen im Inselbetrieb

Modellbildung – Parametrierung – Simulation

2., überarbeitete und erweiterte Auflage

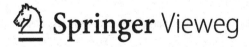

Prof. (i. R.) Dr.-Ing. Hartmut Mrugowsky
Institut für Elektrische Energietechnik
Universität Rostock
Rostock, Deutschland
hartmut.mrugowsky@uni-rostock.de

ISBN 978-3-658-08989-4   ISBN 978-3-658-08990-0 (eBook)
DOI 10.1007/978-3-658-08990-0

Die Deutsche Nationalbibliothek verzeichnet diese Publikation in der Deutschen Nationalbibliografie; detaillierte bibliografische Daten sind im Internet über http://dnb.d-nb.de abrufbar.

Springer Vieweg
© Springer Fachmedien Wiesbaden 2013, 2015

Gedruckt auf säurefreiem und chlorfrei gebleichtem Papier.

Springer Fachmedien Wiesbaden GmbH ist Teil der Fachverlagsgruppe Springer Science+Business Media (www.springer.com)

Vorwort zur zweiten Auflage

Für die zweite Auflage wurden alle Kapitel nochmals kritisch durchgesehen und die dabei festgestellten Fehler und Unkorrektheiten beseitigt. Neue Erkenntnisse zur Berechenbarkeit der gemeinsamen Streureaktanz der Polsystemkreise (Canay-Reaktanz) aus Messwerten führten zur vollständigen Überarbeitung und Erweiterung einiger Abschnitte von Kap. 3. Erweitert wurden außerdem in Kap. 10 (Anhang A) die Ausführungen zu den Antriebs- und Arbeitsmaschinen.

Hinweise auf noch vorhandene Fehler und Unkorrektheiten sowie Anregungen zur Verbesserung dieses Büchleins werden weiterhin dankend angenommen.

Dem Verlag Springer Vieweg und insbesondere dem Lektorat Elektrotechnik I IT I Informatik danke ich für die Unterstützung bei der Realisierung dieses Buchprojektes.

Rostock, im Januar 2015 Hartmut Mrugowsky

Vorwort zur ersten Auflage

Simulationsprogramme sind heute wichtige Hilfsmittel in der täglichen Ingenieurarbeit. Um das Verhalten von Drehstrommaschinen im Netz zu untersuchen, kommen neben spezialisierter Fachsoftware vielfach allgemeine Softwarepakete, z. B. MATLAB/Simulink, zum Einsatz, oder es werden in einer allgemeinen Programmiersprache kleinere Simulationsprogramme für den eigenen Gebrauch geschrieben. Für die Nutzung, besonders aber für die Entwicklung solcher Simulationssoftware benötigt der Ingenieur gründliche Kenntnisse über das Betriebsverhalten der Drehstrommaschinen und das Netz, über geeignete Modellansätze zu deren Nachbildung und die für diese erforderlichen Anlagencharakteristika (Modellparameter und charakteristische Kennlinien).

Das allgemeine Betriebsverhalten elektrischer Maschinen und die zu ihrer Nachbildung heute üblicherweise verwendeten mathematischen Modelle auf der Grundlage der Zwei-Achsen-Theorie werden in verschiedenen sehr guten Lehrbüchern – einige davon sind im Literaturverzeichnis aufgeführt – ausführlich behandelt, auf die deshalb hier verwiesen werden kann. Nur sehr kurz oder gar nicht wird in diesen Büchern jedoch auf die Berücksichtigung der magnetischen Sättigung in den Maschinenmodellen und die Nachbildung moderner Erregersysteme eingegangen, und auch die Beschaffung und Aufbereitung der erforderlichen Anlagencharakteristika wird kaum behandelt. Das vorliegende Buch soll hier zu den eingeführten Lehrbüchern eine Ergänzung darstellen. Es ist entstanden aus den Aufzeichnungen für eine Spezialvorlesung für Studierende der Elektroenergietechnik im vorletzten Fachsemester und setzt die Grundkenntnisse über den Aufbau und das Betriebsverhalten der Drehstrommaschinen im Netz weitgehend voraus.

Das Buch wendet sich in erster Linie an Studierende der Elektroenergietechnik in den oberen Semestern. Darüber hinaus soll es aber auch für Doktoranden und Ingenieure in F/E-Abteilungen, die sich mit dem Betriebsverhalten von Drehstrom-Synchron- und Asynchronmaschinen speziell in Inselnetzen befassen, eine Hilfe sein bei der Nutzung vorhandener oder der Entwicklung neuer Simulationsprogramme. Für die Simulationsbeispiele wurde deshalb im Gegensatz zur üblichen Betrachtungsweise ein Inselnetz, also ein separates Drehstromnetz begrenzter Leistung, zugrunde gelegt, bei dem als Folge von Schalthandlungen nicht nur größere Spannungs- sondern auch Frequenzänderungen auftreten können. Um diese zu erfassen, müssen neben den leistungsstarken Drehstrommaschinen auch deren gekuppelten Antriebs- bzw. Arbeitsmaschinen mit ihren relevanten mechanischen Eigenschaften berücksichtigt werden, denn sie beeinflussen wesentlich das Frequenzverhalten im Inselnetz. Einfache Modellansätze für die wichtigsten Antriebs- und Arbeitsmaschinen sind deshalb in Kap. 10 (Anhang A) beigefügt.

Trotz sorgfältiger Durchsicht des Manuskriptes können Fehler im Text, in den Bildern und insbesondere bei den vielen Formeln nicht ausgeschlossen werden. Für entsprechende Hinweise sind der Autor und der Verlag dankbar, und auch Hinweise und Vorschläge zur Verbesserung des Werkes werden dankend angenommen.

An dieser Stelle möchte ich den Kollegen und Mitarbeitern des Institutes für Elektrische Energietechnik der Universität Rostock danken für ihre stets bereitwillige Unterstützung. Besonderen Dank sage ich den Herren Prof. Dr. Werner Deleroi (Delft) und Prof. Dr. Bernd R. Oswald (Hannover) für die Durchsicht des Manuskriptes und die vielen Hinweise und Vorschläge, mit denen sie zur Verbesserung des Buches beigetragen haben. Und schließlich danke ich meiner lieben Frau, die durch ihr Verständnis und ihre Fürsorge dieses Vorhaben unterstützt hat.

Rostock, im Februar 2013   Hartmut Mrugowsky

Formelzeichen und Abkürzungen

Formelzeichen[1]

A, B, C	Koeffizienten des flüchtigen Erregerstrom-Anteils; Konstanten
$a, b, c, \dots$	Konstanten
a	parameterabhängige Abkürzung; Erregerstromverhältnis
a	Drehzeiger
B, b	Kraftstoffmenge je Arbeitstakt
C	Polformkoeffizient
c	Hilfsvariable nach Canay; Federsteife
C	Transformationsmatrix
d	Dämpfungsbeiwert
e	variable Abkürzung (Spannung); schlupfabhängige Größe
f	Frequenz
g	allgemeine Variable
g_1	Grundschwingungsbeiwert
H	Trägheitskonstante; Baugröße in mm
h	geschätzte Stabhöhe eines Rechteckstabes
I, i	Strom
i_{ij}	Getriebeübersetzung
J	Massenträgheitsmoment in kgm^2
k	Faktor
k_i	Induktivitätsminderungsfaktor
k_α	Kehrwert des Widerstands-Temperaturkoeffizienten α bei 0 °C in 1/K, $k_\alpha = 235\,\text{K}$ für Kupfer, $k_\alpha = 225\,\text{K}$ für Aluminium
L, l	Induktivität; Luftmenge je Arbeitstakt
l_i	ideelle Ankerlänge
M, m	Drehmoment
N	Nutanzahl

---

[1] Entsprechend der allgemeinen Praxis werden einheitenbehaftete Größen vorzugsweise mit großen, zeitliche Augenblickswerte und bezogene Größen dagegen mit kleinen Buchstaben gekennzeichnet.

n	Drehzahl in s^{-1}
P, p	Wirkleistung; Ladeluftdruck; Dampfdruck
p	Laplace-Operator
R, r	Widerstand
S	Scheinleistung
s	Schlupf; Sättigungskoeffizient
T	Zeitkonstante in s
t	Zeit in s
U, u	Spannung
$ü$	Übersetzungsverhältnis
v	Verhältnis
w	Windungszahl
$(w\xi_1)$	effektive Windungszahl für die Grundwelle
X, x	Blindwiderstand, Reaktanz
x	Regelabweichung
y	Stellwert
Z, z	Impedanz; Zylinderanzahl
z_p	Polpaarzahl
β	Frequenzverhältnis-Exponent
γ	Hilfswinkel; Frequenzverhältnis
γ_S	elektrische Leitfähigkeit des Stabmaterials in S/m
δ	Winkelfehler; Schaltwinkel; Erwärmungsfaktor
δ_i	ideeller Luftspalt
ζ	Zündverzögerungswinkel
Θ	Durchflutung
θ	mittlere Wicklungsübertemperatur in K
ϑ	Drehwinkel; Fortschrittswinkel; Celsius-Temperatur
λ	Eigenwert; Luftverhältnis
μ	Überlappungswinkel
μ_0	magnetische Feldkonstante
ν	Laufvariable; Ordnungszahl
ξ	reduzierte Leiterhöhe
ξ_1	Wicklungsfaktor für die Grundwelle
ξ_{schr}	Schrägungsfaktor
σ	Streukoeffizient
τ	Zeit, Zeitkonstante in p.u. (bezogen auf $1/\omega_N$)
τ_p	Polteilung
φ	Phasenwinkel; elastischer Verdrehwinkel
Ψ, ψ	Flussverkettung; verhältnismäßige Dämpfung
Ω, ω	Winkelgeschwindigkeit; Kreisfrequenz
$:=$	Ersetzung (links neuer Wert, rechts alter Wert)

Indizes

A	Antriebs- oder Arbeitsmaschine; Anlaufwert
AP	Arbeitspunkt
a	Anker; Anfangswert
a, b, c	Stränge a, b, c
B	Brückenfaktor
B6	B6-Brückenschaltung
b	Blindanteil
c	elastischer Anteil
D	Dämpfersystem; Diodengröße; Leerlaufdrossel; Dieselmotor; D-Anteil
d	d-Komponente; dämpfender Anteil
DK	Dampfkessel
Dr	Drosselspule
DT	Dampfturbine
dyn	dynamischer Wert
E	Erregermaschine; Eingangswert
e	Endwert; Eigenwert; Anregungswert
eff	effektiv
F, f	Erregersystem, Feld-
FD	Erregerdeckenspannung
Fe	Eisen
g	Gleichwert
ges	Gesamtwert
GT	Gasturbine
H	Hauptmaschine; Harmonische
h	Hauptfeld
HD	Hochdruck
I	Integralwert
i	Stromwert; Induktivität; innerer Wert
i	Laufvariable
ij	Indizes benachbarter Drehmassen i und j
ist	Istwert
J	Trägheit
j	Laufvariable
K	Kühlmittel; Kupplung
k	Kurzschluss; Kommutierung; Kipppunkt
k	Ordnungszahl
L	Turbolader; Zuleitung
M	Motor, Messwerk
m	mechanisch

max	Maximalwert
MD	Mitteldruck
min	Minimalwert
N	Nennwert; Bemessungswert
ND	Niederdruck
P	Proportionalanteil; Leistung
p	Pol-Korrekturanteil
q	q-Komponente
R	Ringanteil; Regelstange
r	remanent; Reibung
S	Stabanteil; Saugbetrieb
SG	Spulengruppe
soll	Sollwert
SR	Stromrichter
stat	statischer Wert
Str	Strangwert
th	theoretisch
T	Stromtransformator
t	Totzeit
u	Spannungswert
V, v	Verlustanteil; Verzögerung; Verbrennung
w	Warmwert; Wirkanteil
x	allgemeiner Achsenindex statt d bzw. q; Lastpunkt
z	zugeführt; zusätzlich, Zusatz-
α	α-Komponente
β	β-Komponente
δ	Luftspalt
ϑ	drehwinkelabhängig
μ	Magnetisierungsanteil
ν	Laufvariable
σ	Streuanteil
0	Bezugsgröße; Nullsystem; Leerlauf
1	Ständerseite; primär; 1. Komponente
2	Rotorseite; sekundär; 2. Komponente
3	tertiär
=	Gleichwert; Gleichanteil
~	Wechselwert; Wechselanteil
+	Summenwert
−	Differenzwert

Hoch- und tiefgestellte Zeichen

g'	auf die Ständer- oder Primärseite umgerechnet; transient; flüchtiger Anteil
g''	subtransient
$g*$	modifizierter Wert
g	komplexer Zeiger
$\overline{\overline{g}}$	Raumzeiger

Abkürzungen

ATL	Abgasturbolader
Batt.	Batterie
B6	sechspulsiger Brückengleichrichter
D	Dieselmotor
DG	Dieselgenerator
EM	Erregermaschine
G	Generator
GM	Gleichstrommaschine
GR	Gleichrichter
HD	Hochdruck
HM	Hauptmaschine
Im	Imaginärteil
K	Kupplung; Schütz; Kurzschlussstelle
L_D	Leerlauf-Drosselspule
L1, L2, L3	Zuleitungsstränge
M	Maschine; Motor
MD	Mitteldruck
N	Nullschiene
ND	Niederdruck
PM	Permanentmagnet
Q	Leistungsschalter
R	Rechnungsvariante
Re	Realteil
rGR	rotierender Gleichrichter
S	Sammelschienen-System; Schalter
SfZ	Stromführungszustand
Tr	Summentransformator
U1, V1, W1	Wicklungsanfang Strang a, b, c
U2, V2, W2	Wicklungsende Strang a, b, c
V	Variante
V1 ... V6	Ventile 1 ... 6

Inhaltsverzeichnis

Einführung

1

Zusammenfassung

Zur Einführung werden kurz der prinzipielle Aufbau und die Funktionsweise von Drehstrom-Synchron- und -Asynchronmaschinen erläutert. Eingegangen wird dabei auf die wichtigsten Ausführungsformen bezüglich Ständer und Läufer (Außen- und Innenpolmaschinen, Vollpol- und Schenkelpolläufer, Schleifring- und Käfigläufer) sowie deren Wicklungen (konzentrierte und verteilte Wicklungen, Ein- und Zweischichtwicklungen, Sehnung, Schrägung).

Anschließend werden die wichtigsten Unterschiede zwischen dem „starren" Netz der allgemeinen Energieversorgung und typischen Drehstrom-Inselnetzen, beispielsweise auf Schiffen oder in Flugzeugen, dargestellt. Charakteristisch für ein Inselnetz sind seine geringe räumliche Ausdehnung und seine begrenzte Leistung, wodurch bei Schalthandlungen im Netz vielfach nicht nur größere Spannungs-, sondern auch stärkere Frequenzschwankungen auftreten. Da die Frequenz vorrangig bestimmt wird durch die Antriebsmaschinen der Generatoren, die Arbeitsmaschinen der Motoren und die sonstige Belastung im Netz, sind deren Eigenschaften bei Untersuchungen zum Betriebsverhalten leistungsstarker Drehstrommaschinen im Inselbetrieb zu berücksichtigen.

1.1 Drehstrommaschinen

Die Drehstrom-Kraftübertragung von Lauffen am Neckar über 175 km zur Internationalen Elektrotechnischen Ausstellung in Frankfurt am Main 1891 war eine überzeugende Demonstration der neuen, insbesondere von Haselwander, von Dolivo-Dobrowolsky (AEG) und Brown (Oerlikon) entwickelten Drehstromtechnik und der Beginn der überregionalen Drehstrom-Energieversorgung in Deutschland. Die in Lauffen stationierte 300-PS-Klauenpol-Dynamomaschine (Oerlikon) und der in Frankfurt betriebene 100-PS-Asyn-

© Springer Fachmedien Wiesbaden 2015

H. Mrugowsky, *Drehstrommaschinen im Inselbetrieb*, DOI 10.1007/978-3-658-08990-0_1

chronmotor mit Schleifringläufer in „umgekehrter Bauweise" (AEG), also primäre Wicklung im Läufer, sekundäre Wicklung im Ständer mit Anschlüssen für einen Wasserwi-
derstand, waren ebenso wie die ölgekühlten 100-kVA- bzw. 150-kVA-Transformatoren
(Oerlikon, AEG) und der erst später angelieferte 20-PS-Kurzschlussläufermotor (AEG)
die ersten einsatzbereiten Drehstrommaschinen größerer Leistung [1]. Ihr Aufbau und
ihre Funktionsweise haben sich seit damals nicht prinzipiell geändert, verbessert wurden lediglich ihre Konstruktion, insbesondere unter Berücksichtigung der Materialöko-
nomie, sowie die Berechnungsverfahren zur optimalen Auslegung und zum Betriebsverhalten. Ausführungsformen und Aufbau, Auslegung und Berechnung sowie das Betriebsverhalten und dessen mathematische Beschreibung werden in der Literatur ausführlich
behandelt [2–7].

Zu den Drehstrommaschinen im weiteren Sinne gehören die Drehstrom-Transfor-
matoren, die Drehstrom-Synchron- und -Asynchronmaschinen sowie die Drehstrom-
Kommutatormaschinen. Betrachtet werden im Folgenden nur die sogenannten drehenden
Drehstrommaschinen, also Drehstrom-Synchron- und -Asynchronmaschinen; Drehstrom-
Kommutatormaschinen bleiben jedoch unberücksichtigt, da ihre wirtschaftliche Bedeutung nur noch gering ist. Die Gemeinsamkeit der drehenden Drehstrommaschinen
besteht in deren dreisträngig-symmetrischen Ankerwicklung (Drehstromwicklung) mit
den Wicklungssträngen a, b und c, in der Regel im feststehenden, voll geblechten Stator
oder Ständer. Diese Stator- oder Ständerwicklung wird aus entsprechend der Anzahl
der Polpaare z_p gleichartigen Drehstromwicklungen gebildet, deren Teilstränge in N_1
Nuten längs des Umfanges gleichmäßig verteilt untergebracht sind. Sie wird als Ein-
schicht- (EW, Abb. 1.1) oder Zweischichtwicklung (ZW; Abb. 1.2 und 1.5) ausgeführt.
Bei großen Leiterquerschnitten pro Schicht werden diese zur Vermeidung merkbarer
Stromverdrängungserscheinungen als verdrillte, gegeneinander isolierte Teilleiter (Roebelstäbe) realisiert. Durch die Verteilung der Strangteilwicklungen auf mehrere Nuten
(q_1 Anzahl der Nuten je Strang und Pol) und zusätzliche Sehnung (Abb. 1.2 und 1.5),
also einer von der Polteilung τ_p, das ist der Abstand der Pole eines Polpaares in rad
oder mm, unterschiedlichen Spulenweite, lassen sich gezielt die räumlichen Harmonischen der Durchflutungswelle gering halten und teilweise ganz vermeiden. Das Ziel ist
eine möglichst oberschwingungsfreie sinusförmige Induktionsverteilung im Luftspalt als
energetische Kopplung zwischen Stator und Rotor, um dadurch oberschwingungsfreie
sinusförmige Spannungen und Ströme sowie ein oberschwingungsfreies Drehmoment zu
erreichen.

Die Enden der drei Anker-Wicklungsstränge a, b und c werden zur äußeren Verschaltung auf ein Klemmbrett oder Anschlussbolzen geführt, können aber auch bereits in der
Maschine einseitig zum Sternpunkt zusammen geschaltet oder beidseitig zur Dreieckschaltung verbunden werden. Bei gleichen Strömen in den Strangwicklungen sind Stern-
und Dreieckschaltung im Hinblick auf die erzeugte Durchflutungsverteilung gleichwertig,
und auch die durch das Luftspaltfeld in den Wicklungssträngen erzeugten Spannungen
sind unabhängig von der Art der Verschaltung. Bezüglich der sich an den Zuleitungs-
klemmen einstellenden Spannungen und Ströme gilt das jedoch uneingeschränkt nur für

Abb. 1.1 Halbschnitt einer 12-poligen Drehstrom-Synchronmaschine mit Schenkelpolläufer (Innenpoltyp, $z_p = 6$, EW-Ankerwicklung $N_1 = 72$, $q_1 = 2$, ungesehnt)

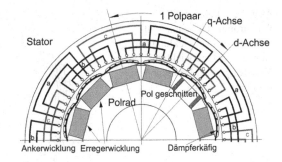

die Grundschwingungen, da insbesondere die Harmonischen mit der dreifachen Frequenz und deren Vielfachen sich in Stern- und Dreieckschaltung unterschiedlich auswirken.

Drehstrom-Synchron- und -Asynchronmaschinen unterscheiden sich insbesondere durch die Ausführung des Rotors oder Läufers. Er wird bei hochpoligen Synchronmaschinen auch Polrad genannt. Bei den üblichen Innenpolmaschinen trägt der Synchronmaschinen-Rotor z_p gleichstrom- oder permanenterregte Paare von Polen abwechselnder magnetischer Polung. z_p heißt deshalb die Polpaarzahl, sie muss in Stator und Rotor übereinstimmen. Man unterscheidet Schenkelpolläufer, bei denen die einzelnen Pole mit einer auf dem Polkern sitzenden konzentrierten Erregerteilwicklung (Abb. 1.1 und 1.2) oder mit Permanentmagneten (Abb. 1.4a) auf einer Tragwelle oder einem Tragring angeordnet sind, und Vollpolläufer, bei denen die Erregerwicklung längs des Umfanges in Nuten verteilt untergebracht ist (Abb. 1.3). Synchronmaschinen mit $z_p = 1$ werden mit Vollpol-, solche mit $z_p \geq 6$ mit Schenkelpolläufer ausgeführt, dazwischen sind beide Bauformen gebräuchlich. Die Stromzufuhr für die elektrisch erregte Erregerwicklung erfolgt in der

Abb. 1.2 Drehstrom-Synchronmaschine mit Schenkelpolläufer ($z_p = 2$, ZW-Ankerwicklung $N_1 = 72$, $q_1 = 6$, 15/18-Sehnung)

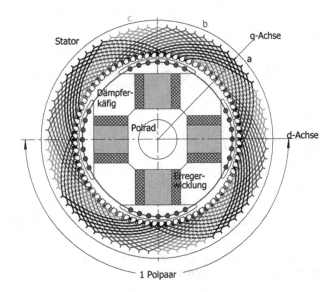

Abb. 1.3 Drehstrom-
Synchronmaschine mit Voll-
polläufer (Ankerwicklung wie
Abb. 1.2, Erregerwicklung
$N_3 = 48$, $q_2 = 12$, Dämpfer-
wicklung $N_2 = 64$)

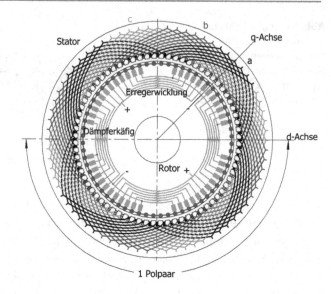

Regel über Schleifringe. Durch an den Rändern abgeflachte Polschuhe wird bei Schenkelpolläufern und durch die Wicklungsverteilung mit einer Lücke in der Polmitte bei
Vollpolläufern die angestrebte gut sinusförmige Induktionsverteilung des Erregerfeldes
realisiert.

Zusätzlich zur Erregerwicklung sind im Rotor elektrisch erregter Synchronmaschinen
luftspaltseitig bei Schenkelpolläufern in den Polschuhen und bei Vollpolläufern in den
Nuten der Erregerwicklung, teilweise auch in gesonderten Nuten, stirnseitig über Laschen
verbundene Stäbe angeordnet (Abb. 1.1 und 1.2), oder es ist ein vollständiger Kurzschluss-

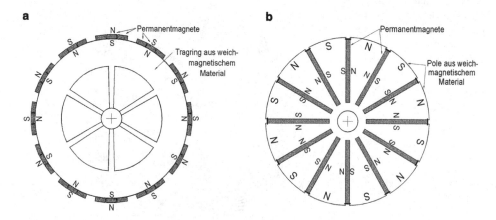

Abb. 1.4 Synchronmaschinen-Läufer mit PM-Erregung ($z_p = 6$). **a** Tragring-Konstruktion, **b** Ausführung mit Flusskonzentration

käfig (Abb. 1.3) ausgeführt, der dann als Dämpfer- oder bei Synchronmotoren als Anlaufkäfig bezeichnet wird. Große Vollpolläufer mit $z_p \leq 2$ für den Antrieb durch Dampf- oder
Gasturbinen, sogenannte Turboläufer, werden massiv aus Cr-Ni-V-Stahl geschmiedet und
deren Nuten für die Erregerwicklung eingefräst; bei ihnen kann ein gesonderter Dämpferkäfig entfallen, da die Nutenverschlusskeile aus unmagnetischem leitfähigem Material
in Verbindung mit dem massiven Material außerhalb der Nuten dessen Funktion übernehmen. Kleinere Vollpolläufer mit $z_p \geq 2$ werden insgesamt und bei Schenkelpolläufern
mindestens die Polschuhe geblecht ausgeführt. Der unter Berücksichtigung der Nutung
in Stator und Rotor effektive „ideelle" Luftspalt δ_i ist bei Schenkelpolläufern insbesondere durch die Lücke zwischen zwei aufeinander folgenden Polen (Quer- oder q-Achse)
längs des Umfanges deutlich größer als in der Polmitte (Längs- oder d-Achse). Bei Vollpolläufern ist dieser Unterschied dagegen auch bei unterschiedlicher Nutung in Polmitte
und Pollücke gering. Bezeichnet man die Ankerwicklung als Wicklungssystem 1, stellt
der Dämpfer- oder Anlaufkäfig, der näher am Luftspalt liegt, mit seiner Wicklung das
System 2, die Erregerwicklung dann das System 3 dar.

PM-erregte, also durch Permanentmagnete (PM) erregte Synchronmaschinen besitzen keine Erregerwicklung. Die durch Gießen oder pulvermetallurgische Verfahren nur
in relativ einfachen Formen herstellbaren Dauermagnete aus speziellen hartmagnetischen
Eisen-, Nickel- und Cobalt-Legierungen, z. B. Aluminium-Nickel-Cobalt (AlNiCo), Neo-
dym-Eisen-Bor (NdFeB) oder Samarium-Cobalt (SmCo), werden, da das Material sehr
hart und spröde ist, durch Kleben oder Bandagierungen im oder auf dem weichmagne-
tischen Tragkörper befestigt (Abb. 1.4a). Wird für eine hohe Flussdichte im Luftspalt
eine Querschnittsfläche der Permanentmagnete benötigt, die sich an der Läuferoberfläche
direkt nicht unterbringen lässt, helfen konstruktive Maßnahmen zur Flusskonzentration
(Abb. 1.4b). PM-erregte Synchronmaschinen kommen als bürstenlose, elektronisch kom-
mutierte Gleichstrommaschinen, als Servo- oder sogenannte Torque-Motoren in großen
drehzahlstellbaren Drehstromantriebe sowie generatorisch als Hilfserregermaschine, zur
Speisung von meist kleineren Gleichspannungsnetzen oder in Windkraftanlagen im Leis-
tungsbereich bis zu einigen MW zum Einsatz. Bei größeren Windkraftanlagen wird der
mit Permanentmagneten bestückte Rotor auch als Außenläufer ausgeführt mit dem dann
innen liegenden, feststehenden Ankersystem.

Bisher wurde unterstellt, dass bei Synchronmaschinen die Ankerwicklung im Ständer angeordnet ist und der Rotor die Pole trägt (Innenpolmaschine). Da für die Funktion
jedoch nur die Relativbewegung von Interesse ist, kann natürlich auch der Stator mit Polen ausgeführt und die Ankerwicklung im Rotor untergebracht werden. Es handelt sich
dann um eine Außenpolmaschine (Abb. 1.5), bei der der Ständer dem Stator einer Gleichstrommaschine ohne Wendepole entspricht. Im Läufer sind, wie sonst im Ständer, z_p
dreisträngige Teilwicklungen in Nuten hintereinander längs des Umfanges als Einschicht-
oder Zweischichtwicklung untergebracht.

Solche Maschinen kommen insbesondere bei elektrisch erregten Synchronmaschinen
als direkt gekoppelte Erregermaschine zum Einsatz, bei denen dann deren Ankerleistung
über einen mitrotierenden Gleichrichter der Erregerwicklung der Hauptmaschine bürsten-

Abb. 1.5 Drehstrom-Synchronmaschine als Außenpoltyp ($z_p = 2$, ZW-Ankerwicklung im Rotor: $N_1 = 60$, $q_1 = 5$, 12/15-Sehnung)

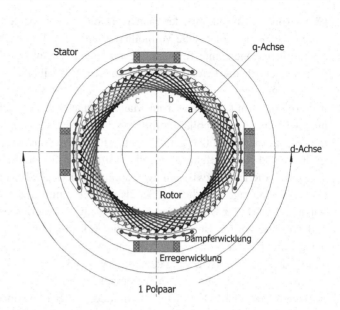

los zugeführt werden kann. Darüber hinaus werden Außenpolmaschinen selten und nur für kleinere Leistungen gebaut, da der Anschluss der Ankerwicklung nach außen über Schleifringe geführt werden muss.

Bei Drehstrom-Asynchronmaschinen sind sowohl die Wicklungen im Ständer oder Stator als auch die im Läufer oder Rotor mit ihren Strömen am Energieumsatz beteiligt und damit Ankerwicklungen. Dadurch ist hier der Begriff Ankerwicklung nicht mehr eindeutig, so dass bei Asynchronmaschinen besser von Ständer- oder Stator- bzw. Läufer- oder Rotorwicklungen gesprochen wird. Man unterscheidet zwischen Asynchronmaschinen mit Schleifringläufer (Abb. 1.6) und solchen mit Kurzschlussläufer (Abb. 1.7).

Wie der Stator ist auch der magnetisch aktive Teil des Rotors vollständig rotationssymmetrisch und voll geblecht ausgeführt. Der physikalische Luftspalt ohne Berücksichtigung der Nutung in Ständer und Läufer ist längs des Umfanges konstant und gegenüber Synchronmaschinen meist deutlich geringer. Die Anzahl der Nuten im Stator N_1 und im Rotor N_2 sowie ggf. N_3 werden unterschiedlich gewählt, um magnetische Vorzugslagen zu vermeiden und Fluss- und dadurch Drehmomentpulsationen und Schwingungsanregungen (Geräusche) gering zu halten; dem gleichen Ziel dient die Schrägstellung (Schrägung) der Nuten vorzugsweise des Rotors um meist eine Nutteilung.

Schleifringläufermaschinen sind bezüglich Stator und Rotor gleichartig aufgebaut. Wie im Stator sind beim Schleifringläufer z_p dreisträngige Wicklungen als Einschicht- oder Zweischichtwicklung (Abb. 1.6) ausgeführt und in Nuten hintereinander längs des Umfanges untergebracht. Auch hier kommen bei großen Maschinen zur Vermeidung von Stromverdrängungserscheinungen Roebelstäbe zum Einsatz. Die Wicklungsstränge sind meist einseitig in Stern geschaltet und mit den anderen Enden an drei Schleifringe ange-

Abb. 1.6 Drehstrom-
Asynchronmaschine mit
Schleifringläufer (Ständerwicklung wie Abb. 1.2, Rotor
wie in Abb. 1.5)

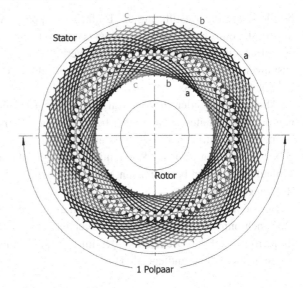

Abb. 1.7 Drehstrom-
Asynchronmaschine mit
Doppelkäfigläufer (Ständerwicklung wie Abb. 1.2, Rotor
$N_2 = N_3 = 58$, getrennte Stirnringe)

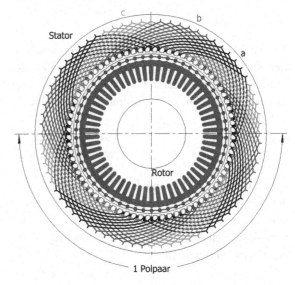

schlossen, so dass sie wie die Ständerwicklung von außen zugänglich sind. Sie bilden als
einzige Läuferwicklung das System 2.

Beim Kurzschlussläufer (Abb. 1.7) liegen die massiven Stäbe aus Kupfer, Bronze oder
Aluminium normalerweise ohne Isolierung in den Nuten. Sie sind durch massive Ringe
auf beiden Stirnseiten untereinander verbunden und stellen damit einen massiven Käfig
dar. Bei kleineren Maschinen werden diese Käfige aus Aluminium im Druckgussverfah-
ren hergestellt, bei großen Maschinen durch Verlöten der in die Nuten eingeschobenen
Stäbe mit den Ringverbindungen. Durch besondere Formgebung der Nuten und der Stab-

profile sowie die Ausführung als Einfach-, Doppel- (Abb. 1.7) oder gar Dreifachkäfig mit für die einzelnen Stablagen gemeinsamen oder getrennten Stirnringen lässt sich hier der Stromverdrängungseffekt gezielt zur Verbesserung insbesondere des Anlaufverhaltens ausnutzen. Der dem Luftspalt nahe Käfig wird als System 2, bei Doppelkäfigläufern der Unterkäfig dann als System 3 usw. bezeichnet.

Ähnlich wie bei den in Windkraftanlagen eingesetzten PM-erregten Synchronmaschinen mit Außenläufer werden auch bei Drehstrom-Asynchronmotoren, insbesondere bei kleineren bis mittleren Kurzschlussläufermaschinen, solche mit innen liegendem Stator gebaut, bei denen also der Rotor mit der Käfigwicklung außen rotiert; solche als Außenläufermaschinen bezeichneten Maschinen eignen sich z. B. für Ventilatoren oder als Rollgangsmotoren.

Bei Drehstrommaschinen mit z_p am Umfang verteilten dreisträngigen Wicklungen und für Synchronmaschinen auch mit $2z_p$ Polen ist der Zusammenhang zwischen der Ständerfrequenz f_1 und der Drehzahl n_0 des im Luftspalt umlaufenden z_p-welligen Drehfeldes gegeben durch die grundlegende Beziehung

$$n_0 = \frac{f_1}{z_p}. \tag{1.1}$$

Die synchrone Drehzahl n_0 ist bei Synchronmaschinen im stationären, schlupffreien Betrieb identisch mit der mechanischen Drehzahl n des Rotors, bei Asynchronmaschinen stellt sie die ideelle Leerlauf-Drehzahl dar. Der Unterschied zwischen synchroner Drehzahl n_0 und tatsächlicher Rotordrehzahl n wird, bezogen auf die synchrone Drehzahl n_0, als Schlupf s

$$s = \frac{n_0 - n}{n_0} = 1 - \frac{n}{n_0} \tag{1.2}$$

bezeichnet.

Bereits nach der Drehung des Rotors um ein Polpaar, also um den z_p-ten Teil eines Umlaufs, wird in der Ankerwicklung eine volle Spannungsperiode durchlaufen. Deshalb ist zwischen dem mechanischen Drehwinkel ϑ_m und dem für elektromagnetische Vorgänge interessierenden elektrischen Fortschrittswinkel ϑ sowie den in der Zeiteinheit durchlaufenen Winkeldifferenzen

$$\Delta\vartheta = z_p \Delta\vartheta_m \tag{1.3}$$

zu unterscheiden. Die Kreisfrequenz der elektromagnetischen Vorgänge in der Ständerwicklung

$$\omega = \omega_1 = 2\pi f_1 \tag{1.4}$$

entspricht damit nur für $z_p = 1$ der Winkelgeschwindigkeit des Rotors

$$\omega_m = 2\pi n. \tag{1.5}$$

Auf den Index m bei den mechanischen Größen Drehwinkel und Winkelgeschwindigkeit wird verzichtet, wenn Verwechslungen ausgeschlossen sind.

Bleibt der Rotor eines Asynchronmotors bei Belastung hinter dem Drehfeld zurück, läuft dieses mit der Differenzgeschwindigkeit über den Rotor hinweg und induziert dabei in den Rotorwicklungen Spannungen der Rotor- oder Schlupffrequenz f_2

$$f_2 = s f_1. \tag{1.6}$$

Bei negativem Schlupf ergibt sich so rechnerisch eine negative Frequenz f_2, das Drehfeld bewegt sich dann in entgegengesetzter Richtung über den Läufer hinweg.

Eine Änderung der synchronen Drehzahl n_0 ist bei Drehstrommaschinen nach Gl. 1.1 nur durch eine Änderung der Ständerfrequenz f_1 (Frequenzsteuerung) oder der Polpaarzahl z_p möglich. Während die Frequenzsteuerung ein entsprechendes Stellsystem, heute meist ein leistungselektronischer Frequenzumrichter, erfordert, ist für die Änderung der Polpaarzahl z_p eine dafür konstruierte Maschine erforderlich. Durch Wicklungsumschaltung nach Dahlander von Dreieck in Doppelstern oder Doppelstern in Stern und umgekehrt lassen sich mit einer Ständerwicklung jedoch nur zwei Polpaarzahlen im Verhältnis 2:1 realisieren. Wird ein anderes Drehzahlverhältnis benötigt, müssen in den Ständernuten zwei separate Wicklungen der gewünschten Polpaarzahlen untergebracht werden, von denen dann aber nur eine aktiv sein darf. In gleicher Weise können zwei Dahlander-Wicklungen im Ständer eingebaut werden, wodurch dann vier Drehzahlstufen realisierbar sind. Je nach der eingeschalteten Wicklung oder Wicklungsvariante entsteht dann im Luftspalt ein z_p-welliges Luftspaltfeld, auf das ein geeignet ausgelegter Käfig im Rotor einer Asynchronmaschine mit einer ebenfalls z_p-welligen Durchflutungsverteilung reagiert. Bei einer Synchronmaschine oder auch beim Schleifringläufer einer Asynchronmaschine müsste dagegen zusätzlich der Rotor der aktuellen Ständerpolpaarzahl angepasst werden, was wegen des unverhältnismäßigen hohen Aufwandes nicht gemacht wird. Polpaarumschaltung wird daher nur bei Drehstrom-Asynchronmaschinen mit Käfigläufer erfolgreich angewandt.

Wie alle rotierenden elektrischen Maschinen können Drehstrommaschinen sowohl als Generator als auch als Motor betrieben werden. Als Kraftwerksgeneratoren werden überwiegend Drehstrom-Synchronmaschinen, in Windenergieanlagen und kleineren Wasserkraftwerken für ausschließlichen Netzparallelbetrieb auch Asynchrongeneratoren vorgesehen. Das Haupteinsatzgebiet der Drehstrom-Asynchronmotoren ist jedoch die Antriebstechnik. Leistungsstarke Antriebe im Dauerbetrieb werden auch mit Drehstrom-Synchronmotoren ausgeführt, da sie einen höheren Wirkungsgrad besitzen und zusätzlich zur Blindleistungskompensation genutzt werden können. Drehzahlveränderliche Antriebe von kleinen bis zu den größten Leistungen werden sowohl mit Drehstrom-Asynchron- als auch mit Drehstrom-Synchronmaschinen ausgeführt, erstere vorzugsweise mit Kurzschlussläufer, letztere vielfach mit Permanenterregung [8–14].

1.2 Drehstromnetze

Die Verbindung zwischen den Kraftwerken oder auch einzelnen Generatoren und den Verbrauchern wird durch das elektrische Netz realisiert. Unter einem elektrischen Netz ver-
steht man in der Elektroenergietechnik im engeren Sinne die Gesamtheit aller galvanisch
gekoppelten Leitungen und Kabel einer Spannungsebene. Die Verbindung zwischen Dreh-
strom- und Wechselstromnetzen verschiedener Spannungsebenen werden durch Transformatoren realisiert. Alle galvanisch oder über Transformatoren gekoppelten Netze haben
eine einheitliche Netzfrequenz.

Im weiteren Sinne wird unter dem elektrischen Netz auch die Gesamtheit der galvanisch und transformatorisch gekoppelten Netze verstanden. Informationen zum Aufbau,
zu den Strukturen und den wichtigsten Komponenten sowie Berechnungsverfahren zur
Auslegung und Steuerung von Drehstromnetzen und Kraftwerken findet man in der um-
fangreichen Literatur zur Elektrischen Energieversorgung [15–19].

Höchst- und Hochspannungsnetze mit 380 kV, 220 kV und 110 kV dienen vorrangig
der Aufnahme und Übertragung großer Leistungen über große Entfernungen. Sie sind in
Zentraleuropa zum Westeuropäischen Verbundnetz der UCTE (Union for the Co-ordinati-
on of Transmission of Electricity) mit einer installierten Kraftwerksleistung von weit über
600 GW zusammengeschlossen und über Drehstromfreileitungen bzw. -kabel oder durch
Hochspannungs-Gleichstrom-Übertragung (HGÜ) mit den benachbarten Verbundnetzen
in Nord- und Osteuropa, der Türkei und Marokko verbunden. Es herrscht eine einheitliche
Frequenz von 50 Hz. Über Umspannwerke und Mittelspannungsnetze wird die elektrische
Energie auf Netzstationen verteilt, die über das Niederspannungsnetz mit 400 V oder in
Sonderfällen auch mit 690 V die Verbraucher vor Ort versorgen. Großkraftwerke sind je
nach ihrer Leistung an Höchst- und Hochspannungsnetze angeschlossen, kleinere Kraftwerke unter 100 MW speisen vorzugsweise in Mittelspannungsnetze und Kleinkraftwerke
unter 1 MW auch direkt in Niederspannungsnetze ein (Abb. 1.8).

Während Höchst-, Hoch- und Mittelspannungsnetze als Dreileiternetze ausgeführt
sind, werden Niederspannungsnetze normalerweise als Vierleitersystem realisiert, um
neben der verketteten Spannung auch die Strangspannung zur Verfügung zu haben. Groß-
verbraucher werden auch direkt aus dem Mittel- oder Hochspannungsnetz versorgt.

Von besonderem Interesse im Verbundnetz und in den Netzen der Energieversorgung
sind Fragen zur Netzsicherheit und wirtschaftlichen Betriebsführung. Durch die große in-
stallierte Kraftwerksleistung, über Landesgrenzen hinweg abgestimmte Regelungs- und
Netzführungsstrategien sowie einen guten Netzausbau wird eine hohe Versorgungsquali-
tät mit geringen Frequenz- und Spannungsschwankungen erreicht. Eine stets ausreichende
Reserveleistung, parallel geschaltete Leitungen sowie im Mittel- und Niederspannungsnetz Ringleitungen und Mehrfacheinspeisungen sorgen für eine hohe Versorgungssicher-
heit.

Im Gegensatz zum Verbundnetz soll unter einem Inselnetz ein Elektroenergiesystem
verstanden werden, das räumlich eindeutig begrenzt ist, von nur einem Kraftwerk oder
sogar nur einem Generator versorgt wird und auch transformatorisch nicht mit anderen

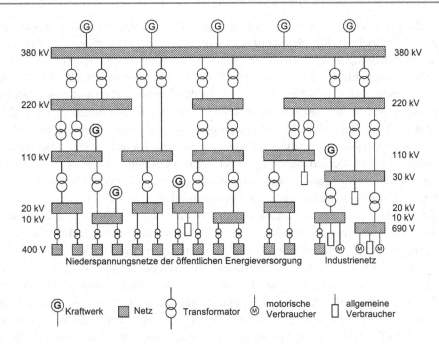

Abb. 1.8 Prinzipieller Aufbau eines Elektroenergieversorgungsnetzes. (Nach [15])

Netzen dauerhaft verbunden ist. Wegen der meist geringen räumlichen Ausdehnung kann auf die Höchst- und auch die Hochspannungsebenen, vielfach sogar auf ein separates Mittelspannungsnetz verzichtet werden, so dass dann nur eine Drehstrom-Spannungsebene existiert, das Inselnetz also ein reines Niederspannungsnetz ist.

Typische Inselnetze findet man auf Landfahrzeugen, auf Booten und Schiffen, auf Offshore-Plattformen und in Flugzeugen sowie auf kleineren Inseln und in abgelegenen Gebieten mit Eigenversorgung. Auch Notstromanlagen speisen normalerweise auf separate Netze. Während etwa bei Kraftfahrzeugen, Bahnen und Booten Gleichstrom-Bordnetze vorherrschen, kommen bei Schiffen, Offshore-Anlagen und größeren Flugzeugen mit im Vergleich zur Kraftwerks- bzw. Generatorleistung leistungsstarken motorischen oder anderen Verbrauchern Drehstrom-Bordnetze zum Einsatz.

Im Vergleich zum überregionalen Verbundnetz weisen Drehstrom-Inselnetze einige Besonderheiten auf. Die Einspeisung erfolgt zentral an nur einer Stelle, bei mehreren Generatoren über ein Sammelschienensystem, das dann für einzelne Generatoren oder Generatorgruppen getrennt werden kann und aus Sicherheitsgründen umschaltbar ist. Als Generatoren kommen praktisch ausschließlich Synchronmaschinen zum Einsatz, angetrieben vorzugsweise durch Dieselmotoren sowie Gas- und Dampfturbinen. Bei Schiffen und Offshore-Anlagen wird die Frequenz vielfach zu 60 Hz, bei größeren Flugzeugen wegen der dann kleineren und leichteren elektrischen Maschinen zu 400 Hz gewählt [15], während Notstromanlagen an Land mit der Frequenz des Hauptnetzes arbeiten. Inselnetze werden als Strahlennetz gestaltet; falls überhaupt Ringleitungen existieren, werden die Ringe offen betrieben. Doppeleinspeisungen sind gegeneinander verriegelt, so dass stets nur eine Einspeisung möglich ist. Abgesehen von ländlichen Inselnetzen kommen keine Freileitungen zum Einsatz, es ist also in der Regel ein reines Kabelnetz mit relativ geringen Kabellängen bis zum Verbraucher von meist deutlich unter 1000 m. Leistungsstarke Verbraucher sind in ihrer Anzahl überschaubar, mit ihren wesentlichen Eigenschaften bekannt und in der Regel direkt an den Hauptsammelschienen angeschlossen, ebenso leistungsschwächere, jedoch besonders wichtige Verbraucher. Kleinere Verbraucher werden vorzugsweise über Unterverteilungen versorgt. Für den Gesamtbetrieb zeitweise verzichtbare, sogenannte unwichtige Verbraucher sind zu Gruppen zusammengefasst und werden bei begrenztem Leistungsangebot zur Entlastung zuerst abgeschaltet [20].

Die räumliche und leistungsmäßige Begrenztheit sowie die meist relativ einfache Struktur des Inselnetzes wirken sich auch auf seine Betriebsführung und die Betriebsbedingungen für die angeschlossenen Drehstrommaschinen aus. Da bei geplanten Inselnetzen alle empfindlichen und wichtigen Anlagenteile bekannt sind, können bei Inselbetrieb gegenüber den Qualitätsstandards des öffentlichen, „starren" Netzes Abstriche im Hinblick auf die Spannungs- und Frequenzkonstanz sowie die Kurvenform zugelassen werden, solange alle wichtigen Anlagen weiterhin fehlerfrei funktionieren. So darf auf Schiffen [21] etwa die Spannung transient für maximal 1,5 s um bis zu ±20 % und die Frequenz für maximal 5 s um bis zu ±10 % vom Nennwert abweichen, während auf Dauer die Toleranzgrenzen für die Spannung bei +6 % und −10 % und für die Frequenz bei ±5 % liegen. Größere Frequenz- und Spannungsschwankungen sind typisch für den Inselbetrieb.

Wie in öffentlichen Mittel- und Niederspannungsnetzen nimmt auch in modernen Inselnetzen der Anteil der angeschlossenen Komponenten mit leistungselektronischen Eingangsbaugruppen stetig zu. Selbst die Einspeisung in das Drehstromnetz erfolgt heute teilweise über frequenzanpassende Wechsel- oder Umrichter, beispielsweise bei Photovoltaik- oder Windenergieanlagen sowie auf Schiffen bei vom Hauptmotor angetriebenen sogenannten Wellengeneratoren. Die netzseitigen leistungselektronischen Baugruppen verursachen im Netz bei den Strömen und Spannungen Abweichungen von der Sinusform, die bei den Spannungen 5 % vom Augenblickswert nicht überschreiten dürfen [21]. Das Betriebsverhalten der Betriebsmittel mit netzseitig leistungselektronischen Stellsystemen und deren Auswirkungen auf die anderen am Netz angeschlossenen Komponenten wird dabei wesentlich von der Art der eingesetzten Stromrichter und deren Steuer- und Regeleinheit bestimmt und lässt sich nur mit sehr großem Aufwand oder starken Vereinfachungen untersuchen. Hier sei auf die Literatur zu den geregelten Drehstromantrieben und zur Leistungselektronik im Netz verwiesen [8–17].

Abbildung 1.9 zeigt als Beispiel für ein Schiffsbordnetz das Prinzipschaltbild eines großen Fabriktrawlers [22]. Charakteristisch für Schiffsbordnetze ist die Stromversorgung durch mehrere, meist vier Drehstrom-Synchrongeneratoren, hier zwei Dieselgeneratoren DG1 und DG2 sowie zwei vom Getriebe der Hauptantriebsanlage angetriebenen Wellengeneratoren WG1 und WG2, und einen zusätzlichen Notgenerator (NG) mit eigenem

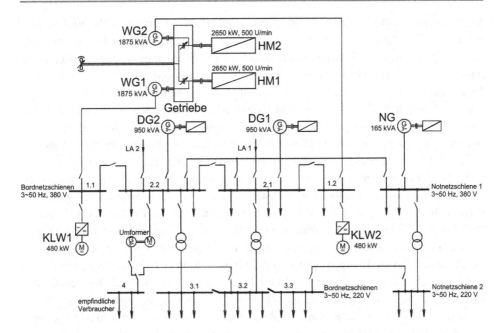

Abb. 1.9 Prinzipschaltplan der Energieversorgung eines großen Fabriktrawlers [22]

Notnetz. Die Wellengeneratoren arbeiten auf die separaten Bordnetzschienen 1.1 und 1.2, von denen die beiden Kurrleinenwinden KLW1 und KWL2, die anderen Fischereiwinden, die Kälteverdichter der Kühlanlagen und andere große motorische Verbraucher gespeist werden. Die Bordnetzschienen 2.1 und 2.2 werden von den Dieselgeneratoren DG1 und DG2 gespeist und versorgen bei getrenntem Betrieb alle übrigen 380-V-Verbraucher. Im Hafen können die Bordnetzschienen 2.1 und 2.2 über Landanschlusskabel LA1 bzw. LA2 eingespeist und die Dieselgeneratoren dann stillgesetzt werden.

Für 220-V-Verbraucher, also insbesondere für die Beleuchtung, die Heizung, die Wirtschaftsverbraucher und die Informations- sowie die Navigations- und Schiffsführungsanlagen, stehen die über Transformatoren angeschlossenen Bordnetzschienen 3.1 bis 3.3 zur Verfügung. Da durch leistungselektronische Stellglieder, insbesondere der beiden 480-kW-Kurrleinenwinden, störende Netzrückwirkungen auftreten können, werden besonders empfindliche Verbraucher (Funkanlage, teilweise Navigations- und Fischortungsanlage) über einen 23,7-kW-Umformersatz von der Bordnetzschiene 4 versorgt.

Sowohl die 380-V-Schienen als auch die 220-V-Schienen können separat oder durch Kuppelschalter und Überleitungen verbunden betrieben werden. Die Dieselgeneratoren sind für dauerhaften Parallelbetrieb ausgelegt. Die Wellengeneratoren WG1 und WG2 lassen sich untereinander und auch mit den Dieselgeneratoren zur unterbrechungsfreien Lastübernahme bzw. -übergabe kurzzeitig parallelschalten. Für den Synchronisationsvorgang können sie über Schaltkupplungen im Getriebe mit ihrem antreibenden Hauptmotor HM1 bzw. HM2 vom Propellerabtrieb und dem anderen Wellengenerator abgetrennt werden. Dadurch ist außerdem ein reduzierter Fischereibetrieb mit nur einem Hauptmotor und einem WG-HM-Aggregat zur Bordnetzversorgung oder auch ein reiner Bordnetzbetrieb ohne Propellerantrieb realisierbar. Diese verschiedenen Schaltungsvarianten ermöglichen einerseits einen wirtschaftlichen Betrieb der Gesamtanlage und gewährleisten eine hohe Zuverlässigkeit für alle betriebswichtigen Systeme [22], bedeuten aber auch eine enge Kopplung zwischen Elektroenergie- und Hauptantriebsanlage des Schiffes. Hier müssen bei der Untersuchung von Synchronisationsvorgängen zwischen den Wellengeneratoren untereinander oder auch mit den Dieselgeneratoren nicht nur die Dieselmotoren sondern ggf. auch die Schaltkupplungen mit ihrem Betriebsverhalten berücksichtigt werden.

Auch bei Flugzeugen kommt der sicheren Elektroenergieversorgung, insbesondere aller Verbraucher für den Flugbetrieb, höchste Bedeutung zu. Abbildung 1.10 zeigt für ein Verkehrsflugzeug mit vier Triebwerken das Prinzipschaltbild des Bordnetzes [15]. Jedem der Triebwerke ist ein über ein hydromechanisches Getriebe angetriebener Triebwerksgenerator G1 ... G4 und diesen wiederum jeweils eine eigene Bordnetzschiene zugeordnet. Am Boden erfolgt die Energieversorgung des Flugzeuges über zwei Außenbordanschlüsse oder durch das Hilfsaggregat APU (auxiliary power unit), das auch bei verminderter Flughöhe die Verbraucher eines ausgefallenen Triebwerksgenerators versorgen kann. Wenn alle anderen Generatoren ausgefallen sind, kann bei Geschwindigkeiten bis etwa 120 kn ein über eine kleine ausklappbare Windturbine angetriebener Staudruckgenerator für die wichtigsten Verbraucher einen Notbetrieb sichern. Parallelbetrieb zwischen den Generatoren ist nicht vorgesehen, durch einschaltbare Überleitungen kann aber jede Generatorschiene durch jeden Generator gespeist werden [15].

Das 400-Hz-Bordnetz ist als 3-Leiter-System mit „geerdetem", also an die Flugzeugmasse gelegtem Sternpunkt, ausgeführt. Die Leiter-Leiter-Spannung beträgt 200 V, zum Masse-Sternpunkt können 115 V abgegriffen werden. Die Küchen, Klimaanlagen und Hydraulikpumpen sind nach ihrem Leistungsbedarf gleichmäßig auf die vier Schienen der Triebwerksgeneratoren aufgeteilt. Über drei Gleichrichter, die jeweils auf jede der vier Schienen der Triebwerksgeneratoren geschaltet werden können, werden außerdem insgesamt vier separate, jedoch kuppel- und teilweise umschaltbare Schienen des 28-V-Gleichstromnetzes für den Flugbetrieb versorgt und die Notstrombatterie geladen. Ein vierter Gleichrichter ist für den APU-Startermotor und die Starterbatterie vorgesehen, ein fünfter Gleichrichter nur zur Versorgung der allerwichtigsten Verbraucher für Notbetrieb. Durch die verschiedenen Umschaltmöglichkeiten der Schienen ist auch hier ein wirtschaftlicher Betrieb und eine hohe Verfügbarkeit der einzelnen Funktionen garantiert.

Im Gegensatz zum Verbundnetz oder zu den ausgedehnten Netzen der öffentlichen Energieversorgung kommt dem Leistungsfluss im räumlich begrenzten Inselnetz für die Stabilität und die Betriebsführung keine große Bedeutung zu. Der wirtschaftliche Betrieb wird durch das rechtzeitige, heute meist automatische Zuschalten eines weiteren Generators bzw. das baldige Stillsetzen eines in absehbarer Zeit nicht mehr benötigten Aggregates erreicht.

Von besonderem Interesse sind dagegen alle leistungsstarken Schaltvorgänge. Da die einspeisenden Generatoren und die leistungsstarken Verbraucher vorzugsweise direkt am

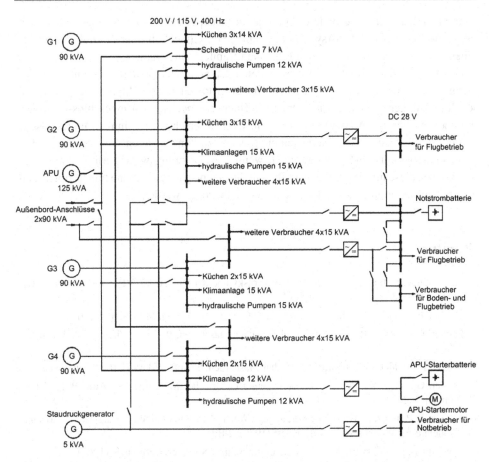

Abb. 1.10 Prinzipschaltbild eines Flugzeugbordnetzes mit vier Triebwerksgeneratoren [15]

zentralen Sammelschienensystem angeschlossen sind, treten in dieser Hauptspannungsebene auch die für den Inselbetrieb interessantesten, kritischsten und ausgeprägtesten
Schaltvorgänge auf, etwa beim Synchronisieren eines zusätzlichen Generators, beim Einschalten eines leistungsstarken Asynchronmotors, bei einer unsymmetrischen Lastschaltung oder einem Kurzschluss. Die dadurch hervorgerufenen, oftmals deutlichen Span-
nungs- und Frequenzänderungen und häufig auch größeren bleibenden Abweichungen
von den Normbedingungen sind typisch für den Inselbetrieb. Die Folge sind vielfach
abnorme Betriebsbedingungen für Generatoren und Verbraucher. Um diese gegenseitigen Beeinflussungen der angeschlossenen Maschinen und sonstigen Anlagen möglichst
genau zu erfassen, benötigt man für die Untersuchung von Übergangsvorgängen im Inselnetz für alle zu betrachtenden Teilsysteme möglichst aussagekräftige, auch für abnorme
Betriebsbedingungen geeignete und alle wichtigen Effekte berücksichtigende mathematische Modelle sowie die zu ihrer Charakterisierung erforderlichen Modellparameter und

Kennlinien. Das gilt insbesondere für die an der Hauptspannungsebene angeschlossenen Drehstrom-Synchron- und -Asynchronmaschinen einschließlich ihrer Antriebs- bzw. Arbeitsmaschinen. Darauf wird in den folgenden Kapiteln eingegangen.

In den über Transformatoren eingespeisten untergeordneten Spannungsebenen sind dagegen zwar viele, aber meist nur kleinere Einzelverbraucher angeschlossen, so dass deren Schalthandlungen auf den Betrieb der an den Hauptsammelschienen angeschlossenen Verbraucher nur geringe Auswirkungen haben. Deshalb erscheint es sinnvoll und zulässig, sich bei Inselnetzen auf die Hauptspannungsebene zu konzentrieren. Sollen Verbraucher in einer untergeordneten Spannungsebene wenigstens näherungsweise berücksichtigt werden, können diese mit ihrem Lastverhalten in die Hauptspannungsebene transformiert und der Transformator durch seine Längsreaktanz einbezogen werden.

Literatur

1. Heidhöfer, G.: Michael von Dolivo-Dobrowolsky und der Drehstrom. VDE Verlag, Berlin, Offenbach (2004)

2. Fischer, R.: Elektrische Maschinen, 14. Aufl. Carl Hanser Verlag, München (2009)

3. Müller, G., Ponick, B.: Grundlagen elektrischer Maschinen, 9. Aufl. Wiley-VCH, Weinheim (2006)

4. Müller, G., Ponick, B.: Theorie elektrischer Maschinen, 6. Aufl. Wiley-VCH, Weinheim (2009)

5. Müller, G., Vogt, K., Ponick, B.: Berechnung elektrischer Maschinen, 6. Aufl. Wiley-VCH, Weinheim (2008)

6. Kovacs, K.P., Racz, I.: Transiente Vorgänge in Wechselstrommaschinen. Verlag der Ungarischen Akademie der Wissenschaften, Budapest (1959). 2 Bde

7. Bonfert, K.: Betriebsverhalten der Synchronmaschine. Springer, Berlin u. a. (1962)

8. Vogel, J., et al.: Elektrische Antriebstechnik, 6. Aufl. Hüthig Verlag, Heidelberg (1998)

9. Schröder, D.: Elektrische Antriebe. Springer, Berlin u. a. (2001). 4 Bde

10. Brosch, P.F.: Moderne Stromrichterantriebe, 4. Aufl. Vogel Buchverlag, Würzburg (2002)

11. Brosch, P.F.: Praxis der Drehstromantriebe. Vogel Buchverlag, Würzburg (2002)

12. Budig, P.-K.: Stromrichtergespeiste Drehstromantriebe. VDE-Verlag, Berlin u. a. (2001)

13. Bühler, H.: Einführung in die Theorie geregelter Drehstromantriebe. Birkhäuser, Basel (1977). 2 Bde

14. Späth, H.: Elektrische Maschinen und Stromrichter, 3. Aufl. Braun, Karlsruhe (1991)

15. Heuck, K., Dettmann, K.-D., Schulz, D.: Elektrische Energieversorgung, 8. Aufl. Vieweg Verlag, Wiesbaden (2010)

16. Crastan, V.: Elektrische Energieversorgung, 3. Aufl. Springer, Berlin u. a. (2012). 3 Bde

17. Herold, G.: Elektrische Energieversorgung. Schleubach Fachverlag, Wilburgstetten (2001). 5 Bde

18. Oeding, D., Oswald, B.R.: Elektrische Kraftwerke und Netze, 7. Aufl. Springer, Berlin u. a. (2011)

19. Oswald, B.R.: Berechnung von Drehstromnetzen. Vieweg+Teubner, Wiesbaden (2009)

20. Kosack, H.-J., Wangerin, W.: Elektrotechnik auf Handelsschiffen, 2. Aufl. Springer, Berlin u. a. (1964)

21. Germanischer, L.: Bauvorschriften & Richtlinien. I – Schiffstechnik, Teil I – Seeschiffe. Germanischer Lloyd SE, Hamburg (2012). Ausg. 2012

22. Loth, H.D., et al.: Fabriktrawler Typ „ATLANTK® 488". Seewirtschaft **20**(6), 267–289 (1988)

Die verallgemeinerte lineare Drehstrommaschine 2

Zusammenfassung

Betrachtet wird eine Drehstrom-Synchronmaschine mit einer Drehstromwicklung im Ständer und einem achsensymmetrischen Rotor, der sowohl in der Längs- als auch in der Querachse je eine kurzgeschlossene Dämpfer- und eine von außen zugängliche Erregerwicklung besitzt. Es gelten die üblichen Annahmen und Voraussetzungen (keine Sättigung, keine Stromverdrängung, keine Hysterese, Grundwellenverkettung). Für diese verallgemeinerte, lineare Drehstrommaschine wird das mathematische Modell mit den Flussverkettungen als Zustandsgrößen in Zwei-Achsen-Darstellung und bezogenen Größen abgeleitet. Durch Übergang zu den Strömen als Zustandsgrößen sowie die Trennung in Ständer- und Läufergleichungen erhält man ein für die effektive Berechnung besser geeignetes mathematisches Modell. Mit diesem Modell lassen sich durch gleiche Rotorparameter in Längs- und Querachse auch Drehstrom-Asynchronmaschinen mit Einfach- oder Doppelkäfig im Rotor oder mit Schleifringläufer nachbilden. Das Modell der üblichen Drehstrom-Synchronmaschine mit nur einer Erregerwicklung in der Längsachse erhält man durch Grenzübergang bei den Parametern der Quer-Erregerwicklung.

2.1 Voraussetzungen und Annahmen

Betrachtet wird eine Drehstrom-Schenkelpolmaschine mit einer dreisträngigen Ankerwicklung im Stator und dem Polsystem im Rotor, also eine Innenpolmaschine nach Abb. 1.1, 1.2 und 1.3. Das ist bezüglich der Außenpolmaschinen nach Abb. 1.5 keine Einschränkung, da für die Funktion und das Betriebsverhalten nur die Relativbewegung zwischen Stator und Rotor von Bedeutung ist. Stator und Rotor sollen rotationssymmetrisch und jedes Polpaar auch gleichartig und achsensymmetrisch bezüglich Polachse und Pollücke ausgeführt sein. Da das Ankerblechpaket im Stator (bei Außenpolmaschinen im

© Springer Fachmedien Wiesbaden 2015
19
H. Mrugowsky, *Drehstrommaschinen im Inselbetrieb*, DOI 10.1007/978-3-658-08990-0_2

Rotor) und wenigstens auch die Polschuhe des Polsystems aus dünnen, gegeneinander isolierten, nicht kornorientierten Elektroblechen mit geringen spezifischen Ummagnetisierungsverlusten bestehen, sollen bei den hier betrachteten üblichen Frequenzen und Aussteuerungen die Hysterese- und Wirbelstromverluste im Eisen vernachlässigt werden. Auch die vom Aussteuerungszustand abhängige magnetische Sättigung bleibt vorerst unberücksichtigt, worauf der Begriff „linear" hindeuten soll.

Die drei Wicklungsstränge des Ankers mit ihren z_p Teilsträngen sind gleich aufgebaut und innerhalb eines Polpaares um jeweils 120° versetzt am Umfang der Ankeroberfläche angeordnet (Drehstromwicklung). Das Polsystem besitzt $2z_p$ ausgeprägte Pole, auf denen die Erregerwicklung untergebracht ist. In den Polschuhen befinden sich meist über Laschen verbundene Dämpferstäbe, die einen mehr oder weniger vollständigen Dämpferkäfig bilden. Durch die Form der Polschuhe sowie eine geeignete Nutzuordnung (ZW, $q_1 > 1$, Sehnung) sowie Reihen- und/oder Parallelschaltung der Teilspulen der Ankerwicklung wird einerseits vom Polsystem ein weitgehend sinusförmiges, z_p-welliges Luftspaltfeld und andererseits eine bezüglich der Ankerstränge weitgehend sinusförmige induzierte Spannung und bei Belastung auch eine weitgehend sinusförmige Ankerrückwirkung erreicht. Die verbleibenden Oberwellen der Durchflutungs- und der Induktionsverteilung im Luftspalt sowie die dadurch in den Wicklungen beiderseits des Luftspaltes induzierten Spannungen werden vernachlässigt. Als magnetische Kopplung zwischen der Ankerwicklung und den Wicklungen des Polsystems wird also lediglich die mit der synchronen Drehzahl n_0 nach Gl. 1.1 umlaufende Grundwelle der Induktionsverteilung wirksam (Prinzip der Grundwellenverkettung [1]), ihr mit den Wicklungen beiderseits des Luftspaltes verketteter Fluss stellt den Hauptfluss dar. Alle anderen mit einer Wicklung verketteten Flüsse derselben Luftspaltseite sind von der Stellung und Bewegung von Anker und Polsystem zueinander unabhängig und werden zu ihrem Streufluss gerechnet.

Da sich bei Maschinen mit höherer Polpaarzahl die Anordnung der Pole und der Nuten mit ihren Wicklungen längs des Umfanges in guter Näherung und für sogenannte Ganzlochwicklungen auch exakt z_p-mal wiederholt und die elektromagnetischen Vorgänge im Luftspalt, im Eisen und in den Wicklungen infolge des symmetrischen Aufbaus und der Anwendung des Prinzips der Grundwellenverkettung pro Polpaar gleich sind, genügt es, nachfolgend nur ein Polpaar, oder anders ausgedrückt, eine zweipolige Modellmaschine zu betrachten, dargestellt in Abb. 2.1 als idealisierte Außenpolmaschine. Die Lage des Ankers relativ zum Polsystem wird durch den Drehwinkel $\vartheta = \vartheta_m$ zwischen der positiven d-Achse und dem Ankerstrang a charakterisiert.

Die dreisträngige Ankerwicklung wird bei der Modellmaschine als in Stern geschaltet vorausgesetzt. Das ist jedoch keine Einschränkung, da sich bei Zugrundelegung des Prinzips der Grundwellenverkettung symmetrische Dreieckschaltungen exakt in äquivalente Sternschaltungen umwandeln lassen.

Der Dämpferkäfig wird durch je eine kurzgeschlossene Ersatzwicklung pro Achse, gekennzeichnet durch Dd bzw. Dq, die zusammen das gleiche Grundwellenverhalten wie der Käfig aufweisen sollen, ersetzt. Auch wenn ein Dämpfer- oder Anlaufkäfig real nicht ausgeführt ist, besteht doch bei Flussänderungen in massiven Eisenteilen des Polsystems

Abb. 2.1 Idealisierte Darstellung der verallgemeinerten Drehstrom-Synchronmaschine in Außenpolbauform mit je einer Erreger- und Dämpferwicklung in Längs- und Querachse

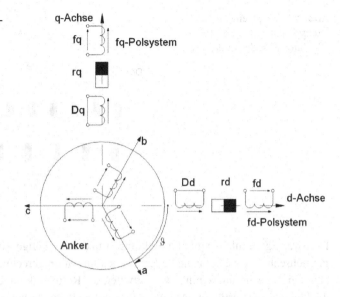

infolge der dann auftretenden Wirbelströme ein mehr oder weniger deutliches Dämpfungsverhalten, das sich durch die Ersatz-Dämpferkreise ebenfalls näherungsweise berücksichtigen lässt.

Die mit rd und rq bezeichneten Ersatzmagnete charakterisieren achsenbezogen eine Remanenzdurchflutung Θ_{rd} bzw. Θ_{rq}, verursacht durch dauernde einseitige Magnetisierung oder durch im Polsystem speziell eingebaute Permanentmagnete, etwa bei PM-erregten Synchronmaschinen.

Elektrisch erregte Synchronmaschinen besitzen üblicherweise nur die in der Längs- oder d-Achse den Polen zugeordnete Erregerwicklung fd. Zur Verallgemeinerung und weil es einfacher ist, eine Wicklung im mathematischen Modell durch Grenzübergang unwirksam zu machen als später eine zusätzliche Wicklung einzuführen, wird hier auch in der Quer- oder q-Achse eine von außen zugängliche fq-Erregerwicklung berücksichtigt. Besonders gut vorstellbar ist diese Erweiterung, auf den sich der Begriff „verallgemeinerte" lineare Drehstrommaschine bezieht, für eine Synchronmaschine mit Vollpolläufer analog Abb. 1.3 mit einer verteilten fd-Erregerwicklung, bei der die beiden Seiten der fq-Erregerwicklung in die Lücke der fd-Polmitten eingefügt sind. Abbildung 2.2 zeigt schematisch eine solche Ersatzanordnung für die Drehstrommaschine mit dreisträngiger Ankerwicklung sowie mit je einer Erreger- und Ersatz-Dämpferwicklung in Längs- und Querachse als Abwicklung längs des Luftspaltes. Die verteilten Wicklungen sind jeweils auf je eine Spule mit nur einer Nut je Spulenseite vereinfacht; durch Kreuze ($\times$) sind die Anfangs- und durch Punkte ($\bullet$) die Endseiten der Spulen gekennzeichnet.

Diese idealisierte verallgemeinerte Modellmaschine eignet sich sowohl zur Beschreibung des Betriebsverhaltens einer Drehstrom-Synchronmaschine als auch ohne Einschränkungen einer Drehstrom-Asynchronmaschine mit Schleifring- oder Käfigläufer.

Abb. 2.2 Verallgemeinerte Drehstrommaschine als Abwicklung längs des Luftspaltes

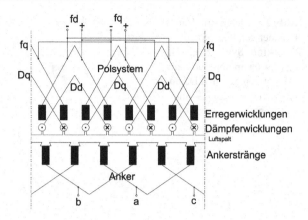

Dreisträngige Schleifringläuferwicklungen und Rotorkäfige können dafür in zweisträngig-achsenbezogene äquivalente Ersatzwicklungen umgerechnet werden. Mitunter ist es aber bei Asynchronmaschinen vorteilhafter, die Rotorwicklungen in dreisträngige Ersatzwicklungen zu überführen. Auf diese und andere Besonderheiten der Asynchronmaschine gegenüber der Synchronmaschine, die für die Modellerstellung und -handhabung wichtig sind, wird an den betreffenden Stellen und speziell in Kap. 6 eingegangen.

2.2 Spannungsgleichungen für die Ankerstränge

Die Spannungsgleichungen für die drei in Stern geschalteten, gleich ausgeführten Ankerstränge a, b und c lauten im Verbraucher-Zählpfeilsystem mit den in den drei Strängen gleichen Strangwiderständen R_a

$$\begin{bmatrix} u_\mathrm{a} \\ u_\mathrm{b} \\ u_\mathrm{c} \end{bmatrix} = R_\mathrm{a} \begin{bmatrix} i_\mathrm{a} \\ i_\mathrm{b} \\ i_\mathrm{c} \end{bmatrix} + \frac{\mathrm{d}}{\mathrm{d}t} \begin{bmatrix} \psi_\mathrm{a} \\ \psi_\mathrm{b} \\ \psi_\mathrm{c} \end{bmatrix}. \tag{2.1}$$

Bei der Ermittlung der Flussverkettungen ist wegen der im Polsystem möglichen magnetischen Asymmetrie („Schenkeligkeit") und der den magnetischen Symmetrieachsen d und q zugeordneten Wicklungen die relative Lage zwischen Polsystem und Anker zu berücksichtigen. Dazu wird unter Beachtung des Prinzips der Grundwellenverkettung und des Verdrehwinkels $\vartheta = \vartheta_\mathrm{m}$ zwischen positiver d-Achse und Ankerstrang a die Grundwelle der Ankerdurchflutungsverteilung in eine Längs- und eine Querkomponente zerlegt, dargestellt als fiktive Achsenströme i_d und i_q:

$$\begin{aligned} i_\mathrm{d} &= \frac{2}{3}\left(i_\mathrm{a}\cos\vartheta + i_\mathrm{b}\cos\left(\vartheta - \frac{2\pi}{3}\right) + i_\mathrm{c}\cos\left(\vartheta - \frac{4\pi}{3}\right)\right) \\ i_\mathrm{q} &= \frac{2}{3}\left(-i_\mathrm{a}\sin\vartheta - i_\mathrm{b}\sin\left(\vartheta - \frac{2\pi}{3}\right) - i_\mathrm{c}\sin\left(\vartheta - \frac{4\pi}{3}\right)\right) \end{aligned}. \tag{2.2}$$

Aus den auf die Stränge bezogenen Summen der achsenbezogenen Flusskomponenten von Anker-, Ersatz-Dämpfer- und Erregerwicklungen sowie ergänzt durch den gleichphasigen Streufluss des Nullstromes

$$i_0 = \frac{1}{3}(i_a + i_b + i_c) \tag{2.3}$$

erhält man die Flussverkettungen der drei Ankerstränge zu

$$
\begin{bmatrix} \psi_a \\ \psi_b \\ \psi_c \end{bmatrix} = [L_d i_d + L_{aDd} i_{Dd} + L_{afd} i_{fd} + L_{hd} i_{rd}] \begin{bmatrix} \cos\vartheta \\ \cos\left(\vartheta - \frac{2\pi}{3}\right) \\ \cos\left(\vartheta - \frac{4\pi}{3}\right) \end{bmatrix}
$$

$$
- [L_q i_q + L_{aDq} i_{Dq} + L_{afq} i_{fq} + L_{hd} i_{rq}] \begin{bmatrix} \sin\vartheta \\ \sin\left(\vartheta - \frac{2\pi}{3}\right) \\ \sin\left(\vartheta - \frac{4\pi}{3}\right) \end{bmatrix} + L_0 \begin{bmatrix} i_0 \\ i_0 \\ i_0 \end{bmatrix}. \tag{2.4}
$$

Die in Gl. 2.4 auftretenden Induktivitäten L_d und L_q stellen die Selbstinduktivitäten der Ankerwicklung bezüglich der beiden Achsen dar. Sie werden als synchrone Längs- bzw. synchrone Querinduktivität bezeichnet und setzen sich jeweils aus der ständerbezogenen Gegen- oder Hauptinduktivität der Achse L_{hd} und L_{hq} und der von der Lage des Polsystems unabhängigen Streuinduktivität der Ständerwicklung $L_{\sigma a}$ zusammen

$$L_d = L_{hd} + L_{\sigma a} \quad \text{und} \quad L_q = L_{hq} + L_{\sigma a}. \tag{2.5}$$

Die Gegeninduktivitäten L_{hd}, L_{aDd}, L_{afd} und L_{hq}, L_{aDq}, L_{afq} charakterisieren den magnetischen Kreis für die Hauptflusskomponenten und den Anteil, den die Ströme in der Anker- sowie der Ersatz-Dämpfer- und der Erregerwicklung von d- und q-Achse zur Flussverkettung jedes Ankerstranges beitragen. Der Index a kennzeichnet den Bezug der Größe zur Ankerwicklung, bei den Ankergrößen selbst wird der Index meist weggelassen. Die Wirkung von Permanentmagneten oder eines Remanenzflusses Φ_{rd} bzw. Φ_{rq} aus dem Polsystem heraus auf die Ankerwicklungen wird durch zeitlich konstante, der jeweiligen Achse zugeordnete Remanenzdurchflutungen Θ_{rd} bzw. Θ_{rq} mit den fiktiven Remanenz-Erregerströmen i_{rd} und i_{rq} berücksichtigt.

Bei Vernachlässigung der magnetischen Spannungsabfälle im Eisen gelten für die Gegeninduktivitäten einer verallgemeinerten Schenkelpolmaschine mit je einer Ersatz-

Dämpfer- und einer konzentrierten Erregerwicklung pro Achse die Beziehungen

$$L_{\mathrm{hd}} = \frac{3}{2}\frac{\mu_0}{\delta_{i0}}\frac{4}{\pi}\frac{2}{\pi}\tau_{\mathrm{p}}l_i\frac{(w\xi_1)_{\mathrm{a}}^2}{2z_{\mathrm{p}}}C_{\mathrm{ad},1} \qquad L_{\mathrm{hq}} = \frac{3}{2}\frac{\mu_0}{\delta_{i0}}\frac{4}{\pi}\frac{2}{\pi}\tau_{\mathrm{p}}l_i\frac{(w\xi_1)_{\mathrm{a}}^2}{2z_{\mathrm{p}}}C_{\mathrm{aq},1}$$

$$L_{\mathrm{aDd}} = \frac{\mu_0}{\delta_{i0}}\frac{2}{\pi}\tau_{\mathrm{p}}l_i\frac{(w\xi_1)_{\mathrm{a}}w_{\mathrm{Dd}}C_{\mathrm{Dd},1}}{2z_{\mathrm{p}}}\xi_{\mathrm{schr}} \qquad L_{\mathrm{aDq}} = \frac{\mu_0}{\delta_{i0}}\frac{2}{\pi}\tau_{\mathrm{p}}l_i\frac{(w\xi_1)_{\mathrm{a}}w_{\mathrm{Dq}}C_{\mathrm{Dq},1}}{2z_{\mathrm{p}}}\xi_{\mathrm{schr}} \qquad (2.6)$$

$$L_{\mathrm{afd}} = \frac{\mu_0}{\delta_{i0}}\frac{2}{\pi}\tau_{\mathrm{p}}l_i\frac{(w\xi_1)_{\mathrm{a}}w_{\mathrm{fd}}C_{\mathrm{fd},1}}{2z_{\mathrm{p}}}\xi_{\mathrm{schr}} \qquad L_{\mathrm{afq}} = \frac{\mu_0}{\delta_{i0}}\frac{2}{\pi}\tau_{\mathrm{p}}l_i\frac{(w\xi_1)_{\mathrm{a}}w_{\mathrm{fq}}C_{\mathrm{fq},1}}{2z_{\mathrm{p}}}\xi_{\mathrm{schr}}.$$

Hierin bedeuten δ_{i0} die „ideelle" Luftspaltlänge in Polmitte, l_i die „ideelle" Blechpaket-länge unter Beachtung der Feldstörungen durch Kühlkanäle und Endbereiche, τ_{p} die Pol-teilung (Abstand zweier Pole längs des Luftspaltes) sowie $C_{\mathrm{ad},1}$, $C_{\mathrm{Dd},1}$, $C_{\mathrm{fd},1}$, $C_{\mathrm{aq},1}$, $C_{\mathrm{Dq},1}$ und $C_{\mathrm{fq},1}$ die Polformkoeffizienten zur Berücksichtigung des unterschiedlichen Luftspal-tes in Längs- und Querachse, der speziellen Polschuhform und der Beschränkung auf die Grundwelle der Induktionsverteilung. ξ_{schr} stellt in diesen Beziehungen den Schrägungs-faktor dar, der die Schrägstellung der Stator- oder Rotornuten und damit die verminderte Kopplung zwischen den Wicklungen beiderseits des Luftspaltes berücksichtigt; für Wick-lungen auf derselben Seite des Luftspaltes ist die Schrägung wirkungslos. Der Faktor $3/2$ bei L_{hd} und L_{hq} steht für die Umrechnung der dreisträngigen Stranggrößen in zweisträn-gige Achsengrößen. Die Ankerwindungszahl w_{a} bezieht sich dabei auf einen Strang mit z_{p} am Umfang verteilten Teilsträngen, die Windungszahlen der Erreger- und der Ersatz-Dämpferwicklungen in Längs- und Querachse auf alle einer Achse zugeordneten Windun-gen der z_{p} Polpaare. Bei der verteilten Ankerwicklung tritt an die Stelle der tatsächlichen Windungszahl w_{a} die effektive Windungszahl $(w\xi_1)_{\mathrm{a}}$; der Wicklungsfaktor ξ_1 steht da-bei für die Minderung der in einer Wicklung mit $q_1 > 1$ durch die Induktionsgrundwelle induzierten Spannung bzw. der durch den Wicklungsstrom hervorgerufenen Induktions-grundwelle infolge der Phasenverschiebungen der Spannungen und Ströme in den auf mehrere Nuten verteilten Wicklungsteilen einer Spulenseite.

Bei Synchronmaschinen mit Vollpolläufer wie auch bei Asynchronmaschinen wird längs des Umfanges überall mit dem „ideellen" Luftspalt δ_i gerechnet. Diese Maschi-nen haben auch im Rotor (Systeme D und f) verteilten Wicklungen, so dass hier ebenfalls die effektiven Windungszahlen $(w\xi_1)$ zu verwenden und eigentlich alle Polformkoeffizi-enten gleich Eins zu setzen sind. Für die Gegeninduktivitäten der Ersatz-Dämpfer- und Erregerwicklungen ergibt das die Beziehungen

$$L_{\mathrm{aDd}} = \frac{\mu_0}{\delta_i}\frac{4}{\pi}\frac{2}{\pi}\tau_{\mathrm{p}}l_i\frac{(w\xi_1)_{\mathrm{a}}(w\xi_1)_{\mathrm{Dd}}}{2z_p}\xi_{\mathrm{schr}} \qquad L_{\mathrm{aDq}} = \frac{\mu_0}{\delta_i}\frac{4}{\pi}\frac{2}{\pi}\tau_{\mathrm{p}}l_i\frac{(w\xi_1)_{\mathrm{a}}(w\xi_1)_{\mathrm{Dq}}}{2z_p}\xi_{\mathrm{schr}}$$

$$L_{\mathrm{afd}} = \frac{\mu_0}{\delta_i}\frac{4}{\pi}\frac{2}{\pi}\tau_{\mathrm{p}}l_i\frac{(w\xi_1)_{\mathrm{a}}(w\xi_1)_{\mathrm{fd}}}{2z_p}\xi_{\mathrm{schr}} \qquad L_{\mathrm{afq}} = \frac{\mu_0}{\delta_i}\frac{4}{\pi}\frac{2}{\pi}\tau_{\mathrm{p}}l_i\frac{(w\xi_1)_{\mathrm{a}}(w\xi_1)_{\mathrm{fq}}}{2z_p}\xi_{\mathrm{schr}}. \qquad (2.7)$$

Da aber die Nutung in Polmitte und Pollücke bei Synchronmaschinen mit Vollpolläu-fer mitunter doch recht unterschiedlich ausgeführt ist oder nicht alle Nuten gleichmäßig belegt sind, muss insbesondere für L_{hd} und L_{hq} eine Anpassung durch die Polformkoeffizienten $C_{ad,1}$ und $C_{aq,1}$ an die realen Verhältnisse vorgenommen werden.

Für einen vollständigen Dämpferkäfig berechnet man die effektive Ersatz-Windungszahl der achsenbezogenen Ersatzwicklungen aus der Nutzahl N_D zu

$$(w\xi_1)_D = \frac{N_D}{4}. \tag{2.8}$$

Bei Asynchronmaschinen mit Käfigläufer wird der Käfig dagegen häufig in eine äquivalente dreisträngige Ersatz-Strangwicklung mit der Strang-Windungszahl

$$(w\xi_1)_D = \frac{N_D}{6} \tag{2.9}$$

überführt, so dass wie beim Schleifringläufer alle magnetischen Kopplungen zur dreisträngigen Ankerwicklung mit den Strang-Windungszahlen bestimmt werden. Deshalb entfallen dann bei den rotationssymmetrischen Asynchronmaschinen mit dreisträngigen (Ersatz-)Rotorwicklungen die Umrechnungsfaktoren $3/2$ in Gl. 2.6 für $L_{hd} = L_{hq}$.

Mit den Flussverkettungen der Ankerstränge und den Strangströmen folgt das Luftspalt-Drehmoment der Maschine aus der allgemeinen Energiebilanz zu [1]

$$m_\delta = \frac{z_p}{\sqrt{3}} \left[(\psi_a i_b - \psi_b i_a) + (\psi_b i_c - \psi_c i_b) + (\psi_c i_a - \psi_a i_c) \right]. \tag{2.10}$$

Im Verbraucher-Zählpfeilsystem werden alle elektrisch zugeführten Leistungen und alle mechanisch abgeführten Leistungen positiv gerechnet, das Luftspaltmoment eines Generators ist bei positiver Winkelgeschwindigkeit also negativ.

2.3 Spannungsgleichungen des Polsystems

Im Gegensatz zum rotationssymmetrischen Anker mit seinen drei Wicklungssträngen sind im Polsystem die Wicklungen den beiden Symmetrieachsen, der Längs- und der Querachse, zugeordnet. In beiden Achsen liegen gleichartige Wicklungen mit gleichartigen Verkettungsmechanismen vor, alle Gleichungen haben gleiches Aussehen mit dem einzigen Unterschied, dass für alle Parameter und Variablen die Größen der betrachteten Achse, gekennzeichnet durch den Index d bzw. q, einzusetzen sind. In jeder dieser Gleichungen treten nur Größen einer Achse, der d- oder der q-Achse, auf. Um die Gleichartigkeit besonders hervorzuheben und unnötige Dopplungen zu vermeiden, werden nachfolgend für gleichartige Ausdrücke beider Achsen, wenn keine Missverständnisse möglich sind, diese nur einmal geschrieben mit dem verallgemeinerten Index x, für den bei der Zuordnung der Gleichung zu einer Achsen dann der entsprechende Achsenindex d bzw. q einzusetzen ist. Die Spannungsgleichungen für die kurzgeschlossenen Ersatz-Dämpferwicklungen und die Erregerwicklungen lauten damit

$$\begin{bmatrix} 0 \\ u_{fx} \end{bmatrix} = \begin{bmatrix} R_{Dx} & 0 \\ 0 & R_{fx} \end{bmatrix} \begin{bmatrix} i_{Dx} \\ i_{fx} \end{bmatrix} + \frac{d}{dt} \begin{bmatrix} \psi_{Dx} \\ \psi_{fx} \end{bmatrix} \qquad (2.11)$$

mit den ebenfalls allgemein indizierten Flussverkettungen

$$\psi_{Dx} = \frac{3}{2} L_{Dax}(i_x + i_{rx}) + L_{DDx} i_{Dx} + L_{Dfx} i_{fx}$$

$$\psi_{fx} = \frac{3}{2} L_{fax}(i_x + i_{rx}) + L_{fDx} i_{Dx} + L_{ffx} i_{fx}. \qquad (2.12)$$

Hierin bedeuten L_{DDx} und L_{ffx} die Selbstinduktivitäten der beiden Polsystemkreise beider Achsen, während mit $L_{Dax} = L_{aDx}$ und $L_{fax} = L_{afx}$ die Gegeninduktivitäten zum Ankersystem sowie mit $L_{Dfx} = L_{fDx}$ die Gegeninduktivitäten der beiden Wicklungen einer Achse untereinander gekennzeichnet sind. Für Asynchronmaschinen mit dreisträngiger (Ersatz-) Rotorwicklung entfallen die Faktoren 3/2.

2.4 Übersetzungsverhältnisse

Die gemeinsame Handhabung der Gleichungen für Ständer und Läufer wird vereinfacht, wenn alle Größen des Polsystems bzw. des Asynchronmaschinen-Läufers auf den Anker umgerechnet werden. Diese Transformation darf die Leistungsbeziehungen natürlich nicht verändern. Bewährt hat sich, die Polradkreise durch Einführung von Übersetzungsverhältnissen so auf die Ankerkreise umzurechnen, dass gleiche bezogene Ströme im Rotor wie im Anker einer Achse den gleichen Anteil zur Hauptflussverkettung dieser Achse beitragen und die bezogenen Gegeninduktivitäten der Polradkreise den Hauptinduktivitäten der achsengleichen Ankerwicklung entsprechen [1]

$$L'_{aDx} = L'_{Dax} = L'_{afx} = L'_{fax} = L'_{hx}. \qquad (2.13)$$

Diese auf den Anker bezogenen Größen werden dabei vorerst mit „ ′ " gekennzeichnet.

Man erhält für eine verallgemeinerte Drehstrommaschine mit ausgeprägten Polen

$$\ddot{u}_{aDx} = \frac{4}{\pi} \frac{(w\xi_1)_a C_{ax,1}}{w_{Dx} C_{Dx,1} \xi_{schr}} \qquad \ddot{u}_{afx} = \frac{4}{\pi} \frac{(w\xi_1)_a C_{ax,1}}{w_{fx} C_{fx,1} \xi_{schr}} \qquad (2.14)$$

und für eine mit rotationssymmetrischem Läufer

$$\ddot{u}_{aDx} = \frac{(w\xi_1)_a C_{ax,1}}{(w\xi_1)_{Dx} \xi_{schr}} \qquad \ddot{u}_{afx} = \frac{(w\xi_1)_a C_{ax,1}}{(w\xi_1)_{fx} \xi_{schr}}. \qquad (2.15)$$

Die Transformation der Ströme, Spannungen und Flussverkettungen sowie der Widerstände der f-Rotorwicklungen erfolgt nach den Beziehungen

$$i'_{\text{fx}} = \frac{2}{3}\frac{i_{\text{fx}}}{\ddot{u}_{\text{afx}}}, \quad u'_{\text{fx}} = \ddot{u}_{\text{afx}}u_{\text{fx}}, \quad \psi'_{\text{fx}} = \ddot{u}_{\text{afx}}\psi_{\text{fx}}, \quad R'_{\text{fx}} = \frac{3}{2}\ddot{u}^2_{\text{afx}}R_{\text{fx}}. \tag{2.16}$$

Die Umrechnung der Widerstände und Variablen der D-Wicklungen kann analog vorgenommen werden, interessiert jedoch meist nicht.

Für die auf die Ankerwicklungen bezogenen Gegen- und Selbstinduktivitäten der Rotorwicklungen erhält man, wieder mit dem allgemeinen Index x statt d und q, die Transformationsrelationen

$$L'_{\text{aDx}} = L'_{\text{Dax}} = \frac{3}{2}\ddot{u}_{\text{aDx}}L_{\text{aDx}} = \frac{3}{2}\ddot{u}_{\text{aDx}}L_{\text{Dax}} = L_{\text{hx}}$$

$$L'_{\text{afx}} = L'_{\text{fax}} = \frac{3}{2}\ddot{u}_{\text{afx}}L_{\text{afx}} = \frac{3}{2}\ddot{u}_{\text{afx}}L_{\text{fax}} = L_{\text{hx}}$$

$$L'_{\text{Dfx}} = \frac{3}{2}\ddot{u}_{\text{aDx}}\ddot{u}_{\text{afx}}L_{\text{Dfx}} = \frac{3}{2}\ddot{u}_{\text{afx}}\ddot{u}_{\text{aDx}}L_{\text{fDx}} \tag{2.17}$$

$$L'_{\text{Dx}} = \frac{3}{2}\ddot{u}^2_{\text{aDx}}L_{\text{DDx}}$$

$$L'_{\text{fx}} = \frac{3}{2}\ddot{u}^2_{\text{afx}}L_{\text{ffx}}.$$

Die Doppelindizes DD bzw. ff bei den Selbstinduktivitäten wurden dabei zu D bzw. f vereinfacht.

Für Drehstrom-Asynchronmaschinen mit dreisträngigen (Ersatz-)Rotorwicklungen gelten die vorstehenden Beziehungen ebenfalls, jedoch entfallen die Umrechnungsfaktoren 3 / 2, da die Achsenwicklungen für Anker und Rotor gleichermaßen aus dreisträngigen Wicklungen umgerechnet werden.

2.5 Zwei-Achsen-Transformation

Durch die Beziehungen (Gl. 2.2) wurden die von den Ankerströmen hervorgerufene Durchflutungsverteilung in zwei achsenbezogene Komponenten zerlegt und dafür die fiktiven Achsenströme i_{d} und i_{q} eingeführt. Das brachte eine deutliche Vereinfachung in der Darstellung der Flussverkettungen, Gl. 2.4. Die Achsengrößen können so auch als Real- und Imaginärteil eines Stromzeigers in der komplexen Ebene mit der reellen Achse in der Längs- oder d-Achse gedeutet werden. Dieses Vorgehen zur Umrechnung von Strang- auf Achsengrößen lässt sich auch umkehren und damit als allgemeine Transformation nutzen. Für die Transformation der allgemeinen Stranggrößen g_{a}, g_{b}, g_{c} in ein um den Fortschrittswinkel ϑ verdrehtes d-q-Achsensystem gelten unter Berücksichtigung der gleichphasigen 0-Komponente also die Transformationsbeziehungen [1]

$$
\begin{bmatrix} g_d \\ g_q \\ g_0 \end{bmatrix} = \mathbf{C}_{dq} \begin{bmatrix} g_a \\ g_b \\ g_c \end{bmatrix} \quad \text{mit} \quad \mathbf{C}_{dq} = \frac{2}{3} \begin{bmatrix} \cos\vartheta & \cos\left(\vartheta - \frac{2\pi}{3}\right) & \cos\left(\vartheta - \frac{4\pi}{3}\right) \\ -\sin\vartheta & -\sin\left(\vartheta - \frac{2\pi}{3}\right) & -\sin\left(\vartheta - \frac{4\pi}{3}\right) \\ \frac{1}{2} & \frac{1}{2} & \frac{1}{2} \end{bmatrix}.
$$
(2.18)

Für die Rücktransformation gilt

$$
\begin{bmatrix} g_a \\ g_b \\ g_c \end{bmatrix} = \mathbf{C}_{dq}^{-1} \begin{bmatrix} g_d \\ g_q \\ g_0 \end{bmatrix} \quad \text{mit} \quad \mathbf{C}_{dq}^{-1} = \begin{bmatrix} \cos\vartheta & -\sin\vartheta & 1 \\ \cos\left(\vartheta - \frac{2\pi}{3}\right) & -\sin\left(\vartheta - \frac{2\pi}{3}\right) & 1 \\ \cos\left(\vartheta - \frac{4\pi}{3}\right) & -\sin\left(\vartheta - \frac{4\pi}{3}\right) & 1 \end{bmatrix}.
$$
(2.19)

Tritt kein Nullsystem auf ($g_0 = 0$), können allgemein die Achsengrößen g_d und g_q aus den Stranggrößen g_a und g_b bzw. die Stranggrößen g_a und g_b aus den Achsengrößen g_d und g_q berechnet werden zu

$$
\begin{bmatrix} g_d \\ g_q \end{bmatrix} = \frac{2\sqrt{3}}{3} \begin{bmatrix} \sin\left(\vartheta + \frac{\pi}{3}\right) & \sin\vartheta \\ \cos\left(\vartheta + \frac{\pi}{3}\right) & \cos\vartheta \end{bmatrix} \begin{bmatrix} g_a \\ g_b \end{bmatrix} \quad \text{mit} \quad g_a + g_b + g_c = 0 \quad (2.20)
$$

bzw.

$$
\begin{bmatrix} g_a \\ g_b \end{bmatrix} = \begin{bmatrix} \cos\vartheta & -\sin\vartheta \\ \cos\left(\vartheta - \frac{2\pi}{3}\right) & -\sin\left(\vartheta - \frac{2\pi}{3}\right) \end{bmatrix} \begin{bmatrix} g_d \\ g_q \end{bmatrix} \quad \text{und} \quad g_c = -(g_a + g_b). \quad (2.21)
$$

Oft ist auch die Transformation eines dreisträngigen Systems in ein feststehendes zweiachsiges Koordinatensystem vorteilhaft. Bei Bindung dessen reellen Achse an den Strang a erhält man die α-β-0-Komponenten mit den Transformationsbeziehungen

$$
\begin{bmatrix} g_\alpha \\ g_\beta \\ g_0 \end{bmatrix} = \mathbf{C}_{\alpha\beta} \begin{bmatrix} g_a \\ g_b \\ g_c \end{bmatrix} \quad \text{mit} \quad \mathbf{C}_{\alpha\beta} = \frac{2}{3} \begin{bmatrix} 1 & -\frac{1}{2} & -\frac{1}{2} \\ 0 & \frac{1}{2}\sqrt{3} & -\frac{1}{2}\sqrt{3} \\ \frac{1}{2} & \frac{1}{2} & \frac{1}{2} \end{bmatrix}
$$
(2.22)

und

$$
\begin{bmatrix} g_a \\ g_b \\ g_c \end{bmatrix} = \mathbf{C}_{\alpha\beta}^{-1} \begin{bmatrix} g_\alpha \\ g_\beta \\ g_0 \end{bmatrix} \quad \text{mit} \quad \mathbf{C}_{\alpha\beta}^{-1} = \begin{bmatrix} 1 & 0 & 1 \\ -\frac{1}{2} & \frac{1}{2}\sqrt{3} & 1 \\ -\frac{1}{2} & -\frac{1}{2}\sqrt{3} & 1 \end{bmatrix}.
$$
(2.23)

Die α-β-0-Komponenten charakterisieren den sogenannten Raumzeiger der Stranggrößen in der komplexen Ebene mit am Strang a orientierter reeller Achse

$$
\vec{g} = g_\alpha + jg_\beta = \frac{2}{3}\left[g_a + g_b\mathbf{a} + g_c\mathbf{a}^2\right] \quad \text{mit} \quad \mathbf{a} = e^{j\frac{2\pi}{3}}.
$$
(2.24)

Der Zusammenhang zwischen d-q- und α-β-Komponenten sowie deren Raumzeigern ist bei sich gegeneinander um den Winkel ϑ drehenden Koordinatensystemen gegeben durch die Beziehungen

$$
\begin{bmatrix} g_\alpha \\ g_\beta \end{bmatrix} = \begin{bmatrix} \cos\vartheta & -\sin\vartheta \\ \sin\vartheta & \cos\vartheta \end{bmatrix} \begin{bmatrix} g_d \\ g_q \end{bmatrix} \quad \text{und} \quad \begin{bmatrix} g_d \\ g_q \end{bmatrix} = \begin{bmatrix} \cos\vartheta & \sin\vartheta \\ -\sin\vartheta & \cos\vartheta \end{bmatrix} \begin{bmatrix} g_\alpha \\ g_\beta \end{bmatrix} \tag{2.25}
$$

sowie

$$
\vec{g} = g_\alpha + \mathrm{j}g_\beta = (g_d + \mathrm{j}g_q)\mathrm{e}^{j\vartheta}. \tag{2.26}
$$

Ist $\vartheta \equiv 0$, stimmt einerseits die d- mit der α-Komponente und andererseits die q- mit der β-Komponente überein.

Sind bei der d-q-0-Transformation zeitliche Ableitungen zu transformieren, ist die Produktenregel anzuwenden, man erhält die Relationen

$$
\frac{\mathrm{d}}{\mathrm{d}t} \begin{bmatrix} g_d \\ g_q \\ g_0 \end{bmatrix} = \mathbf{C}_{dq} \frac{\mathrm{d}}{\mathrm{d}t} \begin{bmatrix} g_a \\ g_b \\ g_c \end{bmatrix} + \omega \begin{bmatrix} g_q \\ -g_d \\ 0 \end{bmatrix} \tag{2.27}
$$

oder

$$
\mathbf{C}_{dq} \frac{\mathrm{d}}{\mathrm{d}t} \begin{bmatrix} g_a \\ g_b \\ g_c \end{bmatrix} = \frac{\mathrm{d}}{\mathrm{d}t} \begin{bmatrix} g_d \\ g_q \\ g_0 \end{bmatrix} + \omega \begin{bmatrix} -g_q \\ +g_d \\ 0 \end{bmatrix} \tag{2.28}
$$

und

$$
\frac{\mathrm{d}}{\mathrm{d}t} \begin{bmatrix} g_a \\ g_b \\ g_c \end{bmatrix} = \mathbf{C}_{dq}^{-1} \frac{\mathrm{d}}{\mathrm{d}t} \begin{bmatrix} g_d \\ g_q \\ g_0 \end{bmatrix} + \frac{\sqrt{3}}{3}\omega \begin{bmatrix} 0 & -1 & 1 \\ 1 & 0 & -1 \\ -1 & 1 & 0 \end{bmatrix} \begin{bmatrix} g_a \\ g_b \\ g_c \end{bmatrix} \tag{2.29}
$$

oder

$$
\mathbf{C}_{dq}^{-1} \frac{\mathrm{d}}{\mathrm{d}t} \begin{bmatrix} g_d \\ g_q \\ g_0 \end{bmatrix} = \frac{\mathrm{d}}{\mathrm{d}t} \begin{bmatrix} g_a \\ g_b \\ g_c \end{bmatrix} + \frac{\sqrt{3}}{3}\omega \begin{bmatrix} 0 & 1 & -1 \\ -1 & 0 & 1 \\ 1 & -1 & 0 \end{bmatrix} \begin{bmatrix} g_a \\ g_b \\ g_c \end{bmatrix} \tag{2.30}
$$

mit

$$
\omega = \frac{\mathrm{d}\vartheta}{\mathrm{d}t}. \tag{2.31}
$$

2.6 Zwei-Achsen-Modell der linearen Drehstrommaschine

Um die Spannungsgleichungen der dreisträngigen Ankerwicklung in d-q-0-Komponenten zu überführen, werden in den drei Gleichungen die Strangspannungen und die Strangströme für sich in Achsengrößen transformiert. Die Transformation der Ableitung der Strangflussverkettungen erhält man direkt nach Gl. 2.28. Damit lauten die Anker-Spannungs-gleichungen in d-q-0-Komponenten

$$\begin{bmatrix} u_d \\ u_q \\ u_0 \end{bmatrix} = R_a \begin{bmatrix} i_d \\ i_q \\ i_0 \end{bmatrix} + \frac{d}{dt} \begin{bmatrix} \psi_d \\ \psi_q \\ \psi_0 \end{bmatrix} + \omega \begin{bmatrix} -\psi_q \\ \psi_d \\ 0 \end{bmatrix}, \tag{2.32}$$

während die Spannungsgleichungen der Polsysteme aus Gl. 2.11 direkt in der auf den Anker umgerechneten Form mit verallgemeinerten Indizes aufgeschrieben werden können:

$$\begin{bmatrix} 0 \\ u'_{fx} \end{bmatrix} = \begin{bmatrix} R'_{Dx} & 0 \\ 0 & R'_{fx} \end{bmatrix} \begin{bmatrix} i'_{Dx} \\ i'_{fx} \end{bmatrix} + \frac{d}{dt} \begin{bmatrix} \psi'_{Dx} \\ \psi'_{fx} \end{bmatrix}. \tag{2.33}$$

Abbildung 2.3 zeigt die Drehstrommaschine in Achsendarstellung.

In Abb. 2.4 ist die Aufteilung der Flussverkettungen der drei magnetisch gekoppelten Wicklungen einer Achse in Haupt- und Streuflussverkettungen schematisch dargestellt.

Durch formale Einführung der transformierten Gegeninduktivitäten und Polsystemströme erhält man die Flussverkettungsgleichungen des Ankers in d-q-0-Komponenten zu

$$\psi_x = L_x i_x + L_{hx} \left(i'_{Dx} + i'_{fx} + i_{rx} \right)$$
$$\psi_0 = L_0 i_0 \tag{2.34}$$

und die Flussverkettungsgleichungen der Polsysteme zu

$$\psi'_{Dx} = L_{hx}(i_x + i_{rx}) + L'_{Dx} i'_{Dx} + L'_{Dfx} i'_{fx}$$
$$\psi'_{fx} = L_{hx}(i_x + i_{rx}) + L'_{Dfx} i'_{Dx} + L'_{fx} i'_{fx}. \tag{2.35}$$

Abb. 2.3 Verallgemeinerte Drehstrommaschine in Achsendarstellung

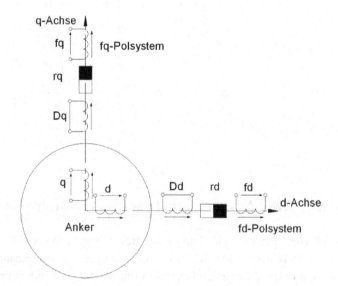

Abb. 2.4 Haupt- und
Streuflussverkettungen der
Längsachsenwicklungen

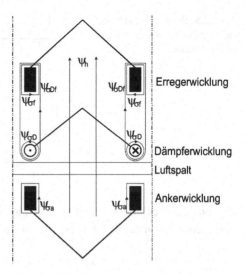

Sowohl die Selbstinduktivitäten der Polsystemkreise als auch deren Gegeninduktivität lassen sich jetzt zerlegen in eine Summe aus der Hauptinduktivität und den Streuanteilen der Achse

$$L'_{\sigma Dx} = L'_{Dx} - L'_{Dfx}$$
$$L'_{\sigma fx} = L'_{fx} - L'_{Dfx} \qquad (2.36)$$
$$L'_{\sigma Dfx} = L'_{Dfx} - L_{hx}.$$

Die Streuinduktivitäten $L'_{\sigma Dfx}$ charakterisieren die Streufeldkopplung der beiden Polsystemwicklungen einer Achse (vgl. Abb. 2.4) und sollen im Folgenden als gemeinsame Streuinduktivität der Längs- bzw. der Querachse bezeichnet werden, sie können insbesondere für Schenkelpolmaschinen durch die Differenzbildung in Gl. 2.36 auch negativ werden. Führt man nun für die dynamischen Hauptfeld- und die Streufeldkopplungen die Magnetisierungsströme, also die durch die jeweils effektive Ankerwindungszahl geteilten dynamisch wirksamen resultierenden Achsendurchflutungen

$$i_{hx} = i_x + i'_{Dx} + i'_{fx}$$
$$i'_{Dfx} = i'_{Dx} + i'_{fx} \qquad (2.37)$$

ein und bezeichnet mit

$$\psi'_{rx} = L_{hx} i_{rx} \qquad (2.38)$$

Abb. 2.5 Schematische Darstellung der Flussverkettungen in der d-Achse

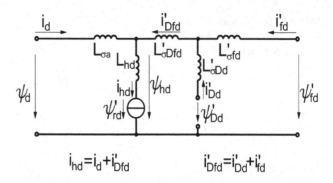

$$i'_{hd} = i_d + i'_{Dfd} \qquad\qquad i'_{Dfd} = i'_{Dd} + i'_{fd}$$

die von den Wicklungsströmen unabhängigen, zeitlich konstanten remanenten Flusskomponenten, erhält man für die Flussverkettungen

$$\psi_{hx} = \psi_{hx}(i_{hx}) = L_{hx}i_{hx} + \psi'_{rx}$$
$$\psi_x = \psi_{hx}(i_{hd}) + L_{\sigma a}i_x$$
$$\psi'_{Dx} = \psi_{hx}(i_{hx}) + L'_{\sigma Dfx}i'_{Dfx} + L'_{\sigma Dx}i'_{Dx} \qquad (2.39)$$
$$\psi'_{fx} = \psi_{hx}(i_{hx}) + L'_{\sigma Dfx}i'_{Dfx} + L'_{\sigma fx}i'_{fx}.$$

Abgesehen von PM-erregten Synchronmaschinen, bei denen ψ_{rd} die alleinige Leerlauferregung darstellt, sind beide remanenten Flusskomponenten meist klein; zumindest ψ_{rq} wird normalerweise vernachlässigt. Abbildung 2.5 zeigt das Schema der Flussverkettungen für die d-Achse, für die q-Achse der verallgemeinerten Drehstrommaschine ist nur der Achsenindex d in q zu ändern.

Der Drehstrommaschinen-Rotor ist im Allgemeinen als starre Drehmasse anzusehen, an der das Luftspaltmoment m_δ und das Kupplungsmoment m_K bzw. das Antriebs- oder Arbeitsmaschinendrehmoment m_A angreifen. Das Luftspaltmoment wird aus Gl. 2.10 gewonnen, indem man die Stranggrößen in d-q-0-Komponenten transformiert und einsetzt, man erhält

$$m_\delta = z_p \frac{3}{2}(\psi_d i_q - \psi_q i_d). \qquad (2.40)$$

In m_A sollen alle äußeren Drehmomente (Antriebsmoment, Arbeitsmaschinen-Lastmoment, Luft- und Lagerreibung u. a.) zusammengefasst sein. Mit dem Massenträgheitsmoment J der Drehmasse erhält man für die Drehzahl n, die Rotorwinkelgeschwindigkeit ω_m und den Rotordrehwinkel ϑ_m die Bewegungsgleichungen

$$2\pi J \frac{dn}{dt} = J \frac{d\omega_m}{dt} = m_\delta + m_A \quad \text{und} \quad \frac{d\vartheta_m}{dt} = \omega_m = 2\pi n. \qquad (2.41)$$

Die für die elektromagnetischen Vorgänge relevanten Größen ϑ und ω folgen aus den Relationen (Gln. 1.3 bis 1.5) zu

$$\omega = z_p \omega_m \quad \text{und} \quad \vartheta = z_p \vartheta_m. \qquad (2.42)$$

Die Parameter und Variablen sind einheitenbehaftet, die auf den Anker umgerechneten Größen durch „'" gekennzeichnet.

Im allgemeinen Fall sind ω und ω_m unter Wirkung der Bewegungsgleichungen (Gl. 2.41) Zeitfunktionen, so dass ein nichtlineares Differentialgleichungssystem vorliegt; der Begriff „linear" in der Überschrift bezieht sich auch hier also lediglich auf die magnetischen Verhältnisse in der Maschine, den linearen Zusammenhang zwischen Strömen und Flussverkettungen infolge der vorerst noch vernachlässigten magnetischen Sättigung.

2.7 Per-Unit-Bezugssystem

Die bisherigen Beziehungen sind einheitenbehaftet und ihre Größen stark von der konkreten Maschine, insbesondere von ihren Bemessungs- bzw. Nenndaten abhängig. Meist stimmen die Nenndaten mit den Bemessungsdaten überein. Mitunter ist es jedoch zweckmäßig, für eine spezielle Verwendung der Maschine auch andere Nenndaten zuzuordnen.

Die Bemessungsdaten normal ausgelegter Drehstrommaschinen, insbesondere die Bemessungsleistung, die -spannung und der -strom, überstreichen bis zu sechs Zehnerpotenzen, so dass die charakteristischen Widerstände und Induktivitäten ebenfalls einen großen Wertebereich umfassen. Ein Vergleich der Modellparameter, die Bewertung von Simulationsergebnissen und die Übertragung der an einer Maschine gewonnenen Erkenntnisse auf eine andere Maschine selbst desselben Typs sind bei unterschiedlichen Bemessungs- bzw. Nenndaten schwierig. Deshalb hat sich bei der Parametrierung und für umfangreichere Simulationsuntersuchungen der Übergang auf bezogene Größen bewährt. Da ggf. abweichende Bemessungsdaten dem Betreiber kaum zur Kenntnis gelangen, werden als Bezugsgrößen die Nenndaten verwendet. Ausgegangen wird dabei vom Zwei-Achsen-Modell mit den auf den Anker umgerechneten Polsystemgrößen. Als Grundbezugsgrößen gelten die Nennscheinleistung S_N, die verkettete Nennspannung U_N und die Nennkreisfrequenz $\omega_N = 2\pi f_N$ der in Sternschaltung vorausgesetzten Ankerwicklung, aus denen die anderen Bezugsgrößen abgeleitet werden:

$$S_0 = S_N \qquad \text{für alle Leistungsanteile,}$$

$$U_0 = \sqrt{\frac{2}{3}} U_N \qquad \text{für alle Strang- und Achsenspannungen,}$$

$$I_0 = \sqrt{2} I_N = \sqrt{\frac{2}{3}} \frac{S_N}{U_N} \qquad \text{für alle Strang- und Achsenströme,}$$

$$Z_0 = U_0/I_0 \qquad \text{für alle Widerstände und Impedanzen,}$$

$$T_0 = 1/\omega_N = 1/(2\pi f_N) \qquad \text{für die Zeit,}$$

$$\Psi_0 = U_0 T_0 \qquad \text{für alle Flussverkettungen,}$$

$$L_0 = Z_0 T_0 \qquad \text{für alle Induktivitäten,}$$

$$\Omega_0 = \omega_N/z_p \qquad \text{für alle Winkelgeschwindigkeiten } \omega_m = 2\pi n,$$

$$M_0 = S_0/\Omega_0 \qquad \text{für alle Drehmomentanteile.}$$

Durch Bezug aller Parameter und Variablen des Zwei-Achsen-Modells auf die vorstehenden Bezugsgrößen erhält man das Per-Unit-Modell der „linearen", also sättigungslosen Drehstrommaschine. Üblicherweise wird dieses Modell auch mit der auf T_0 bezogenen Zeit τ dargestellt. Um aber später unnötige Umrechnungen zu vermeiden, wird nachfolgend in den Modellgleichungen die bezogene Zeit τ durch t/T_0 ersetzt, und auch die Zeitkonstanten werden in Sekunden angegeben und verwendet. Alle anderen Parameter und Variablen sind jedoch nun bezogene Größen und werden mit ihren Kleinbuchstaben bezeichnet. Die besondere Kennzeichnung für die Umrechnung der Rotorgrößen auf den Anker mit „'" entfällt, und auch eine Unterscheidung zwischen Rotordrehwinkel und elektrischem Fortschrittswinkel einerseits und Rotordrehzahl, Rotorwinkelgeschwindigkeit und elektrischer Kreisfrequenz andererseits ist explizit nicht mehr erforderlich. Treten einheitenbehaftete Größen und Per-Unit-Größen nebeneinander auf, werden zu ihrer Kennzeichnung die SI-Einheiten bzw. bei den bezogenen Größen die Pseudoeinheit p.u. verwendet.

2.8　Mathematisches Modell der linearen Drehstrommaschine in d-q-0-Komponenten und bezogenen Größen

Durch das gewählte Bezugssystem erhält man als bezogene Größen für Ankerfrequenz und Kreisfrequenz gleiche Zahlenwerte und im Nennpunkt ebenso wie für die Amplituden von Ankerspannung und -strom jeweils den Wert Eins. Bei Nennfrequenz stimmen damit zahlenmäßig auch die Induktivitäten mit den ihnen entsprechenden Reaktanzen überein, denn für $\omega = 1$ gilt

$$x = \omega l = l. \tag{2.43}$$

Trotzdem sollte man auch bei $\omega = 1$ deutlich zwischen bezogenen Induktivitäten und bezogenen Reaktanzen unterscheiden, um sich so die Möglichkeit der (Pseudo-)Einheitenprobe zu erhalten. Im Gegensatz zur Kennwertbestimmung (Kap. 3 und 7), wo bezogene Induktivitäten in der Regel als Reaktanzen angegeben werden, wird bei der mathematischen Modellierung besser mit bezogenen Induktivitäten gearbeitet.

Die Spannungsgleichungen des Ankers lauten damit in bezogener Form

$$\begin{bmatrix} u_d \\ u_q \\ u_0 \end{bmatrix} = r_a \begin{bmatrix} i_d \\ i_q \\ i_0 \end{bmatrix} + T_0 \frac{d}{dt} \begin{bmatrix} \psi_d \\ \psi_q \\ \psi_0 \end{bmatrix} + \omega \begin{bmatrix} -\psi_q \\ \psi_d \\ 0 \end{bmatrix}. \tag{2.44}$$

Verwendet man wieder für die gleichartigen Beziehungen der Polsystemkreise in Längs- und Querachse statt d und q den allgemeinen Achsenindex x, folgt für deren Spannungsgleichungen

$$\begin{bmatrix} 0 \\ u_{fx} \end{bmatrix} = \begin{bmatrix} r_{Dx} & 0 \\ 0 & r_{fx} \end{bmatrix} \begin{bmatrix} i_{Dx} \\ i_{fx} \end{bmatrix} + T_0 \frac{d}{dt} \begin{bmatrix} \psi_{Dx} \\ \psi_{fx} \end{bmatrix}, \tag{2.45}$$

für die Magnetisierungsströme

$$i_{hx} = i_x + i_{Dx} + i_{fx} \quad \text{und} \quad i_{Dfx} = i_{Dx} + i_{fx} \tag{2.46}$$

und für die Flussverkettungen

$$\psi_x = \psi_{hx}(i_{hx}) + l_{\sigma a}i_x \quad \text{mit} \quad \psi_{hx}(i_{hx}) = l_{hx}(i_{hx} + i_{rx})$$
$$\psi_{Dx} = \psi_{hx}(i_{hx}) + l_{\sigma Dfx}i_{Dfx} + l_{\sigma Dx}i_{Dx} \tag{2.47}$$
$$\psi_{fx} = \psi_{hx}(i_{hx}) + l_{\sigma Dfx}i_{Dfx} + l_{\sigma fx}i_{fx}$$

sowie

$$\psi_0 = l_0 i_0. \tag{2.48}$$

Das Luftspaltmoment vereinfacht sich weiter zu

$$m_\delta = \psi_d i_q - \psi_q i_d. \tag{2.49}$$

Mit der elektromechanischen Zeitkonstante T_m bzw. der Trägheitskonstante H

$$T_m = 2H = J\frac{\Omega_0^2}{S_0}. \tag{2.50}$$

und dem auf M_0 bezogenen Antriebs- oder Arbeitsmaschinenmoment m_A erhält man die Bewegungsgleichung

$$T_m\frac{d\omega}{dt} = m_\delta + m_A \tag{2.51}$$

zur Bestimmung der bezogenen Winkelgeschwindigkeit ω, wertgleich mit der bezogenen Drehzahl und der bezogenen elektrischen Kreisfrequenz. Der tatsächliche Rotordrehwinkel ϑ_m der z_p-poligen Maschine und der Rotordrehwinkel ϑ der zweipoligen Modellmaschine, wertgleich mit dem elektrischen Drehwinkel, folgen dann zu

$$\frac{d\vartheta_m}{dt} = \Omega_0\omega \quad \text{und} \quad \vartheta = z_p\vartheta_m. \tag{2.52}$$

Das vorstehende Gleichungssystem (Gln. 2.44 bis 2.52) beschreibt die stationären Zustände und das dynamische Verhalten der verallgemeinerten linearen Drehstrommaschine im d-q-0-System vollständig. Zustandsgrößen sind hier die Flussverkettungen ψ_d, ψ_q, ψ_0, ψ_{Dd}, ψ_{fd}, ψ_{Dq} und ψ_{fq}, die Rotorwinkelgeschwindigkeit ω und der Modellmaschinen-Rotordrehwinkel ϑ. Eingangsgrößen sind die Ankerspannungskomponenten u_d, u_q und u_0, die Rotorspannungen u_{fd} und u_{fq} sowie das Antriebs- oder Arbeitsmaschinendrehmoment m_A.

Die Polsystemgrößen wurden vereinbarungsgemäß sowohl auf den Anker umgerechnet als auch dem eingeführten Bezugssystem unterworfen. Daher erhält man für Drehstrom-Synchronmaschinen den Per-Unit-Wert des Widerstandes der fd-Erregerwicklung aus dem an den Klemmen messbaren Widerstand R_{fd} in Ω zu

$$r_{fd}/\text{p.u.} = \frac{3}{2}\ddot{u}_{afd}^2 \frac{R_{fd}/\Omega}{Z_0/\Omega}, \qquad (2.53)$$

und für Erregerspannung und -strom gelten die speziellen Bezugsgrößen

$$U_{fd0} = \frac{1}{\ddot{u}_{afd}}U_0 \quad \text{und} \quad I_{fd0} = \frac{3}{2}\ddot{u}_{afd}I_0. \qquad (2.54)$$

Bei Drehstrom-Synchronmaschinen rechnet man meist mit je einer Ersatz-Dämpferwicklung je Achse und nur der fd-Erregerwicklung, die fq-Gleichungen bzw. fq-Gleichungsanteile entfallen dann. Prinzipiell kann die fq-Wicklung aber auch als zweite kurzgeschlossene Ersatz-Dämpferwicklung in der Querachse verwendet werden, wodurch auch Stromverdrängungserscheinungen in der Querachsen, z. B. im massiven Polbereich bei Vollpolläufern, näherungsweise erfasst werden können. Die remanenten Flussverkettungen ψ_{rd} und insbesondere ψ_{rq} werden meist null gesetzt. Da bei Drehstrom-Synchronmaschinen mit Vollpolläufer der physikalische Luftspalt konstant ist, gilt für diese im Idealfall $l_{hq} = l_{hd}$; bei realen Maschinen ist l_{hq} jedoch wegen der unterschiedlichen Nutung und Nutausführung in Längs- und Querachse meist kleiner als l_{hd}, bei PM-erregten Synchronmaschinen wegen der geringen Permeabilität der Permanentmagnete dagegen sogar teilweise größer als l_{hd}.

Drehstrom-Asynchronmaschinen besitzen einen rotationssymmetrischen Läufer, der effektive Luftspalt ist überall gleich, remanente Flussverkettungen ψ_{rd} und ψ_{rq} treten nicht auf. Da sowohl die Anker- als auch die Läuferwicklungen gleichmäßig am Umfang verteilt angeordnet sind, sind bei der linear betrachteten Asynchronmaschine gleichartige Parameter der fiktiven Wicklungen in Längs- und Querachse gleich groß, so dass die Achsenindizes entfallen können. Außerdem werden bei Asynchronmaschinen statt der Wicklungsindizes a, D und f meist die Systembezeichnungen 1, 2 und 3 verwendet, es gelten damit folgende Relationen:

$$
\begin{aligned}
&r_1 = r_a & &l_{\sigma1} = l_{\sigma a} & &l_0 = l_0 & &l_1 = l_d = l_q \\
&r_2 = r_{Dd} = r_{Dq} & &l_{\sigma2} = l_{\sigma Dd} = l_{\sigma Dq} & &l_h = l_{h1} = l_{hd} = l_{hq} & &l_2 = l_{Dd} = l_{Dq} \quad (2.55)\\
&r_3 = r_{fd} = r_{fq} & &l_{\sigma3} = l_{\sigma fd} = l_{\sigma fq} & &l_{\sigma23} = l_{\sigma Dfd} = l_{\sigma Dfq} & &l_3 = l_{fd} = l_{fq}.
\end{aligned}
$$

Bei den Variablen, die ebenfalls statt der Wicklungsindizes a, D, und f die Systembezeichnungen 1, 2 und 3 erhalten, ist natürlich weiterhin zwischen den achsenbezogenen Komponenten zu unterscheiden. Wegen der in beiden Achsen übereinstimmenden Werte gleichartiger Parameter (und nur dann!) kann bei Asynchronmaschinen vorteilhaft auf die

Raumzeigerschreibweise übergegangen werden:

$$
\begin{bmatrix} \vec{u}_1 \\ 0 \\ \vec{u}_3 \end{bmatrix} = \begin{bmatrix} r_1 & 0 & 0 \\ 0 & r_2 & 0 \\ 0 & 0 & r_3 \end{bmatrix} \begin{bmatrix} \vec{i}_1 \\ \vec{i}_2 \\ \vec{i}_3 \end{bmatrix} + T_0 \frac{\mathrm{d}}{\mathrm{d}t} \begin{bmatrix} \vec{\psi}_1 \\ \vec{\psi}_2 \\ \vec{\psi}_3 \end{bmatrix} + \omega \begin{bmatrix} \mathrm{j}\vec{\psi}_1 \\ 0 \\ 0 \end{bmatrix} \tag{2.56}
$$

mit der Flussverkettungen

$$
\begin{bmatrix} \vec{\psi}_1 \\ \vec{\psi}_2 \\ \vec{\psi}_3 \end{bmatrix} = \begin{bmatrix} l_\mathrm{h} + l_{\sigma 1} & l_\mathrm{h} & l_\mathrm{h} \\ l_\mathrm{h} & l_\mathrm{h} + l_{\sigma 23} + l_{\sigma 2} & l_\mathrm{h} + l_{\sigma 23} \\ l_\mathrm{h} & l_\mathrm{h} + l_{\sigma 23} & l_\mathrm{h} + l_{\sigma 23} + l_{\sigma 3} \end{bmatrix} \begin{bmatrix} \vec{i}_1 \\ \vec{i}_2 \\ \vec{i}_3 \end{bmatrix}. \tag{2.57}
$$

Drehstrom-Asynchronmaschinen mit Schleifringläufer besitzen keinen separaten Dämpferkäfig, und auch die Dämpferwirkung des geblecht ausgeführten Rotors ist meist vernachlässigbar. Deshalb entfällt hier das kurzgeschlossene D-System bzw. das System 2 mit seinen Parametern und Variablen. Die dreisträngige Läuferwicklung wird dann durch das fd-fq-System charakterisiert. Außerdem sei darauf hingewiesen, dass die d-q-Komponenten der Rotorwicklung identisch sind mit den α-β-Komponenten eines α-β-0-Systems, wenn die d- und die α-Achse gleichermaßen an den Rotorstrang a gebunden sind; das vereinfacht wesentlich die Kopplung mit einer dreisträngigen Außenbeschaltung, z. B. mit einem Umrichter bei doppeltgespeisten Asynchronmaschinen. Das Rotor-Nullsystem entfällt bei isoliertem Sternpunkt der Rotorwicklung.

2.9 Aufbereitung des Gleichungssystems für eine effektive Berechnung

Für die Beschreibung des elektromagnetischen Verhaltens interessieren vorzugsweise die sich einstellenden Spannungen und Ströme, insbesondere die der von außen zugänglichen Wicklungen. Deshalb ist es sinnvoll, statt der Flussverkettungen ψ_d, ψ_q, ψ_0, ψ_Dd, ψ_fd, ψ_Dq und ψ_fq die Ströme i_d, i_q, i_0, i_Dd, i_Dq, i_fd und i_fq als Zustandsgrößen zu verwenden. Außerdem interessieren für die Netzkopplung einer Maschine primär nur die Ankerströme, so dass es zweckmäßig erscheint, die Berechnung der Ankerstrom-Differentialquotienten von der der Rotorstrom-Differentialquotienten zu trennen. Dadurch gehen später in das Gleichungssystem für die Netzkopplung (Kap. 8) nur die 3 Ankerstrom-Differentialgleichungen ein, was den Lösungsaufwand deutlich verringert. Weiter ist darauf zu achten, dass die Zustandsgrößen i_d, i_q, i_0, i_Dd, i_Dq, i_fd und i_fq sowie ω und ϑ, die Eingangsgrößen u_d, u_q, u_0, u_fd, u_fq und m_A sowie ggf. weitere zeit- und arbeitspunktabhängigen Größen in möglichst wenigen, übersichtlichen, leicht handhabbaren Ausdrücken auftreten. Diese Ausdrücke haben ebenso wie die aus Parametern gebildeten, vorerst noch konstanten Abkürzungen für beide Achsen weitgehend identischen Aufbau, so dass sie nachfolgend wieder mit dem Index x, der bei der Verwendung durch den aktuellen Index d bzw. q zu ersetzen ist, aufgeschrieben werden. Sie gelten in der allgemeinen Form gleichermaßen für

Synchron- und Asynchronmaschinen, bei letzteren sind lediglich die Wicklungsindizes a, D und f durch die Systemindizes 1, 2 und 3 zu ersetzen.

Für die Anker-Zustandsgrößen erhält man das Gleichungssystem

$$
\begin{bmatrix} u_d \\ u_q \\ u_0 \end{bmatrix} = \begin{bmatrix} l_d'' & 0 & 0 \\ 0 & l_q'' & 0 \\ 0 & 0 & l_0 \end{bmatrix} T_0 \frac{d}{dt} \begin{bmatrix} i_d \\ i_q \\ i_0 \end{bmatrix} + \begin{bmatrix} e_{dd} + (a_{Dd}e_{Dd} + a_{fd}e_{fd})/a_{dd} \\ e_{qq} + (a_{Dq}e_{Dq} + a_{fq}e_{fq})/a_{qq} \\ r_a i_0 \end{bmatrix}
\tag{2.58}
$$

mit den variablen Abkürzungen

$$
e_{dd} = r_a i_d - \omega \psi_q \quad \text{mit} \quad \psi_q = l_{hq}(i_q + i_{Dq} + i_{fq} + i_{rq}) + l_{\sigma a} i_q,
\tag{2.59}
$$

$$
e_{qq} = r_a i_q + \omega \psi_d \quad \text{mit} \quad \psi_d = l_{hd}(i_d + i_{Dd} + i_{fd} + i_{rd}) + l_{\sigma a} i_d,
\tag{2.60}
$$

$$
e_{Dx} = r_{Dx} i_{Dx} \quad \text{und} \quad e_{fx} = r_{fx} i_{fx} - u_{fx},
\tag{2.61}
$$

den nur parameterabhängigen, jedoch vorerst nicht arbeitspunktabhängigen Abkürzungen

$$
a_x = l_{hx}[l_{\sigma Dx}l_{\sigma fx} + (l_{\sigma a} + l_{\sigma Dfx})(l_{\sigma Dx} + l_{\sigma fx})] + l_{\sigma a}[l_{\sigma Dx}l_{\sigma fx} + l_{\sigma Dfx}(l_{\sigma Dx} + l_{\sigma fx})],
\tag{2.62}
$$

$$
a_{xx} = (l_{hx} + l_{\sigma Dfx})(l_{\sigma Dx} + l_{\sigma fx}) + l_{\sigma Dx}l_{\sigma fx},
\tag{2.63}
$$

$$
a_{Dx} = -l_{hx}l_{\sigma fx} \quad \text{und} \quad a_{fx} = -l_{hx}l_{\sigma Dx}
\tag{2.64}
$$

sowie

$$
l_x'' = \frac{a_x}{a_{xx}} = l_{\sigma a} + l_{hx}\frac{l_{\sigma Dfx}(l_{\sigma Dx} + l_{\sigma fx}) + l_{\sigma Dx}l_{\sigma fx}}{(l_{hx} + l_{\sigma Dfx})(l_{\sigma Dx} + l_{\sigma fx}) + l_{\sigma Dx}l_{\sigma fx}} = l_x - \frac{l_{hx}^2(l_{\sigma Dx} + l_{\sigma fx})}{l_{Dx}l_{fx} - l_{Dfx}^2}.
\tag{2.65}
$$

l_d'' und l_q'' werden als subtransiente Längs- bzw. subtransiente Querinduktivität bezeichnet, da sie insbesondere das hochdynamische Zeitverhalten im ersten Augenblick nach einer Störung bestimmen.

Die Beziehungen für die Zustandsgrößen der Polsystemkreise sind für beide Achsen analog aufgebaut, so dass sie mit dem allgemeinen Achsenindex x aufgeschrieben werden:

$$
\begin{aligned}
\frac{di_{Dx}}{dt} &= -\frac{1}{l_{Dx}'' T_0}\left[e_{Dx} + \frac{a_{Dx}(e_{xx} - u_x) - a_{Dfx}e_{fx}}{a_{DDx}} \right] \\
\frac{di_{fx}}{dt} &= -\frac{1}{l_{fx}'' T_0}\left[e_{fx} + \frac{a_{fx}(e_{xx} - u_x) - a_{fDx}e_{Dx}}{a_{ffx}} \right].
\end{aligned}
\tag{2.66}
$$

Die Abkürzungen entsprechen denen in den Gln. 2.59 und 2.60, hinzu kommen die ebenfalls nur parameterabhängigen Abkürzungen

$$
a_{DDx} = l_x(l_{\sigma Dfx} + l_{\sigma fx}) + l_{hx}l_{\sigma a}, \quad l_{Dx}'' = \frac{a_x}{a_{DDx}} = l_{\sigma Dx} + l_{\sigma fx}\frac{a_{Dfx}}{a_{DDx}},
\tag{2.67}
$$

$$a_{\text{ffx}} = l_{\text{x}}(l_{\sigma\text{Dfx}} + l_{\sigma\text{Dx}}) + l_{\text{hx}}l_{\sigma\text{a}}, \quad l''_{\text{fx}} = \frac{a_{\text{x}}}{a_{\text{ffx}}} = l_{\sigma\text{fx}} + l_{\sigma\text{Dx}}\frac{a_{\text{fDx}}}{a_{\text{ffx}}}, \tag{2.68}$$

$$a_{\text{Dfx}} = a_{\text{fDx}} = l_{\text{x}}l_{\sigma\text{Dfx}} + l_{\text{hx}}l_{\sigma\text{a}}. \tag{2.69}$$

Für eine Synchronmaschine ohne fq-Wicklung entfallen bei den variablen Abkürzungen i_{fq} und e_{fq}. Außerdem vereinfachen sich die parameterabhängigen Abkürzungen der Querachse durch den Grenzübergang $(r_{\text{fq}}, l_{\sigma\text{fq}}) \to \infty$ und Nullsetzen von $l_{\sigma\text{Dfq}}$ zu

$$a_{\text{q}} = l_{\text{hq}}(l_{\sigma\text{Dq}} + l_{\sigma\text{a}}) + l_{\sigma\text{Dq}}l_{\sigma\text{a}}, \quad a_{\text{qq}} = l_{\text{hq}} + l_{\sigma\text{Dq}}, \quad a_{\text{Dq}} = -l_{\text{hq}} \quad \text{und} \quad a_{\text{fq}} = 0 \tag{2.70}$$

sowie

$$l''_{\text{q}} = \frac{a_{\text{q}}}{a_{\text{qq}}} = l_{\sigma\text{a}} + l_{\text{hq}}\frac{l_{\sigma\text{Dq}}}{l_{\text{hq}} + l_{\sigma\text{Dq}}} = l_{\text{q}} - \frac{l^2_{\text{hq}}}{l_{\text{Dq}}}. \tag{2.71}$$

Die Beziehungen für den Querdämpferstrom der Synchronmaschine ohne fq-System lauten damit

$$\frac{\text{d}i_{\text{Dq}}}{\text{d}t} = -\frac{1}{l''_{\text{Dq}}T_0}\left[e_{\text{Dq}} + \frac{a_{\text{Dq}}(e_{\text{qq}} - u_{\text{q}})}{a_{\text{DDq}}}\right] \tag{2.72}$$

mit

$$a_{\text{DDq}} = l_{\text{q}} = l_{\text{hq}} + l_{\sigma\text{a}} \quad \text{und} \quad l''_{\text{Dq}} = l_{\sigma\text{Dq}} + l_{\text{hq}}\frac{l_{\sigma\text{a}}}{l_{\text{hq}} + l_{\sigma\text{a}}}. \tag{2.73}$$

Literatur

1. Müller, G., Ponick, B.: Theorie elektrischer Maschinen, 6. Aufl. Wiley-VCH, Weinheim (2009)

Parameter und Parameterbestimmung für lineare Drehstrom-Synchronmaschinen

3

Zusammenfassung

Für das in Kap. 2 abgeleitete mathematische Modell werden 18 Modellparameter benötigt. Sie lassen sich nur teilweise an der fertigen Maschine direkt messtechnisch bestimmen und müssen daher überwiegend aus experimentell gewonnenen Kenngrößen (Primärdaten) berechnet werden. Die dabei zu verwendenden Prüfverfahren sind in der Norm DIN EN 60034-4 (VDE 0530-4:2009-04) beschrieben. Ausführlich werden hier daher nur der Leerlauf- und Kurzschlussversuch, der Stoßkurzschlussversuch und der Gleichstrom-Abklingversuch sowie deren Auswertung erläutert.

Für die größenrichtige Berechnung des Erregerstromes bei Synchronmaschinen benötigt man die gemeinsame Streureaktanz von Dämpfer- und Erregerwicklung der Längsachse (Canay-Reaktanz) $x_{\sigma Dfd}$, für die in der Norm kein Prüfverfahren angegeben ist. Durch Auswertung des Erregerstrom-Zeitverlaufes beim Stoßkurzschlussversuch oder auch beim Gleichstrom-Abklingversuch kann die Dämpferstreufeld-Zeitkonstante $T_{\sigma Dd}$ bestimmt werden, mit der sich dann unter Hinzunahme anderer, bereits vorliegender Kenngrößen die gemeinsame Streureaktanz der Dämpfer- und der Erregerwicklung $x_{\sigma Dfd}$ und schließlich die übrigen Modellparameter der Längsachse berechnen lassen.

3.1 Die Modellparameter der linearen Synchronmaschine

Zur Charakterisierung einer konkreten linearen, also ungesättigten Drehstrom-Synchronmaschine werden neben den Nenndaten für die Bezugsgrößen in den vorstehenden Modellgleichungen nach Kap. 2 die in Tab. 3.1 aufgeführten Modellparameter benötigt.

Wenn es um Parameter oder Kenngrößen der Synchronmaschine geht, werden statt der Induktivitäten meist die entsprechenden Reaktanzen angegeben, gebildet als Per-Unit-Größen für den Nennbetriebspunkt durch Multiplikation mit $\omega = 1$; der Zahlenwert bleibt dadurch also gleich. Man spricht dann von der synchronen Längsreaktanz x_d, der Anker-

© Springer Fachmedien Wiesbaden 2015

H. Mrugowsky, *Drehstrommaschinen im Inselbetrieb*, DOI 10.1007/978-3-658-08990-0_3

Tab. 3.1 Modellparameter der linearen Drehstrom-Synchronmaschine

	Parameter-Bezeichnung (in p.u. bzw. s)	Parameter
1	Widerstand der Ankerwicklung	r_a
2	Widerstand der Längsdämpferwicklung	r_{Dd}
3	Widerstand der Querdämpferwicklung	r_{Dq}
4	Widerstand der Längserregerwicklung	r_{fd}
5	Widerstand der Quererregerwicklung	r_{fq}
6	Hauptinduktivität bzw. -reaktanz der Längsachse	l_{hd}, x_{hd}
7	Hauptinduktivität bzw. -reaktanz der Querachse	l_{hq}, x_{hq}
8	Streuinduktivität bzw. -reaktanz der Ankerwicklung	$l_{\sigma a}, x_{\sigma a}$
9	Nullinduktivität bzw. -reaktanz der Ankerwicklung	l_0, x_0
10	Gemeinsame Rotorstreuinduktivität bzw. -reaktanz der Längsachse	$l_{\sigma Dfd}, x_{\sigma Dfd}$
11	Gemeinsame Rotorstreuinduktivität bzw. -reaktanz der Querachse	$l_{\sigma Dfq}, x_{\sigma Dfq}$
12	Streuinduktivität bzw. -reaktanz der Längsdämpferwicklung	$l_{\sigma Dd}, x_{\sigma Dd}$
13	Streuinduktivität bzw. -reaktanz der Querdämpferwicklung	$l_{\sigma Dq}, x_{\sigma Dq}$
14	Streuinduktivität bzw. -reaktanz der Längserregerwicklung	$l_{\sigma fd}, x_{\sigma fd}$
15	Streuinduktivität bzw. -reaktanz der Quererregerwicklung	$l_{\sigma fq}, x_{\sigma fq}$
16	Übersetzungsverhältnis Anker – Erregerwicklung (Längsachse)	$\ddot{u}_{afd}$
17	Remanenzflussverkettung der Längsachse bzw. Remanenzspannung	ψ_{rd}, u_r
18	Elektromechanische Zeitkonstante oder Trägheitskonstante in s	$T_m = 2H$

Tab. 3.2 Erforderliche Primärdaten (Kenngrößen) für die Parameterberechnung von Drehstrom-Synchronmaschinen

	Kenngrößen-Bezeichnung	Kenngrößen
1	Gleichstromwiderstand der Ankerwicklung in Ω	R_a
2	Gleichstromwiderstand der Erregerwicklung in Ω	R_{fd}
3	Anker-Streureaktanz in p.u.	$x_{\sigma a}$
4	Anker-Nullreaktanz in p.u.	x_0
5	Synchrone Reaktanz der Längs- bzw. Querachse in p.u.	x_d, x_q
6	Transiente Reaktanz der Längs- bzw. Querachse in p.u.	x_d', x_q'
7	Subtransiente Reaktanz der Längs- bzw. Querachse in p.u.	x_d'', x_q''
8	Gemeinsame Rotorstreureaktanz der Längs- bzw. Querachse in p.u.	$x_{\sigma Dfd}, x_{\sigma Dfq}$
9	Transiente Kurzschlusszeitkonstante der Längs- bzw. Querachse in s	T_d', T_q'
10	Subtransiente Kurzschlusszeitkonstante der Längs- bzw. Querachse in s	T_d'', T_q''
11	Anker-Kurzschlusszeitkonstante in s	T_a
12	Elektromechanische Zeitkonstante bzw. Trägheitskonstante in s	T_m bzw. H

streureaktanz $x_{\sigma a}$, der Hauptreaktanz der Längsachse x_{hd} usw. Um die Lesbarkeit und den Vergleich mit anderen Quellen zu vereinfachen, wird deshalb in diesem Kapitel ebenfalls x statt ωl geschrieben, wenn es sich von der Bedeutung her um Reaktanzen handelt.

Da bei Synchronmaschinen die fq-Wicklung, wenn überhaupt berücksichtigt, eine zweite kurzgeschlossene Dämpferwicklung darstellt, verzichtet man auf die Rückrechnung des fq-Stromes, also auch auf das Übersetzungsverhältnis $ü_{afq}$. Die Querkomponente des Remanenzflusses ψ_{rq} wird meist bereits im Ansatz vernachlässigt. Die damit 18 Parameter der Tab. 3.1 können prinzipiell durch Rechnung bestimmt oder durch verschiedene Versuche an der fertigen Maschine experimentell ermittelt werden. Für die Berechnung der Parameter auf der Grundlage traditioneller, analytischer Berechnungsschemata oder mit Hilfe aufwändiger Feldberechnungsprogramme stehen die erforderlichen Konstruktions- und Materialdaten nur dem Entwickler zur Verfügung. Notwendige Vereinfachungen in den zugrunde gelegten Berechnungsmethoden und verschiedene in der Rechnung nicht erfassbare zufällige technologische Einflüsse führen oft zu unbefriedigenden Ergebnissen. Deshalb werden die für Simulationszwecke benötigten Parameter überwiegend aus verschiedenen Kenngrößen oder Primärdaten, das sind Zeitkonstanten und andere bei speziellen Übergangsvorgängen oder Betriebszuständen experimentell an der fertigen Maschine gewonnene Kennwerte, ermittelt. Um die Modellparameter nach Tab. 3.1 berechnen zu können, werden mindestens die Primärdaten oder Kenngrößen nach Tab. 3.2 benötigt.

Allerdings gibt es keinen Versuch, der alle Primärdaten oder wenigstens die einer Achse gemeinsam zu bestimmen gestattet. Auch lassen sich nur einige wenige Kennwerte direkt messen, wie z. B. die Gleichstromwiderstände der zugänglichen Wicklungen. Insbesondere die Bestimmung der Streuinduktivitäten und der Gleichstromwiderstände der nicht zugänglichen Dämpferwicklungen ist nur indirekt durch Berechnung aus den ermittelten Kennwerten möglich.

Einheitenbehaftet überspannen die in Tab. 3.2 aufgeführten Widerstände und Reaktanzen in Abhängigkeit von Nennspannung und Nennscheinleistung einen großen Wertebereich. Werden diese Kenngrößen aber auf die Nennimpedanz Z_0 bezogen, also als bezogene Größen dargestellt, liegen sie wie die Zeitkonstanten für normal ausgelegte Maschinen vom kVA-Bereich bis zur Grenzleistung von über 1000 MVA dicht beieinander; man spricht dann von den „natürlichen" Werten. Für die wichtigsten Reaktanzen und Zeitkonstanten elektrisch erregter 50-Hz-Synchronmaschinen sind die typischen Wertebereiche in Tab. 3.3 angegeben.

3.2 Prüfverfahren zur Kenngrößenermittlung

Bewährte Verfahren zur Ermittlung der Kenngrößen von Synchronmaschinen durch Messungen sind in der Norm DIN EN 60034-4 (VDE 0530-4:2009-04) [1] mit den Anforderungen an die Messtechnik und die Versuchsdurchführung sowie Hinweisen für die Auswertung ausführlich beschrieben, so dass auf diese Norm ausdrücklich verwiesen wird. Ein Zwang für die Durchführung einzelner oder gar aller Prüfungen an einer bestimmten Maschine besteht aus der Norm nicht, der Umfang der Prüfungen ist zwischen Hersteller und Betreiber im Einzelfall besonders zu vereinbaren. Selbst bei einer Typprüfung, also den experimentellen Untersuchungen an einer neu entwickelten Maschine, werden vom Hersteller wegen des großen Aufwandes meist nur einige der für die Berechnung der Modellparameter erforderlichen Primärdaten bei für die Parameterbestimmung

Tab. 3.3 Typische Bereiche der Kenngrößen elektrisch erregter 50-Hz-Synchronmaschinen

Bauart	x_d	x_d'	x_d''	$x_q = x_q'$ [a]	x_q''	x_0
Turbogeneratoren, massiv, $z_p = 1$	1,2 … 2,6	0,13 … 0,35	0,09 … 0,35	1,0 … 2,3	0,09 … 0,35	0,02 … 0,1
Turbogeneratoren, $z_p > 1$	2,0 … 2,4	0,35 … 0,45	0,25 … 0,37	0,9 … 2,3	0,3 … 0,36	0,12 … 0,15
Schenkelpolmaschinen mit Dämpferwicklung	0,5 … 1,6	0,2 … 0,5	0,14 … 0,3	0,4 … 1,2	0,14 … 0,4	0,03 … 0,3
Schenkelpolmaschinen ohne Dämpferwicklung	0,5 … 1,6	0,2 … 0,45	0,2 … 0,45	0,4 … 1,1	0,5 … 0,9 [b]	0,35 … 0,65
Synchronmotoren (mit Anlaufkäfig)	1,0 … 1,5	0,25 … 0,5	0,15 … 0,35	0,8 … 1,2	0,15 … 0,35	0,03 … 0,15

Bauart	T_{d0}' in s	T_d' in s	T_d'' in s	T_a in s	Bemerkungen
Turbogeneratoren, massiv, $z_p = 1$	1,0 … 15	0,2 … 2,0	0,05 … 0,1	0,06 … 0,25	[a] für dynamische Vorgänge effektiv
Turbogeneratoren, $z_p > 1$	1,0 … 15	0,2 … 2,0	0,02 … 0,05	0,15 … 0,35	$x_q' \approx (1,5 \dots 3) x_d'$ [b] bei massiven
Schenkelpolmaschinen mit Dämpferwicklung	1,5 … 10	0,5 … 2,5	0,02 … 0,08	0,07 … 0,25	Polschuhen $x_q'' \approx 0,25$
Schenkelpolmaschinen ohne Dämpferwicklung	1,5 … 10	0,5 … 2,5	–	0,09 … 0,6	Zeitkonstanten mit der Leistung ansteigend
Synchronmotoren (mit Anlaufkäfig)	2,0 … 6,0	0,5 … 1,5	0,01 … 0,03	0,02 … 0,15	$T_q'' \approx (1 \dots 1,2) T_d''$ $T_m = 0,5 \dots 2$ s

geeigneten Versuchsbedingungen ermittelt. Sind beim Betreiber eigene Simulationsuntersuchungen zum Betriebsverhalten einer Maschine vorgesehen, kommt daher einer solchen speziellen Vereinbarung mit dem Hersteller über durchzuführende Prüfungen einschließlich der Auswertung eine besondere Bedeutung zu, da Betreiber kaum die Möglichkeiten besitzen, die für die Berechnung der Parameter erforderlichen Kenngrößen durch Versuche in eigener Regie zu ermitteln.

In Tab. 3.4 sind aus der Norm [1] die wichtigsten zur Bestimmung der interessierenden Kenngrößen empfohlenen Experimente aufgeführt. Die in Klammern gesetzten Primärdaten sind bei dem genannten Versuch zwar ebenfalls bestimmbar, ihre Bestimmung nach diesem Verfahren jedoch nicht ausdrücklich empfohlen. Angegeben ist außerdem jeweils die Abschnittsnummer des Prüfverfahrens und der Auswertungsmethode in der genannten Norm, um die Zuordnung zu erleichtern. Bei einigen Kenngrößen wird in der Norm zwischen gesättigten, also bei Ankernennspannung bestimmten, und ungesättigten Werten, die bei Ankernennstrom zu ermitteln sind, unterschieden; für die lineare Synchronmaschine interessieren die ungesättigten Werte. In engerem Sinne sind ungesättigte Reaktanzen auch nur solche Werte, für welche die Induktivitäten aus Arbeitspunkten im ungesättigten Teil der Magnetisierungskennlinien der Haupt- oder Streuflussabschnitte stammen.

Tab. 3.4 Nach VDE 0530-4 [1] empfohlene Experimente zur Kenngrößenbestimmung

	Versuchsbezeichnung	Bestimmbare Kenngrößen	Prüfverfahren lt. VDE 0530-4	Auswertung lt. VDE 0530-4
1	Strom-Spannungs-Messung	R_a, R_{fd}	6.3	7.15
2	Versuch mit ausgebautem Läufer	$x_{\sigma a}$	6.28	7.10
3	Speisung der Ankerwicklung mit einem einphasigen Spannungssystem bei n_N	x_0	6.19	7.8.1
4	Leerlauf- und Kurzschlussversuch bei n_N	x_d, (u_r, $\ddot{u}_{afd}$)	6.4 und 6.5	7.2.1
5	Gegenerregungsversuch bei n_N	x_q	6.9	7.5.1
6	Dreiphasiger Stoßkurzschlussversuch bei n_N (Auswertung der Ankerstrom-Zeitverläufe)	(x_d), x_d', x_d'', T_d', T_d'', T_a	6.12	7.1.2, 7.3.1, 7.4.1, 7.16.1, 7.18, 7.24.1
7	Gleichstrom-Abklingversuch der Ankerwicklung bei Stillstand, Rotor in Längsstellung, Erregerwicklung kurzgeschlossen	$(x_d$, x_d', x_d'', T_d', T_d'', T_{d0}'), T_{d0}''	6.15	7.1.7, 7.3.3, 7.16.3, 7.17.4, 7.19.2, Anhang
8	Gleichstrom-Abklingversuch der Ankerwicklung bei Stillstand, Rotor in Querstellung, Erregerwicklung offen	$(x_q$, x_q', x_q''), T_q', T_q'', (T_{q0}'), T_{q0}''	6.15	7.1.7, 7.6.1, 7.20.2, 7.22.2, 7.22.1, 7.23.1, Anhang
9	Versuch mit angelegter Spannung im Stillstand, Rotor in (Längs- bzw.) Querstellung	(x_d''), x_q''	6.17	7.4.3, 7.7.1
10	Auslaufversuch im Leerlauf	H	6.29	7.25.2

Für die Berechnung der nicht direkt messbaren Modellparameter werden im Allgemeinen mehrere der Primärdaten benötigt, die teilweise nur durch unterschiedliche Experimente zu bestimmen sind. Außerdem können die meisten der Primärdaten auch durch verschiedene Experimente gewonnen werden, wobei die Ergebnisse dann meist mehr oder weniger voneinander abweichen. Deshalb kommt der Auswahl der Experimente und der Qualität ihrer Durchführung und Auswertung für die Brauchbarkeit und Genauigkeit der Primärdaten und der daraus ermittelten Modellparameter eine hohe Bedeutung zu. Insbesondere bei den aus Übergangsvorgängen gewonnenen Primärdaten muss mit Unsicherheiten bis zu 10 %, bei den kleinen subtransienten Zeitkonstanten sogar bis 50 % und mehr gerechnet werden [2]. Oft kann deshalb erst nach einigen Testsimulationen mit den ermittelten Modellparametern darüber entschieden werden, ob die Parameter brauchbar sind. Im Zweifelsfall sind Korrekturen im Rahmen der für die Primärdaten abgeschätzten Unsicherheitsgrenzen vorzunehmen oder weitere Experimente erforderlich.

Die unter den Nummern 3, 4, 5 und 6 aufgeführten Versuche sind bei Nenndrehzahl, also $\omega = 1$, durchzuführen, nur dann sind die bestimmten Reaktanzen mit den entsprechenden Induktivitäten wertgleich. Werden diese Prüfungen ausnahmsweise bei $\omega \neq 1$

vorgenommen, sind die Ergebnisse mit dem aktuellen Drehzahl-/Frequenzverhältnis $\gamma = \omega$ zu korrigieren.

Einige der Prüfverfahren, wie die Bestimmung der Gleichstromwiderstände der direkt zugänglichen Anker- und Erregerwicklung, sind unproblematisch auch beim Betreiber durchführbar. Andere Versuche, wie etwa zur Bestimmung der wichtigen Ständerstreureaktanz $x_{\sigma a}$, erfordern nicht nur einen hohen Aufwand, etwa die Demontage der Maschine, sondern auch die Kenntnis von Konstruktionsdaten, sodass diese Prüfungen dem Hersteller vorbehalten bleiben. Nachfolgend wird daher auf einige der anspruchsvolleren Standard-Prüfverfahren und Auswertemethoden näher eingegangen, die einerseits mit relativ geringem Aufwand auch beim Betreiber durchgeführt werden können und andererseits gleichzeitig mehrere Modellparameter oder Primärdaten mit ausreichender Genauigkeit liefern.

3.3   Der Leerlauf- und Kurzschlussversuch und seine Auswertung

Beim Leerlaufversuch mit $\omega = 1$ wird die Klemmenspannung von $U = 1{,}5 U_N$ durch Verminderung des Erregerstromes I_{fd} in 15 bis 20 gleichmäßigen Stufen bis auf null gesenkt. Bei $I_{fd} = 0$ stellt sich die Remanenzspannung U_r ein. Um die Remanenz zu kompensieren und $U = 0$ zu erreichen, wird ein kleiner negativer Erregerstrom $I_{rd} < 0$ benötigt.

Dargestellt werden die auf U_N bezogenen Spannungswerte über dem Erregerstrom I_{fd}. Wurde der Leerlaufversuch nicht bei Nenndrehzahl durchgeführt, sind für die normierte Darstellung alle Spannungswerte durch Division mit dem Drehzahl- bzw. Frequenzverhältnis γ auf die Bezugsfrequenz umzurechnen. Bis etwa zur halben Nennspannung $u_0 = 0{,}5$ verläuft die Leerlaufkennlinie meist in sehr guter Näherung linear („Luftspaltgerade"), um erst später infolge der magnetischen Sättigung abzuflachen. In dasselbe Diagramm werden die auf I_N bezogenen Stromwerte des Kurzschlussversuches eingetragen; sie sind weitgehend von der Drehzahl unabhängig und ergeben bis über den Nennstrom hinaus in sehr guter Näherung eine Gerade. Für die Parameterbestimmung werden beide Kennlinien längs der Abszisse so verschoben, dass sie durch den Ursprung gehen (Abb. 3.1).

Für die durch den Ursprung gehende, auf $\omega = 1$ normierte Luftspaltgerade gilt nach Gl. 2.44 mit 2.47 und $i_d = i_q = 0$

$$u_0(i_{fd}) = u_q(i_{fd}) = x_{hd} i_{fd} \quad \text{mit} \quad i_{fd} = \frac{I_{fd}}{I_{fd0}} \quad \text{und} \quad I_{fd0} = 1{,}5 \ddot{u}_{afd} I_0 \qquad (3.1)$$

und für die Kurzschlusskennlinie mit $\omega = \gamma$ und $u = u_d = u_q = 0$

$$i_k(i_{fd}) = \frac{\sqrt{r_a^2 + \gamma^2 x_q^2}}{r_a^2 + \gamma^2 x_d x_q} \gamma x_{hd} i_{fd}. \qquad (3.2)$$

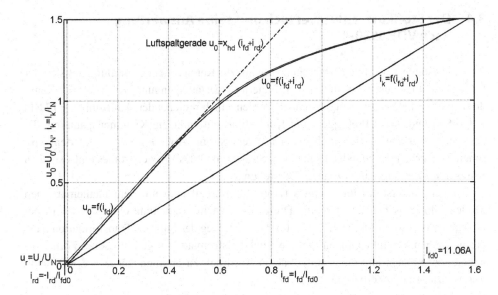

Abb. 3.1 Leerlauf- und Kurzschlusskennlinie in Per-Unit-Darstellung

Die darin benötigte synchrone Querreaktanz x_q wird gewöhnlich durch den Gegenerregungsversuch bei n_N bestimmt [1]. Wegen $r_a^2 \ll x_q^2, r_a^2 \ll x_d x_q$ erhält man dann mit Werten beider Ursprungsgeraden bei gleichem Erregerstrom i_{fd} die synchrone Längsreaktanz x_d

$$x_d = \frac{x_{hd} i_{fd}}{i_k(i_{fd})} \sqrt{1 + \frac{r_a^2}{\gamma^2 x_q^2}} - \frac{r_a^2}{\gamma^2 x_q} \approx \left. \frac{u_0}{i_k} \right|_{i_{fd}} \qquad (3.3)$$

und mit der als bekannt vorausgesetzten Ankerstreureaktanz $x_{\sigma a}$ die Hauptreaktanz

$$x_{hd} = x_d - x_{\sigma a}. \qquad (3.4)$$

Das Übersetzungsverhältnis zwischen der Anker- und der Erregerwicklung $\ddot{u}_{afd}$ folgt aus den Gln. 3.1 und 3.2 mit den nicht bezogenen Messwerten von Erregerstrom und Kurzschlussstrom-Effektivwert dann zu

$$\ddot{u}_{afd} = \frac{\sqrt{2}\gamma x_{hd} \sqrt{r_a^2 + \gamma^2 x_q^2}}{3(r_a^2 + \gamma^2 x_d x_q)} \frac{I_{fd}}{I_k(I_{fd})} \approx \frac{\sqrt{2} x_{hd}}{3 x_d} \frac{I_{fd}}{I_k(I_{fd})}. \qquad (3.5)$$

Damit kann die Abszisse der Leerlauf- und der Kurzschlusskennlinie nun auch für den bezogenen Erregerstrom i_{fd} skaliert werden (Abb. 3.1).

Aus der originalen, also der noch nicht durch den Ursprung verschobenen Leerlaufkennlinie folgt für die bei $i_{fd} = 0$ messbare Remanenzspannung u_r der Per-Unit-Wert für den Remanenz-Erregerstrom

$$i_{rd} = \frac{u_r}{x_{hd}} = \frac{-I_{rd}}{I_{fd0}}. \qquad (3.6)$$

3.4 Der Stoßkurzschlussversuch und seine Auswertung nach VDE 0530-4

Als ein besonders wichtiger Übergangsvorgang zur Kenngrößenbestimmung hat sich der Stoßkurzschluss aus Leerlauf bei verminderter Leerlaufspannung $u_0 \leq 0{,}3$ und Nenndrehzahl $\omega = 1$ bewährt. Aufgezeichnet werden mit hinreichender Auflösung (≥ 12 Bit, ≥ 10 kS/s) und 20 ms Pretrigger zum Kurzschlusszeitpunkt die Klemmenspannung, die drei Ständerströme sowie möglichst der Erregerstrom. Abbildung 3.2 zeigt den typischen Zeitverlauf des Ständerstromes von Strang a und des Erregerstromes eines solchen Kurzschlussvorganges in bezogener Darstellung.

Für den Ankerstrom im Strang a (Abb. 3.2a) erhält man mit dem mathematischen Modell Gln. 2.44 bis 2.47 für eine Drehstrom-Synchronmaschine ohne fq-System bei konstanter bezogener Drehzahl $\omega = \gamma$ über den Umweg der Laplace-Transformation nach geringfügigen Vereinfachungen, um die Rücktransformation in geschlossener Form vornehmen zu können und einen praktikablen Ausdruck zu erhalten, für $u_d = u_q = 0$ sowie $u_{fd}(t) = u_{fd}(-0)$ den Zeitverlauf [3]

$$
i_a(t) = -\frac{u(-0)}{\gamma}\left[\frac{1}{x_d} + \left(\frac{1}{x_d'} - \frac{1}{x_d}\right)e^{-t/T_d'} + \left(\frac{1}{x_d''} - \frac{1}{x_d'}\right)e^{-t/T_d''}\right]\cos(\gamma\omega_N t + \vartheta_0)
$$

$$
+ \frac{u(-0)}{2\gamma}\left[\left(\frac{1}{x_d''} + \frac{1}{x_q''}\right)\cos\vartheta_0 + \left(\frac{1}{x_d''} - \frac{1}{x_q''}\right)\cos(2\gamma\omega_N t + \vartheta_0)\right]e^{-t/T_a}.
$$

$$(3.7)$$

$u(-0)$ ist dabei die bezogene Leerlaufspannung bei $\omega = \gamma$ vor und ϑ_0 der Rotoranfangswinkel bei Einleitung des Kurzschlusses, ω_N ist die Nennkreisfrequenz in 1/s. Neben der synchronen Längsreaktanz x_d und der subtransienten Längsreaktanz

$$
x_d'' = x_{\sigma a} + x_{hd}\frac{x_{\sigma Dfd}(x_{\sigma Dd} + x_{\sigma fd}) + x_{\sigma Dd}x_{\sigma fd}}{(x_{hd} + x_{\sigma Dfd})(x_{\sigma Dd} + x_{\sigma fd}) + x_{\sigma Dd}x_{\sigma fd}}
$$

$$
= x_d - \frac{x_{hd}^2(x_{\sigma Dd} + x_{\sigma fd})}{x_{Dd}x_{fd} - x_{Dfd}^2}
$$

$$(3.8)$$

wurden zur Abkürzung die transiente Längsreaktanz

$$
x_d' = x_d\frac{T_d' - T_d''}{T_{d0}' + T_{d0}'' - T_d''\left(1 + x_d/x_d''\right)} \approx \sigma_{afd}x_d,
$$

$$(3.9)$$

die transiente Kurzschlusszeitkonstante der Längsachse

$$
T_d' = \frac{\sigma_{aDd}T_{Dd0} + \sigma_{afd}T_{fd0}}{2}\left\{1 + \sqrt{1 - 4\frac{\sigma_{Dfd}\frac{x_d''}{x_d}T_{Dd0}T_{fd0}}{(\sigma_{aDd}T_{Dd0} + \sigma_{afd}T_{fd0})^2}}\right\}
$$

$$
\approx \sigma_{aDd}T_{Dd0} + \sigma_{afd}T_{fd0} \approx \frac{x_d'}{x_d}T_{fd0},
$$

$$(3.10)$$

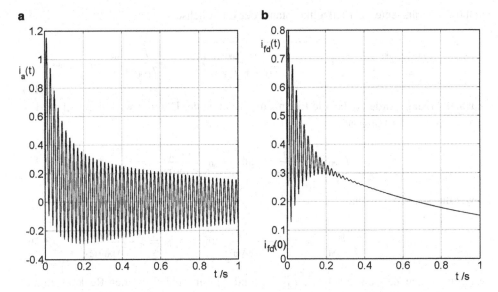

Abb. 3.2 Stoßkurzschlussvorgang aus Leerlauf bei $u(-0) = 0{,}1$ p.u. **a** Zeitverlauf des Ständerstromes, Strang a $i_a(t)$, **b** Zeitverlauf des Erregerstromes $i_{fd}(t)$

die subtransiente Kurzschlusszeitkonstante der Längsachse

$$T_d'' = \frac{\sigma_{aDd} T_{Dd0} + \sigma_{afd} T_{fd0}}{2} \left\{ 1 - \sqrt{1 - 4\frac{\sigma_{Dfd} \frac{x_d''}{x_d} T_{Dd0} T_{fd0}}{(\sigma_{aDd} T_{Dd0} + \sigma_{afd} T_{fd0})^2}} \right\}$$

$$\approx \frac{\sigma_{Dfd} \frac{x_d''}{x_d} T_{Dd0} T_{fd0}}{\sigma_{aDd} T_{Dd0} + \sigma_{afd} T_{fd0}} \approx \frac{x_d''}{x_d'} T_{d0}'' \tag{3.11}$$

und die Anker-Kurzschlusszeitkonstante

$$T_a = \frac{2 x_d'' x_q''}{\omega_N r_a (x_d'' + x_q'')} \tag{3.12}$$

als zusätzliche Kenngrößen eingeführt. Die Beziehung für die transiente Längsreaktanz enthält die bei der Aufhebung des Kurzschlusses den Vorgang bestimmenden Zeitkonstanten, die transiente Leerlaufzeitkonstante der Längsachse

$$T_{d0}' = \frac{T_{Dd0} + T_{fd0}}{2} \left\{ 1 + \sqrt{1 - 4\sigma_{Dfd} \frac{T_{Dd0} T_{fd0}}{(T_{Dd0} + T_{fd0})^2}} \right\} \approx T_{Dd0} + T_{fd0} \approx T_{fd0} \tag{3.13}$$

und die subtransiente Leerlaufzeitkonstante der Längsachse

$$T_{d0}'' = \frac{T_{Dd0} + T_{fd0}}{2} \left\{ 1 - \sqrt{1 - 4\sigma_{Dfd}\frac{T_{Dd0}T_{fd0}}{(T_{Dd0} + T_{fd0})^2}} \right\} \approx \sigma_{Dfd}\frac{T_{Dd0}T_{fd0}}{T_{Dd0} + T_{fd0}} \approx \sigma_{Dfd}T_{Dd0}.$$

(3.14)

Zur Abkürzung wurden dabei die Eigenzeitkonstanten der Dämpferwicklung und der Erregerwicklung der Längsachse

$$T_{Dd0} = \frac{x_{Dd}}{\omega_N r_{Dd}} \quad \text{und} \quad T_{fd0} = \frac{x_{fd}}{\omega_N r_{fd}}$$

(3.15)

sowie die Streukoeffizienten

$$\sigma_{aDd} = 1 - \frac{x_{hd}^2}{x_d x_{Dd}}, \sigma_{afd} = 1 - \frac{x_{hd}^2}{x_d x_{fd}} \quad \text{und} \quad \sigma_{Dfd} = 1 - \frac{x_{Dfd}^2}{x_{Dd} x_{fd}}$$

(3.16)

verwendet. Die Zeitkonstanten T_d', T_d'', T_{d0}' und T_{d0}'' sind dabei mit den Reaktanzen x_d, x_d' und x_d'' durch Gl. 3.9 sowie untereinander mit den Eigenzeitkonstanten der Polsystemwicklungen über die Beziehungen

$$T_d' + T_d'' = \sigma_{aDd}T_{Dd0} + \sigma_{afd}T_{fd0} \quad \text{und} \quad T_{d0}' + T_{d0}'' = T_{Dd0} + T_{fd0}$$

(3.17)

$$T_d'T_d'' = \frac{x_d''}{x_d}T_{d0}'T_{d0}'' = \frac{x_d''}{x_d}\sigma_{Dfd}T_{Dd0}T_{fd0} \quad \text{und} \quad T_{d0}'T_{d0}'' = \sigma_{Dfd}T_{Dd0}T_{fd0}$$

(3.18)

verknüpft.

Durch halblogarithmische Auswertung der Ankerstrom-Zeitverläufe nach dem gemittelten Hüllkurven-Verfahren entsprechend [1] erhält man die sechs Kenngrößen x_d, x_d', x_d'', T_d', T_d'' und T_a. Werden dagegen die Zeitverläufe der drei Strangströme einzeln mit einem numerischen Kurvenanpassungsprogramm und einem Ansatz nach Gl. 3.7 analysiert, liefert das, wenn eine akzeptable Anpassung überhaupt gelingt, drei Sätze der dabei vorerst variabel angesetzten neun Parameter x_d, x_d', x_d'', T_d', T_d'' und T_a sowie x_q'', $\gamma\omega_N$ und ϑ_0, wobei die ersten sechs so bestimmbaren jeweils drei gleichartigen Parameter der drei Stränge und auch deren Mittelwerte meist deutlich untereinander und von den nach [1] bestimmten Werten abweichen. Große Bedeutung kommt bei der numerischen Kurvenanpassung der exakten Bestimmung des Schaltzeitpunktes zu. Prinzipiell lassen sich so aber auch drei, leider jedoch meist recht stark streuende Schätzwerte von x_q'' bestimmen.

3.5 Analyse des Erregerstrom-Zeitverlaufes beim Stoßkurzschluss

Der beim Stoßkurzschluss aufgenommene Erregerstrom-Zeitverlauf (Abb. 3.2b) eignet sich gut zur Kontrolle der aus den Ankerstrom-Zeitverläufen bestimmten Zeitkonstanten

T'_d, T''_d und T_a. Für ihn erhält man auf der Grundlage des in Kap. 2 abgeleiteten mathematischen Modells analog zu Gl. 3.7

$$i_{fd}(t) = i_{fd}(0) + \frac{u(-0)}{\gamma x_{hd}} \frac{x^2_{hd}}{x_d x_{fd}} \frac{T_{fd0}\omega^2_N}{T'_d - T''_d} \Big\{ a^* e^{-t/T'_d} + b^* e^{-t/T''_d}$$
$$- \big[c^* \cos(\omega_{fd} t) + d^* \sin(\omega_{fd} t) \big] e^{-t/T_a} \Big\}$$

(3.19)

mit der Erregerkreisfrequenz (in 1/s)

$$\omega_{fd} = \sqrt{\gamma^2 \omega^2_N - \frac{1}{T^2_a}}$$

(3.20)

und den Abkürzungen

$$a^* = \frac{T^2_a T'_d (T'_d - T_{\sigma Dd})}{(T'_d - T_a)^2 + \omega^2_{fd} T^2_a T'^2_d},$$

(3.21)

$$b^* = \frac{T^2_a T''_d (T_{\sigma Dd} - T''_d)}{(T''_d - T_a)^2 + \omega^2_{fd} T^2_a T''^2_d},$$

(3.22)

$$c^* = a^* + b^* = \frac{T^2_a T'_d (T'_d - T_{\sigma Dd})}{(T'_d - T_a)^2 + \omega^2_{fd} T^2_a T'^2_d} + \frac{T^2_a T''_d (T_{\sigma Dd} - T''_d)}{(T''_d - T_a)^2 + \omega^2_{fd} T^2_a T''^2_d},$$

(3.23)

$$d^* = -\frac{\omega^2_{fd} T^2_a T'^2_d T_{\sigma Dd} + T'_d (T_{\sigma Dd} - T_a)(T'_d - T_a)}{\omega_{fd} \big[(T'_d - T_a)^2 + \omega^2_{fd} T^2_a T'^2_d \big]}$$
$$+ \frac{\omega^2_{fd} T^2_a T''^2_d T_{\sigma Dd} + T''_d (T_{\sigma Dd} - T_a)(T''_d - T_a)}{\omega_{fd} \big[(T''_d - T_a)^2 + \omega^2_{fd} T^2_a T''^2_d \big]}.$$

(3.24)

Als zusätzliche Kenngröße tritt in diesen Beziehungen die Streufeldzeitkonstante der Längs-Dämpferwicklung

$$T_{\sigma Dd} = \frac{x_{\sigma Dd}}{\omega_N r_{Dd}} = \frac{x_{\sigma Dd}}{x_{Dd}} T_{Dd0} = \left(1 - \frac{x_{Dfd}}{x_{Dd}} \right) T_{Dd}$$

(3.25)

auf. Fasst man nun das Cosinus- und das Sinus-Glied in Gl. 3.19 zu einem Cosinus-Glied mit Phasenverschiebung

$$c^* \cos(\omega_{fd} t) + d^* \sin(\omega_{fd} t) = \frac{c^*}{\cos(\vartheta_{fd})} \cos(\omega_{fd} t - \vartheta_{fd})$$

(3.26)

und dem Phasenwinkel

$$\vartheta_{fd} = \arctan \left(\frac{d^*}{c^*} \right)$$

(3.27)

zusammen, folgt der für die Kennwertbestimmung gut geeignete Ansatz

$$i_{fd}(t) = i_{fd}(0) + A e^{-t/T'_d} + B e^{-t/T''_d} - C e^{-t/T_a} \cos(\omega_{fd} t - \vartheta_{fd}) = i_{fd}(0) + i'_{fd}(t) \quad (3.28)$$

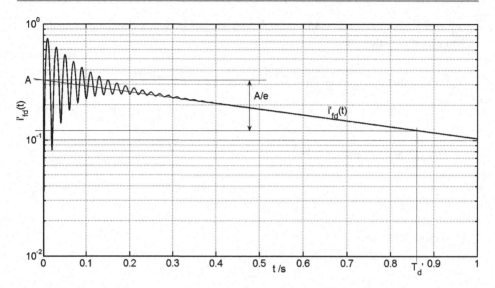

Abb. 3.3 Halblogarithmische Auswertung der flüchtigen Erregerstrom-Komponente von Abb. 3.2b zur Bestimmung des Koeffizienten A und der Zeitkonstante T_d'

mit den neun Anpassungsparametern $i_{fd}(0)$, $A, B, C, T_d', T_d'', T_a, \omega_{fd}$ und ϑ_{fd}. Da sich durch eine grafische halblogarithmische Auswertung, bei der der flüchtige Anteil des Erregerstromes $i_{fd}'(t)$ logarithmisch über der linearen Zeitskala aufgetragen wird (Abb. 3.3), meist nur die Anpassungsparameter A, C, T_d' und T_a hinreichend genau bestimmen lassen, ist hier ausdrücklich die numerische Kurvenanpassung zu empfehlen.

Für die Koeffizienten der exponentiellen Anteile in den Gln. 3.19 und 3.28 gelten die Beziehungen

$$\frac{A}{B} = \frac{a^*}{b^*} = \frac{(T_d' - T_{\sigma Dd})T_d'\left[(T_d'' - T_a)^2 + \omega_{fd}^2 T_a^2 T_d''^2\right]}{(T_{\sigma Dd} - T_d'')T_d''\left[(T_d' - T_a)^2 + \omega_{fd}^2 T_a^2 T_d'^2\right]} \tag{3.29}$$

und

$$C\cos(\vartheta_{fd}) = A + B = \frac{u(-0)}{\gamma x_{hd}}\frac{x_{hd}^2 T_{fd0}\omega_N^2 c^*}{x_d x_{fd}(T_d' - T_d'')}. \tag{3.30}$$

Aus Gl. 3.29 folgt mit den aus dem Erregerstrom-Zeitverlauf ermittelten Anpassungsparametern A, B, T_d', T_d'', T_a und ω_{fd} für die Streufeldzeitkonstante der Längsachsen-Dämpferwicklung die Bestimmungsgleichung

$$T_{\sigma Dd} = \frac{T_d' + a_{\sigma Dd}T_d''}{1 + a_{\sigma Dd}} \quad \text{mit} \quad a_{\sigma Dd} = \frac{A}{B}\frac{T_d''\left[(T_d' - T_a)^2 + \omega_{fd}^2 T_a^2 T_d'^2\right]}{T_d'\left[(T_d'' - T_a)^2 + \omega_{fd}^2 T_a^2 T_d''^2\right]}. \tag{3.31}$$

Da in diese Beziehung neben den Zeitkonstanten und ω_{fd} nur der Quotient A/B eingeht, können die Koeffizienten A und B als einheitenbehaftete Messwerte (in A) oder auf einen beliebigen Wert bezogene Größen eingegeben werden; mögliche Kalibrierungsfehler der Erregerstrom-Messtechnik haben auf das Ergebnis damit keinen Einfluss, wenn nur die Bezugslinie für den flüchtigen Erregerstrom $i'_{fd}(t)$, gegeben durch dessen Anfangs- und Endwert $i_{fd}(0) = i_{fd}(\infty)$, richtig bestimmt wurde.

Bei Kenntnis von $T_{\sigma Dd}$ lässt sich der Widerstand der Erregerwicklung auch direkt aus dem Anfangswert der transienten Erregerstrom-Komponente, also dem Koeffizienten A (in p.u.) berechnen:

$$r_{fd} = \frac{u(-0)}{\gamma A} \frac{\omega_N x_{hd} T_a^2 T_d'(T_d' - T_{\sigma Dd})}{x_d(T_d' - T_d'')\left[(T_d' - T_a)^2 + \omega_{fd}^2 T_a^2 T_d'^2\right]}. \tag{3.32}$$

Zu berücksichtigen ist dabei jedoch, dass sich hier Ungenauigkeiten bei der Bestimmung der Leerlaufspannung vor der Einleitung des Kurzschlusses $u(-0)$ und des Koeffizienten A der transienten Komponente voll auswirken.

3.6 Der Gleichstrom-Abklingversuch und seine Auswertung

Die vorstehenden Primärdaten der Längsachse wie auch analog die der Querachse lassen sich auch durch den Gleichstrom-Abklingversuch bei Stillstand bestimmen. Die dafür zu benutzende Versuchsschaltung (Abb. 3.4), der erforderliche Versuchsablauf und die Versuchsauswertung sind in der Norm [1] nur allgemein und kurz erläutert, so dass hier auf den wichtigen Sonderfall einer Drehstrom-Synchronmaschine mit zwei Rotorkreisen in jeder Achse unter Bezugnahme auf [4] genauer eingegangen werden soll.

Beim Gleichstrom-Abklingversuch wird der Rotor zweckmäßigerweise in Längsstellung zum Strang a ausgerichtet festgesetzt und die Erregerwicklung über den Schalter S und einen induktivitätsarmen Shunt zur Erregerstrommessung kurzgeschlossen. Die in Sternschaltung vorausgesetzte Ständerwicklung wird über den Strang a und die parallel geschalteten Stränge b und c bei geöffnetem Schütz K über S1 mit dem Längsachsen-Prüfgleichstrom $I_{d(0)}$ aus einer Konstantstromquelle oder einer Batterie mit nachgeschaltetem Schutzwiderstand R_S von nicht weniger als 10 % des Nennstromes, bei großen Maschinen mindestens 10 A, beaufschlagt. Mit Hilfe einer zusätzlichen Gleichstromquelle (Gleichstrommaschine GM) gleicher Polarität wird dann über einen zweiten Einstell- und Schutzwiderstand R_S die Maschine durch einen Gleichstrom bis maximal Nennstrom erst auf- und anschließend durch Verminderung dieses Gleichstromes bis auf null ent-

Abb. 3.4 Prüfschaltung für den Gleichstrom-Abklingversuch bei Längsachsenstellung

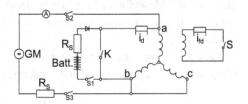

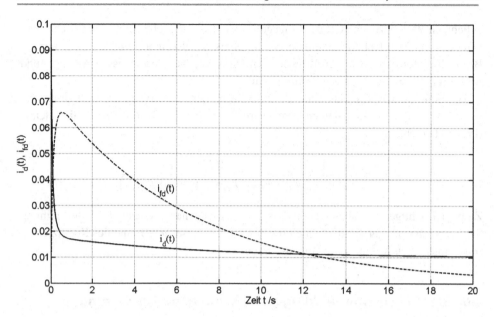

Abb. 3.5 Abklingkurven $i_{\mathrm{d}}(t)$ und $i_{\mathrm{fd}}(t)$ eines Gleichstrom-Abklingversuches

magnetisiert, um bei der eigentlichen Messung einen definierten Magnetisierungszustand möglichst im linearen Teil der Hauptfluss-Magnetisierungskennlinie zu haben. Nach der Abschaltung der Hilfsquelle GM mit S2 und S3 wird der Prüfgleichstrom $I_{\mathrm{d}}(0)$ genau gemessen und dann der Übergangsvorgang durch Schließen des Schützes K eingeleitet. Der Schalter S1 bleibt geschlossen, um den Abklingvorgang im Kurzschlusskreis nicht zu stören. Der Widerstand des Kurzschlussweges R_{k} zwischen den Anschlussklemmen der Maschine über das geschlossene Schütz K sollte einschließlich induktivitätsfreier Strommessung deutlich geringer sein als der Wicklungswiderstand R_{a}. Der durch die Ständerwicklung fließende, nun abklingende Gleichstrom $i_{\mathrm{d}}(t)$ und zur Kontrolle auch der als Reaktion in der Erregerwicklung hervorgerufene Erregerstrom $i_{\mathrm{fd}}(t)$ werden mit einigen Millisekunden Pretrigger sowie ausreichend hoher Abtastrate ($> 10\,\mathrm{kS/s}$) und Genauigkeit ($> 12\,\mathrm{Bit}$ Auflösung) über mindestens 10 Sekunden aufgezeichnet (Abb. 3.5). Die Abklingkurven können, brauchen aber nicht als Per-Unit-Größen dargestellt zu werden, da bei der Auswertung stets nur Verhältnisgrößen verwendet werden. Direkt nach dem angenommenen Ende des Abklingvorganges werden der weiterhin durch die Maschine fließende Prüfgleichstrom-Rest I_{de}, der Widerstand zwischen den verwendeten Ständerklemmen der Maschine ($1{,}5R_{\mathrm{a}}$), der Widerstand des äußeren Kurzschlussweges (R_{k}) und der Erregerkreiswiderstand R_{fd} gemessen und die Widerstände in Per-Unit-Größen umgerechnet.

Legt man nun eine Maschine mit zwei Rotorkreisen und dem Ankerkreis in der Längsachse zugrunde, muss sich der flüchtige Prüfstromanteil

$$i'_{\mathrm{d}}(t) = i_{\mathrm{d}}(t) - I_{\mathrm{de}} \tag{3.33}$$

durch eine Summe von drei Exponentialfunktionen

$$i_d'(t) = i_{d1}e^{-\lambda_1 t} + i_{d2}e^{-\lambda_2 t} + i_{d3}e^{-\lambda_3 t} \tag{3.34}$$

nachbilden lassen. Die Koeffizienten i_{d1}, i_{d2} und i_{d3}, für die

$$i_{d0} = i_{d1} + i_{d2} + i_{d3} = I_d(0) - I_{de} \tag{3.35}$$

gilt, und die Dämpfungsfaktoren λ_1, λ_2 und λ_3 können durch halblogarithmische Auswertung oder numerische Kurvenanpassung des flüchtigen Prüfstromanteiles bestimmt werden.

Wird Gl. 3.34 in den Laplace-Unterbereich transformiert, erhält man

$$i_d'(p) = \frac{i_{d1}}{p + \lambda_1} + \frac{i_{d2}}{p + \lambda_2} + \frac{i_{d3}}{p + \lambda_3} = \frac{a_0 + a_1 p + a_2 p^2}{b_0 + b_1 p + b_2 p^2 + p^3} \tag{3.36}$$

mit

$$\begin{aligned}
a_0 &= i_{d1}\lambda_2\lambda_3 + i_{d2}\lambda_3\lambda_1 + i_{d3}\lambda_1\lambda_2 \\
a_1 &= i_{d1}(\lambda_2 + \lambda_3) + i_{d2}(\lambda_3 + \lambda_1) + i_{d3}(\lambda_1 + \lambda_2) \\
a_2 &= i_{d1} + i_{d2} + i_{d3} = i_{d0}
\end{aligned} \tag{3.37}$$

und

$$\begin{aligned}
b_0 &= \lambda_1\lambda_2\lambda_3 \\
b_1 &= \lambda_2\lambda_3 + \lambda_3\lambda_1 + \lambda_1\lambda_2 \\
b_2 &= \lambda_1 + \lambda_2 + \lambda_3.
\end{aligned} \tag{3.38}$$

Da die Zeit nicht bezogen zugrunde gelegt wurde, haben die Dämpfungsfaktoren λ_1, λ_2 und λ_3 sowie der Laplace-Operator p die Einheit 1/s.

Andererseits lässt sich der betrachtete Vorgang mit den Gln. 2.44 bis 2.48 und dem auf Z_0 sowie einen Strang bezogenen Kurzschlusskreis-Widerstand für die Längsachse

$$r_{dk} = r_a + \frac{2}{3}r_k. \tag{3.39}$$

nach Transformation in den Laplace-Unterbereich, jedoch auch hier mit p in 1/s, durch das Gleichungssystem

$$\begin{bmatrix} (\omega_N r_{dk} + p l_d) & p l_{hd} & p l_{hd} \\ p l_{hd} & (\omega_N r_{Dd} + p l_{Dd}) & p l_{Dfd} \\ p l_{hd} & p l_{Dfd} & (\omega_N r_{fd} + p l_{fd}) \end{bmatrix} \begin{bmatrix} i_d'(p) \\ i_{Dd}(p) \\ i_{fd}(p) \end{bmatrix} = \begin{bmatrix} \omega_N l_d i_{d0} \\ 0 \\ 0 \end{bmatrix} \tag{3.40}$$

beschreiben. Nach der Elimination der Rotorströme und Einführung des Induktivitätsoperators [3]

$$l_d(p) = l_d \frac{(1 + pT_d')(1 + pT_d'')}{(1 + pT_{d0}')(1 + pT_{d0}'')} = l_d'' \frac{\left(p + \frac{1}{T_d'}\right)\left(p + \frac{1}{T_d''}\right)}{\left(p + \frac{1}{T_{d0}'}\right)\left(p + \frac{1}{T_{d0}''}\right)} \tag{3.41}$$

erhält man für den Übergangsvorgang im Laplace-Unterbereich

$$i_d'(p) = i_{d0} \frac{l_d(p)}{\omega_N r_{dk} + p l_d(p)}. \tag{3.42}$$

Daraus folgt eine zu Gl. 3.36 identisch aufgebaute Übertragungsfunktion, für deren Koeffizienten die Relationen

$$a_0 = i_{d0} \frac{1}{T_d' T_d''}, \quad a_1 = i_{d0} \left[\frac{1}{T_d'} + \frac{1}{T_d''} \right], \quad a_2 = i_{d0} \tag{3.43}$$

und

$$b_0 = \frac{\omega_N r_{dk}}{l_d'' T_d' T_d''}, \quad b_1 = \frac{1}{T_d' T_d''} + \frac{\omega_N r_{dk}}{l_d''} \left(\frac{1}{T_{d0}'} + \frac{1}{T_{d0}''} \right),$$

$$b_2 = \left(\frac{1}{T_d'} + \frac{1}{T_d''} + \frac{\omega_N r_{dk}}{l_d''} \right) \tag{3.44}$$

gelten [4]. Diese Relationen lassen sich nach [4] in folgende Beziehungen umformen:

$$l_d'' = \frac{a_2 \omega_N r_{dk}}{a_2 b_2 - a_1}, \tag{3.45}$$

$$\frac{1}{T_d'} + \frac{1}{T_d''} = \frac{a_1}{a_2}, \quad \frac{1}{T_d' T_d''} = \frac{a_0}{a_2}, \tag{3.46}$$

$$\frac{1}{T_{d0}'} + \frac{1}{T_{d0}''} = \frac{a_2 b_1 - a_0}{a_2 b_2 - a_1}, \quad \frac{1}{T_{d0}' T_{d0}''} = \frac{a_2 b_0}{a_2 b_2 - a_1}. \tag{3.47}$$

Mit den aus den Gln. 3.37 und 3.38 wertmäßig bekannten Koeffizienten a_0, a_1, a_2, b_0, b_1, b_2 und dem bezogenen Wert des Kurzschlusskreis-Widerstandes r_{dk} aus Gl. 3.39 folgt nach Gl. 3.45 die subtransiente Induktivität l_d'' direkt, während sich die Kurzschlusszeitkonstanten aus Gl. 3.46 zu

$$T_d', T_d'' = \frac{a_1}{2a_0} \left(1 \pm \sqrt{1 - \frac{4 a_0 a_2}{a_1^2}} \right) \tag{3.48}$$

und die Leerlaufzeitkonstanten aus Gl. 3.47 zu

$$T_{d0}', T_{d0}'' = \frac{a_2 b_1 - a_0}{2 a_2 b_0} \left(1 \pm \sqrt{1 - \frac{4 a_2 b_0 (a_2 b_2 - a_1)}{(a_2 b_1 - a_0)^2}} \right) \tag{3.49}$$

ergeben.

Die synchrone und die subtransiente Induktivität können für die Maschine mit zwei Rotorkreisen in der Längsachse nach [1] auch direkt aus den Versuchsergebnissen berechnet werden zu

$$l_d = \frac{\omega_N r_{dk}}{i_{d0}} \sum_{\nu=1}^{3} \frac{i_{d\nu}}{\lambda_\nu} \tag{3.50}$$

bzw. zu

$$l_d'' = \frac{\omega_N r_{dk} i_{d0}}{\sum\limits_{\nu=1}^{3} i_{d\nu} \lambda_\nu}.$$ (3.51)

Die transiente Induktivität der Längsachse l_d' erhält man mit den bestimmten Zeitkonstanten sowie der synchronen und der subtransienten Induktivität nach Gl. 3.9.

Durch den in der Ankerwicklung abklingenden Prüfstrom $i_d(t)$ wird in der kurzgeschlossenen Erregerwicklung ein flüchtiger Erregerstromverlauf $i_{fd}(t)$ hervorgerufen, der für eine Maschine mit zwei Rotorsystemen ebenfalls aus drei Exponentialfunktionen mit denselben Dämpfungsfaktoren λ_1, λ_2 und λ_3 wie beim Ankerstromverlauf besteht:

$$i_{fd}(t) = i_{fd1} e^{-\lambda_1 t} + i_{fd2} e^{-\lambda_2 t} + i_{fd3} e^{-\lambda_3 t}$$ (3.52)

Für die durch halblogarithmische Auswertung bestimmbaren Koeffizienten gilt

$$i_{fd1} + i_{fd2} + i_{fd3} = 0.$$ (3.53)

Im Laplace-Unterbereich erhält man

$$i_{fd}(p) = \frac{i_{fd1}}{p + \lambda_1} + \frac{i_{fd2}}{p + \lambda_2} + \frac{i_{fd3}}{p + \lambda_3} = \frac{c_0 + c_1 p + c_2 p^2}{b_0 + b_1 p + b_2 p^2 + p^3}$$ (3.54)

mit b_0, b_1 und b_2 wie in Gl. 3.38 und

$$c_0 = i_{fd1} \lambda_2 \lambda_3 + i_{fd2} \lambda_3 \lambda_1 + i_{fd3} \lambda_1 \lambda_2$$
$$c_1 = i_{fd1}(\lambda_2 + \lambda_3) + i_{fd2}(\lambda_3 + \lambda_1) + i_{fd3}(\lambda_1 + \lambda_2)$$ (3.55)
$$c_2 = i_{fd1} + i_{fd2} + i_{fd3} = 0.$$

Aus Gl. 3.40 folgt durch Elimination von $i_d(p)$ und $i_{Dd}(p)$ mit dem Operatorenkoeffizienten [3]

$$G_{fd}(p) = \frac{l_{hd}}{l_{fd}} T_{fd0} \frac{1 + p T_{Dd0}\left(1 - \frac{l_{Dfd}}{l_{Dd}}\right)}{(1 + p T_{d0}')(1 + p T_{d0}'')} = \frac{l_{hd}}{\omega_N r_{fd}} \frac{1 + p T_{\sigma Dd0}}{(1 + p T_{d0}')(1 + p T_{d0}'')}$$ (3.56)

für den Erregerstrom

$$i_{fd}(p) = -G_{fd}(p)(p i_d(p) - i_{d0})$$ (3.57)

und weiter

$$i_{fd}(p) = i_{d0} \frac{r_{dk} l_{hd}}{r_{fd} l_d'' T_{d0}' T_{d0}''} \frac{1 + p T_{\sigma Dd}}{\frac{\omega_N r_{dk}}{l_d''}\left(p + \frac{1}{T_{d0}'}\right)\left(p + \frac{1}{T_{d0}''}\right) + p\left(p + \frac{1}{T_d'}\right)\left(p + \frac{1}{T_d''}\right)}.$$ (3.58)

Die Übertragungsfunktion hat die gleiche Form wie Gl. 3.54 mit den Nennerkoeffizienten b_0, b_1, b_2 und b_3 wie in Gl. 3.44 und den Zählerkoeffizienten [4]

$$c_0 = i_{d0} \frac{r_{dk} l_{hd}}{r_{fd} l_d'' T_{d0}' T_{d0}''}, \quad c_1 = i_{d0} \frac{r_{dk} l_{hd} T_{\sigma Dd}}{r_{fd} l_d'' T_{d0}' T_{d0}''}, \quad c_2 = 0. \tag{3.59}$$

Durch Vergleich mit den durch die Messung bestimmten Zählerkoeffizienten erhält man eine Bestimmungsgleichung für die Streufeldzeitkonstante der Dämpferwicklung

$$T_{\sigma Dd} = \frac{c_1}{c_0} \tag{3.60}$$

und mit l_d'', T_{d0}' und T_{d0}'' aus Gl. 3.45 bzw. 3.49 außerdem eine Bestimmungsgleichung für den p.u.-Wert des Erregerkreiswiderstandes

$$r_{fd} = l_{hd} \frac{i_{d0} r_{dk}}{c_0 l_d'' T_{d0}' T_{d0}''}, \tag{3.61}$$

wenn l_{hd} bereits bekannt ist. Mit dem gemessenen Wert des Erregerkreiswiderstandes R_{fd} lässt sich auch das Übersetzungsverhältnis zwischen Anker- und Erregerwicklung bestimmen zu

$$\ddot{u}_{afd} = \sqrt{\frac{2r_{fd}}{3(R_{fd}/Z_0)}}. \tag{3.62}$$

Hingewiesen sei jedoch darauf, dass die Bestimmung der Amplitudenanteile i_{d1}, i_{d2} und i_{d3} bzw. i_{fd1}, i_{fd2} und i_{fd3} sowie der Dämpfungsfaktoren λ_1, λ_2 und λ_3 aus den aufgenommenen Abklingkurven, also die Aufteilung der Abklingkurven in je drei Exponentialfunktionen, oft relativ unsicher ist. Das gilt besonders für die Auswertung des Erregerstromverlaufes. Daher sollten nicht nur mehrere Abklingversuche zum Vergleich durchgeführt und die aufgenommenen Abklingkurven mehrfach unabhängig voneinander ausgewertet, sondern die bestimmten Kenngröße möglichst durch andere empfohlene Bestimmungsverfahren (Tab. 3.4) verifiziert werden. Für die halblogarithmische Auswertung der Zeitverläufe leisten numerische Kurvenanpassungsprogramme eine gute Hilfe.

Mit dem Gleichstrom-Abklingversuch lassen sich in analoger Weise auch die Primärdaten der Querachse bestimmen, wenn der Prüfgleichstrom der Ständerwicklung bei gleicher Rotorlage und dann offener Erregerwicklung über Strang b zu- und über Strang c abgeführt wird. Der auf einen Strang bezogene Widerstand des Kurzschlusskreises für die Querachse ergibt sich hier wegen der Reihenschaltung der beiden Strangwicklungen zu

$$r_{qk} = r_a + 0{,}5 r_k. \tag{3.63}$$

Außerdem eignet sich dieses Verfahren auch zur Bestimmung der Primärdaten von permanent-erregten Drehstrom-Synchronmaschinen.

3.7 Konventionelle Berechnung der Modellparameter aus experimentell bestimmten Primärdaten

Mit den aus den Ankerstrom-Zeitverläufen gewonnenen Kenngrößen des Stoßkurz-schlussversuches oder des Gleichstrom-Abklingversuches x_d, x_d', x_d'', T_d' und T_d'' sowie der Ankerstreureaktanz $x_{\sigma a}$ lassen sich die Rotor-Modellparameter der Längsachse $x_{\sigma Dd}$, $x_{\sigma fd}$, r_{Dd} und r_{fd} berechnen. Kommen dafür die in der Norm [1] angegebenen Näherungen mit $x_{\sigma Dfd} = 0$

$$x_d' \approx x_d - \frac{x_{hd}^2}{x_{fd}}, \quad T_{d0}' \approx T_{fd0} = \frac{x_{fd}}{\omega_N r_{fd}}, \quad T_d' \approx \frac{x_d'}{x_d} T_{fd0},$$

$$T_{d0}'' \approx \frac{x_{Dd} - x_{hd}^2/x_{fd}}{\omega_N r_{Dd}}, \quad T_d'' \approx \frac{x_d''}{x_d'} T_{d0}'' \tag{3.64}$$

zum Einsatz, führt das unter Verwendung von Gl. 3.8 auf die Beziehungen

$$x_{hd} = x_d - x_{\sigma a},$$

$$x_{\sigma fd} \approx \frac{x_{hd}^2}{x_d - x_d'} - x_{hd}, \quad x_{\sigma Dd} = x_{\sigma fd} x_{hd} \frac{x_d'' - x_{\sigma a}}{x_{fd}\left(x_d - x_d''\right) - x_{hd}^2},$$

$$x_{fd} = x_{\sigma fd} + x_{hd}, \quad x_{Dd} = x_{\sigma Dd} + x_{hd},$$

$$r_{fd} \approx \frac{x_d' x_{fd}}{\omega_N x_d T_d'}, \quad r_{Dd} \approx \frac{(x_{Dd} - x_{hd}^2/x_{fd}) x_d''}{\omega_N x_d' T_d''}, \tag{3.65}$$

nachfolgend als Näherungsformelsatz bezeichnet.

Verwendet man statt dessen die genauen Wurzelausdrücke der Kurzschluss- und Leer-laufzeitkonstanten sowie die Zusatzrelationen der Gln. 3.15 bis 3.17, folgt ein nichtli-neares Gleichungssystem, aus dem sich die Streufeldzeitkonstanten, die Streureaktanzen und schließlich die Wicklungswiderstände der beiden Längsrotorkreise ohne zusätzliche Näherungen berechnen lassen [5]. Soll eine gemeinsame Streureaktanz $x_{\sigma Dfd} \neq 0$ berück-sichtigt werden, muss diese aber wie die anderen verwendeten Primärdaten bereits zu Beginn bekannt sein. Nach [5] erhält man dann mit den Abkürzungen

$$x_{hd} = x_d - x_{\sigma a}, \tag{3.66}$$

$$x_{Dfd} = x_{hd} + x_{\sigma Dfd} \quad \text{und} \quad x_{Dfd}'' = x_{Dfd} - \frac{x_{hd}^2}{x_d - x_d''} \tag{3.67}$$

sowie

$$T_1 = T_{d0}' + T_{d0}'' = \frac{x_d}{x_d'} T_d' + \left(1 - \frac{x_d}{x_d'} + \frac{x_d}{x_d''}\right) T_d'', \quad T_2 = T_1 - \left(T_d' + T_d''\right), \tag{3.68}$$

$$T_3 = T_1 - \frac{x_d x_{Dfd}}{x_{hd}^2} T_2 \quad \text{und} \quad T_4^2 = \frac{x_d\left(x_d - x_d''\right) x_{Dfd}''}{x_d'' x_{hd}^2} T_d' T_d'', \tag{3.69}$$

eine quadratische Bestimmungsgleichung für die Streufeldzeitkonstanten der beiden
Längsrotorkreise mit den Wurzeln

$$T_{\sigma \text{fd}} = \frac{T_3}{2} \left(1 + \sqrt{1 + 4T_4^2/T_3^2} \right) \quad \text{und} \quad T_{\sigma \text{Dd}} = \frac{T_3}{2} \left(1 - \sqrt{1 + 4T_4^2/T_3^2} \right). \quad (3.70)$$

Die Streureaktanzen folgen dann zu

$$x_{\sigma \text{fd}} = \frac{T_{\sigma \text{fd}} - T_{\sigma \text{Dd}}}{\underbrace{\frac{(T_1 - T_3)}{x_{\text{Dfd}}}} + \frac{T_{\sigma \text{Dd}}}{x_{\text{Dfd}}''}} \quad \text{und} \quad x_{\sigma \text{Dd}} = \frac{T_{\sigma \text{Dd}} - T_{\sigma \text{fd}}}{\underbrace{\frac{(T_1 - T_3)}{x_{\text{Dfd}}}} + \frac{T_{\sigma \text{fd}}}{x_{\text{Dfd}}''}} \quad (3.71)$$

und die Widerstände der Rotorwicklungen zu

$$r_{\text{fd}} = \frac{x_{\sigma \text{fd}}}{\omega_{\text{N}} T_{\sigma \text{fd}}} \quad \text{und} \quad r_{\text{Dd}} = \frac{x_{\sigma \text{Dd}}}{\omega_{\text{N}} T_{\sigma \text{Dd}}}. \quad (3.72)$$

Die Berechnung der Längsachsen-Modellparameter nach den Gln. 3.66 bis 3.72 wird hier
als konventioneller Formelsatz bezeichnet.

Ist aus einer Strom-Spannungs-Messung an den Erregerklemmen der Widerstand der
Erregerwicklung R_{fd} in Ω bereits bekannt, erhält man das Übersetzungsverhältnis Anker –
Erregerwicklung zu

$$\ddot{u}_{\text{afd}} = \sqrt{\frac{2r_{\text{fd}}}{3(R_{\text{fd}}/Z_0)}}. \quad (3.73)$$

Dieser $\ddot{u}_{\text{afd}}$-Wert ist jedoch wegen der vielen möglichen Fehlereinflüsse bei der Berechnung weniger vertrauenswürdig als der aus dem Leerlauf- und Kurzschlussversuch nach
Gl. 3.5. Durch Variation von T_{d}' und T_{d}'' im Rahmen der Messwertunsicherheit dieser
Zeitkonstanten kann der nach Gln. 3.66 bis 3.73 berechnete $\ddot{u}_{\text{afd}}$-Wert an den nach Gl. 3.5
ermittelten Wert angepasst werden.

Bei einer hypothetischen Synchronmaschine mit einer Dq-Dämpferwicklung und einer
zugänglichen fq-Wicklung ergibt sich beim Stoßkurzschluss aus Querachsen-Leerlauf mit
$u_{\text{fq}}(t) = u_{\text{fq}}(0)$ sowie $u_{\text{fd}}(0) = i_{\text{fd}}(0) = 0$ ein analoger Vorgang, der dann durch die analogen
Kenngrößen der Querachse bestimmt wird. Normalerweise haben Synchronmaschinen
jedoch in der Querachse keine zugängliche Erregerwicklung, so dass damit ein reiner
Querachsen-Schaltvorgang nur mit großem Aufwand realisierbar ist. Deshalb werden die
Primärdaten der Querrotorkreise vorzugsweise aus dem Gleichstrom-Abklingversuch im
Stillstand bestimmt. Die Bestimmung der Querachsen-Modellparameter erfolgt dann wie
für die Längsachse beschrieben.

Meist begnügt man sich bei Drehstrom-Synchronmaschinen aber mit nur einem Ersatz-
Dämpferkreis in der Querachse, dem der Index Dq und die subtransiente Querreaktanz x_{q}''
zugeordnet werden. Das transiente System mit den Parametern x_{q}' und T_{q}' entfällt dann.

Die synchrone Querreaktanz x_{q} kann aus dem Gegenerregungsversuch und die subtransiente Querreaktanz x_{q}'' aus dem Versuch mit angelegter Spannung bei Stillstand bestimmt

werden. Die Hauptreaktanz für die Querachse erhält man zu

$$x_{hq} = x_q - x_{\sigma a} \qquad (3.74)$$

und die Streureaktanz der Querdämpferwicklung zu

$$x_{\sigma Dq} = \frac{x_{hq}^2}{x_q - x_q''} - x_{hq}. \qquad (3.75)$$

Die Eigenzeitkonstante der Querdämpferwicklung T_{Dq0}, die bei nur einem Quer-Rotorkreis mit der subtransienten Leerlaufzeitkonstante T_{q0}'' übereinstimmt, und der Gleichstromwiderstand der Querdämpferwicklung r_{Dq} folgen mit x_d und x_q'' sowie den Zeitkonstanten aus dem Gleichstrom-Abklingversuch zu

$$T_{Dq0} = \frac{x_{Dq}}{\omega_N r_{Dq}} = T_{q0}'' = \frac{x_q}{x_q''} T_q'' \quad \text{bzw.} \quad r_{Dq} = \frac{x_{hq} + x_{\sigma Dq}}{\omega_N T_{Dq}}. \qquad (3.76)$$

3.8 Konventionelle Bestimmung der gemeinsamen Streureaktanz der Längsachsenkreise im Polsystem (Canay-Reaktanz)

Für die genaue Charakterisierung der Flussverkettungen in der Längsachse wird die gemeinsame Streureaktanz der Längsachsen-Rotorkreise $x_{\sigma Dfd}$ benötigt. Diese so genannte Canay-Reaktanz lässt sich nach [6] näherungsweise aus der Anfangsamplitude des Wechselanteils des Erregerstrom-Zeitverlaufes beim Stoßkurzschluss (Abb. 3.6a) bestimmen.

Unter Zugrundelegung des Anpassungsansatzes für den Erregerstrom-Zeitverlauf, Gl. 3.28, wird dazu die doppelte Amplitude des Wechselanteils

$$2i_{fd\sim} = 2C e^{-t/T_a} \qquad (3.77)$$

in der halblogarithmischen Darstellung bis zum Zeitpunkt des Kurzschlusseintritts extrapoliert (Abb. 3.6b) und davon der halbe Wert durch den Anfangserregerstrom $i_{fd=} = i_{fd}(0)$, besser jedoch, um auch eine mögliche Remanenz zu berücksichtigen, durch den fiktiven Anfangserregerstrom

$$i_{fd=}(0) = \frac{u(-0)}{\gamma x_{hd}} = i_{fd}(0) + i_{rd} \qquad (3.78)$$

geteilt:

$$a = \frac{i_{fd\sim}(+0)}{i_{fd=}(0)} = \frac{C}{i_{fd=}(0)}. \qquad (3.79)$$

Mit dem so bestimmten Verhältnis a berechnet man anschließend die Hilfsvariable

$$c = \sqrt{1 + \left(\frac{x_d - x_d' - a x_d''}{a x_d' T_d'' \omega_N} \right)^2} \qquad (3.80)$$

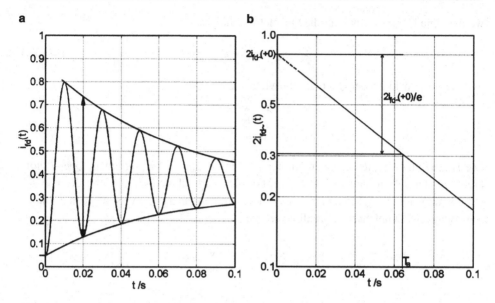

Abb. 3.6 Auswertung des Erregerstrom-Zeitverlaufes $i_{\mathrm{fd}}(t)$ für die $x_{\sigma\mathrm{Dfd}}$-Berechnung nach [6]. **a** Gewinnung der doppelten Amplitude des Wechselstromanteils $2i_{\mathrm{fd}}(t)$ **b** Extrapolation der doppelten Amplitude des Wechselstromanteils $2i_{\mathrm{fd}}(t)$ bis $t = +0$

und damit die gemeinsame Streureaktanz der Längsachse näherungsweise zu

$$x_{\sigma\mathrm{Dfd}} = x_{\mathrm{hd}}\left(\frac{x_{\mathrm{hd}}}{x_{\mathrm{d}} - x_{\mathrm{d}}'}\frac{(x_{\mathrm{d}} - x_{\mathrm{d}}')c - ax_{\mathrm{d}}''}{(x_{\mathrm{d}} - x_{\mathrm{d}}'')c - ax_{\mathrm{d}}''} - 1\right). \tag{3.81}$$

3.9   Verbesserte Berechnung der gemeinsamen Streureaktanz $x_{\sigma\,\mathrm{Dfd}}$ und Berechnung der anderen Längsachsen-Parameter

Mit der aus der Auswertung des Erregerstrom-Zeitverlaufes des Stoßkurzschluss-Versuches nach Gl. 3.31 oder des Gleichstrom-Abklingversuches nach Gl. 3.60 bekannten Dämpfer-Streufeldzeitkonstante $T_{\sigma\mathrm{Dd}}$ lässt sich die gemeinsame Streureaktanz der Rotor-Längsachsenkreise $x_{\sigma\mathrm{Dfd}}$ unter Hinzunahme der bei der Auswertung der Ankerstrom-Zeitverläufe bestimmten Kenngrößen und unter Verwendung der Beziehungen Gln. 3.8 und 3.9 sowie 3.15 bis 3.18 auch ohne Vereinfachungen berechnen. Dafür bestimmt man durch Umformung von Gl. 3.9 mit den Kenngrößen aus den Ankerstrom-Zeitverläufen die Übergangszeitkonstante

$$\begin{aligned}
T_{\mathrm{Dfd}} &= \left(T_{\mathrm{d0}}' + T_{\mathrm{d0}}''\right) - \left(T_{\mathrm{d}}' + T_{\mathrm{d}}''\right) = (T_{\mathrm{Dd0}} + T_{\mathrm{fd0}}) - \left(T_{\mathrm{d}}' + T_{\mathrm{d}}''\right) \\
&= \left(\frac{x_{\mathrm{d}}}{x_{\mathrm{d}}'} - 1\right)T_{\mathrm{d}}' + \left(\frac{x_{\mathrm{d}}}{x_{\mathrm{d}}''} - \frac{x_{\mathrm{d}}}{x_{\mathrm{d}}'}\right)T_{\mathrm{d}}'';
\end{aligned} \tag{3.82}$$

sie ist wertgleich mit der in Gl. 3.68 definierten Zeitkonstante T_2. Mit den Relationen Gl. 3.25 und analog

$$T_{\sigma\text{fd}} = \frac{x_{\sigma\text{fd}}}{x_{\text{fd}}} T_{\text{fd}0} = \left(1 - \frac{x_{\text{Dfd}}}{x_{\text{fd}}}\right) T_{\text{fd}0} \tag{3.83}$$

folgt unter Verwendung von Gl. 3.17 und 3.82 dann

$$T_{\sigma\text{Dd}} + T_{\sigma\text{fd}} = T_{\text{d}}' + T_{\text{d}}'' + T_{\text{Dfd}} \left(1 - \frac{x_{\text{d}} x_{\text{Dfd}}}{x_{\text{hd}}^2}\right). \tag{3.84}$$

Aus den Gln. 3.18 gewinnt man mit Gl. 3.8, erweitert um x_{Dfd} und $x_{\sigma\text{Dd}} x_{\sigma\text{Fd}}$, eine zweite Beziehung mit den noch unbekannten Parametern x_{Dfd} und $T_{\sigma\text{fd}}$

$$T_{\sigma\text{Dd}} T_{\sigma\text{fd}} = \frac{x_{\text{d}}}{x_{\text{d}}''} T_{\text{d}}' T_{\text{d}}'' \left(1 - \frac{x_{\text{Dfd}} \left(x_{\text{d}} - x_{\text{d}}''\right)}{x_{\text{hd}}^2}\right). \tag{3.85}$$

Durch Elimination von $T_{\sigma\text{fd}}$ erhält man

$$x_{\text{Dfd}} = \frac{x_{\text{hd}}^2 \left[x_{\text{d}} T_{\text{d}}' T_{\text{d}}'' - x_{\text{d}}'' T_{\sigma\text{Dd}}(T_{\text{d}}' + T_{\text{d}}'' + T_{\text{Dfd}} - T_{\sigma\text{Dd}})\right]}{x_{\text{d}} \left[\left(x_{\text{d}} - x_{\text{d}}''\right) T_{\text{d}}' T_{\text{d}}'' - x_{\text{d}}'' T_{\text{Dfd}} T_{\sigma\text{Dd}}\right]} \tag{3.86}$$

und damit schließlich eine Bestimmungsgleichung für die gemeinsame Streureaktanz der Rotorkreise in der Längsachse zu

$$\begin{aligned}
x_{\sigma\text{Dfd}} &= x_{\text{Dfd}} - x_{\text{hd}} \\
&= x_{\text{hd}} \left[\frac{x_{\text{hd}} \left[x_{\text{d}} T_{\text{d}}' T_{\text{d}}'' - x_{\text{d}}'' T_{\sigma\text{Dd}}(T_{\text{d}}' + T_{\text{d}}'' + T_{\text{Dfd}} - T_{\sigma\text{Dd}})\right]}{x_{\text{d}} \left[\left(x_{\text{d}} - x_{\text{d}}''\right) T_{\text{d}}' T_{\text{d}}'' - x_{\text{d}}'' T_{\text{Dfd}} T_{\sigma\text{Dd}}\right]} - 1\right].
\end{aligned} \tag{3.87}$$

Aus Gl. 3.84 folgt mit x_{Dfd} aus Gl. 3.86 für die Streufeldzeitkonstante der Erregerwicklung

$$T_{\sigma\text{fd}} = T_{\text{Dfd}} \left(1 - \frac{x_{\text{d}} x_{\text{Dfd}}}{x_{\text{hd}}^2}\right) + T_{\text{d}}' + T_{\text{d}}'' - T_{\sigma\text{Dd}}. \tag{3.88}$$

Mit den beiden Streufeldzeitkonstanten und den Kenngrößen aus den Ankerstrom-Zeitverläufen lassen sich nun auch die anderen Modellparameter der Rotorkreise in der Längsachse berechnen. Unter Verwendung der Gln. 3.8, 3.18, 3.25, 3.82 und 3.83 erhält man die Streureaktanz der Dämpferwicklung zu

$$x_{\sigma\text{Dd}} = \frac{x_{\text{hd}}^2 x_{\text{d}}'' T_{\sigma\text{Dd}}(T_{\sigma\text{fd}} - T_{\sigma\text{Dd}})}{x_{\text{d}} \left[\left(x_{\text{d}} - x_{\text{d}}''\right) T_{\text{d}}' T_{\text{d}}'' - x_{\text{d}}'' T_{\text{Dfd}} T_{\sigma\text{Dd}}\right]} \tag{3.89}$$

und die Streureaktanz der Erregerwicklung zu

$$x_{\sigma\text{fd}} = \frac{x_{\sigma\text{Dd}} x_{\text{hd}}^2 T_{\sigma\text{fd}}}{x_{\sigma\text{Dd}} x_{\text{d}} T_{\text{Dfd}} - x_{\text{hd}}^2 T_{\sigma\text{Dd}}}. \tag{3.90}$$

Der Widerstand der Dämpferwicklung folgt schließlich aus deren Streufeldzeitkonstante zu

$$r_{\mathrm{Dd}} = \frac{x_{\sigma\mathrm{Dd}}}{\omega_{\mathrm{N}} T_{\sigma\mathrm{Dd}}} \tag{3.91}$$

und der der Erregerwicklung analog zu

$$r_{\mathrm{fd}} = \frac{x_{\sigma\mathrm{fd}}}{\omega_{\mathrm{N}} T_{\sigma\mathrm{fd}}}. \tag{3.92}$$

Die Gln. 3.89 bis 3.92 werden unter dem Begriff Polsystem-Formelsatz zusammengefasst.

3.10 Vergleich und Bewertung der Bestimmungsverfahren für die Längsachsenparameter des Polsystems

Die betrachteten Berechnungsverfahren sollen durch Simulationsuntersuchungen an einer fiktiven 50-Hz-Schenkelpolmaschine bezüglich des zugrunde gelegten Modells verglichen und bewertet werden. Die Beispielmaschine sei durch die Leerlauf- und die Kurzschluss-kennlinie in Abb. 3.1 und die folgenden Primärdaten (alle in p.u. bzw. s) charakterisiert:

$$\Psi_{\mathrm{r}} = 0{,}02, \quad r_{\mathrm{a}} = 0{,}008, \quad x_{\sigma\mathrm{a}} = 0{,}089, \quad x_{\sigma\mathrm{Dfd}} = -0{,}185,$$

$$x_{\mathrm{d}} = 1{,}8, \quad x_{\mathrm{d}}' = 0{,}274, \quad x_{\mathrm{d}}'' = 0{,}156, \quad T_{\mathrm{d}}' = 0{,}86\,\mathrm{s}, \quad T_{\mathrm{d}}'' = 0{,}07\,\mathrm{s},$$

$$x_{\mathrm{q}} = 0{,}9, \quad x_{\mathrm{q}}'' = 0{,}17, \quad T_{\mathrm{q}}'' = 0{,}065\,\mathrm{s}.$$

Mit dem konventionellen Formelsatz, Gln. 3.66 bis 3.76, ergeben sich dann für die unge-sättigte Maschine die folgenden als richtig angesehenen Modellparameter:

$$x_{\mathrm{hd}} = 1.711, \qquad\qquad\qquad x_{\mathrm{hq}} = 0{,}811,$$

$$x_{\sigma\mathrm{Dd}} = 0{,}76789, \quad x_{\sigma\mathrm{fd}} = 0{,}38118, \quad x_{\sigma\mathrm{Dd}} = 0{,}089988,$$

$$r_{\mathrm{Dd}} = 0{,}028574, \quad r_{\mathrm{fd}} = 0{,}00100445, \quad r_{\mathrm{Dq}} = 0{,}0083250.$$

Für diese Maschine wurde ein fremderregter Stoßkurzschluss bei $\omega = 1$ und verminderter Leerlaufspannung $u(-0) = 0{,}1$, also noch im ungesättigten Bereich der Leerlaufkennlinie, simuliert. Die dabei bestimmten Zeitverläufe des Ankerstromes von Strang a und des Er-regerstromes zeigt Abb. 3.2.

Die durch numerische Auswertung der Ankerstrom-Zeitverläufe ermittelten Kenngrö-ßen sind in Tab. 3.5 zusammenfassend dargestellt. Nach dem gemittelten Hüllkurvenver-fahren entsprechend VDE 0530-4 [1] ergaben sich die Kenngrößen in der ersten Daten-zeile, während in den folgenden Datenzeilen die für die einzelnen Strangströme durch numerische Kurvenanpassung ermittelten, deutlich ungenaueren Kenngrößen zum Ver-gleich aufgeführt sind.

Aus dem Erregerstrom-Zeitverlauf (Abb. 3.2b) wurden durch numerische Kurvenan-passung die in Tab. 3.6 aufgeführten Größen ermittelt.

Tab. 3.5 Kenngrößen aus den Ankerstrom-Zeitverläufen

	x_d	x_d'	x_d''	T_d'/s	T_d''/s	T_a/s
Nach [1]	1,80136	0,27404	0,15551	0,85971	0,06992	0,06440
Strang a	1,82261	0,23839	0,09421	0,86441	0,07024	0,06456
Strang b	2,18512	0,24639	0,09594	0,92180	0,07316	0,06019
Strang c	1,63446	0,23296	0,09299	0,82501	0,06805	0,06887

Tab. 3.6 Kenngrößen aus dem Erregerstrom-Zeitverlauf

$i_{fd}(0)$	A	B	C	T_d'/s	T_d''/s	T_a/s
0,04668	0,33027	0,08196	0,41243	0,86054	0,07027	0,06473

Tab. 3.7 Kenngrößen aus dem Gleichstrom-Abklingversuch

	l_d	l_d''	T_d'/s	T_d''/s	T_{d0}'/s	T_{d0}''/s	$T_{\sigma Dd}$
$i_d(0) = 0,1$	1,80001	0,15601	0,86002	0,07000	5,95071	0,11673	0,08554
$i_d(0) = 1,0$	1,20009	0,14986	1,09559	0,07407	5,69539	0,11409	0,02852

Die Unterschiede zwischen den vorgegebenen und den ermittelten Primärdaten sind insbesondere durch die Näherungen bei der Ableitung der Kurzschlussstrom-Zeitverläufe und der daraus definierten Kenngrößen sowie aus Unzulänglichkeiten bei der Kennwertbestimmung (gemitteltes Hüllkurvenverfahren, numerische Kurvenanpassung und Auswertung) zu erklären. Bei experimentellen Untersuchungen an der realen Maschine sind größere Unterschiede zu erwarten.

Mit diesen Primärdaten erhält man nach Gl. 3.31 für die Streufeldzeitkonstante der Längsdämpferwicklung

$$T_{\sigma Dd} = 0{,}08594\,\text{s}$$

und für den Erregerkreiswiderstand nach Gl. 3.32

$$r_{fd} = 0{,}0010445.$$

Außerdem wurde für die Beispielmaschine ein Gleichstrom-Abklingversuch in Längsstellung mit geschlossener Erregerwicklung und $i_d(0) = 0{,}1$ simuliert, der mit $r_k = 0{,}00135$ die Abklingkurven nach Abb. 3.5 lieferte. Die Abklingkurven wurden mit Hilfe eines numerischen Kurvenanpassungsprogramms nach den Gln. 3.33 bis 3.60 ausgewertet. Dabei ergaben sich die in Tab. 3.7, erste Datenzeile, aufgeführten Kenngrößen, die mit den Vorgabewerten sehr gut übereinstimmen.

In der zweiten Datenzeile wurden zum Vergleich die Ergebnisse einer Rechnung mit dem Anfangsgleichstrom $i_d(0) = 1{,}0$ aufgeführt, um die Auswirkungen der magnetischen Sättigung auf die bestimmten Kenngrößen zu demonstrieren. Bei $i_d = 1{,}0$ ist der magnetische Kreis der betrachteten Maschine mit der Leerlaufkennlinie nach Abb. 3.1 in der Längsachse bereits deutlich gesättigt, so dass sich während des Abklingens der Ströme in der Anker- und der Erregerwicklung zu Beginn der Sättigungszustand des magnetischen

Kreises schnell vermindert. Der für die Kurvenanpassung zugrunde gelegte Ansatz nach Gl. 3.34 bzw. 3.52 mit drei e-Funktionen mit konstanten Koeffizienten und Zeitkonstante und dessen Auswertung setzen aber konstante Widerstände und Induktivitäten voraus, was unter diesen Umständen dann nicht mehr zutrifft. Dadurch ist die Kurvenanpassung mit deutlichen Restfehlern verbunden, die ermittelten Kenngrößen sind unbrauchbar. Besonders deutlich wird das an dem nach Gl. 3.61 bestimmbaren Erregerkreiswiderstand. Während der für $i_d(0) = 0{,}1$ berechnete Wert

$$r_{fd} = 0{,}0010445, \text{ bestimmt für } i_d(0) = 0{,}1 \text{ (kein Sättigungseinfluss)},$$

mit dem Vorgabewert und auch mit dem Wert aus dem Erregerstrom-Zeitverlauf beim Stoßkurzschluss übereinstimmt, ergab sich aus dem Versuch bei hoher Aussteuerung der viel zu kleine Wert

$$r_{fd} = 0{,}0002406, \text{ bestimmt für } i_d(0) = 1{,}0 \text{ (mit Sättigungseinfluss)}.$$

Die gemeinsame Streureaktanz der Rotorkreise in der Längsachse (Canay-Reaktanz) erhält man nach Gl. 3.87 mit der aus dem Erregerstrom-Zeitverlauf bestimmbaren Streufeldzeitkonstante der Längsachse und den aus den Ankerstrom-Zeitverläufen desselben Versuches bestimmten Kenngrößen zu

$$x_{\sigma Dfd} = -0{,}18838 \quad \text{aus dem Stoßkurzschlussversuch und}$$
$$x_{\sigma Dfd} = -0{,}18500 \quad \text{aus dem Gleichstrom-Abklingversuch.}$$

Die genäherte Bestimmung nach [6] ergibt mit C aus dem Erregerstrom-Zeitverlauf des Stoßkurzschlussversuches nach Gln. 3.79 bis 3.81

$$x_{\sigma Dfd} = -0{,}20806.$$

Auch hier liefert der Gleichstrom-Abklingversuch mit $i_d(0) = 0{,}1$ das beste Ergebnis.

Abschließend zeigt Tab. 3.8 die mit den vorstehenden Primärdaten und $x_{\sigma Dfd}$-Belegungen nach den erläuterten Algorithmen berechneten Modellparameter der Längsachsen-Rotorkreise. Zum Vergleich wurden in der letzten Datenzeile die aus den Vorgabewerten berechneten, als genau betrachteten Modellparameter mit aufgeführt.

Für die ersten fünf Datenzeilen wurden die nach dem gemittelten Hüllkurvenverfahren [1] aus den Ankerstrom-Zeitverläufen bestimmten Kenngrößen zugrunde gelegt. Wird bei der Berechnung vereinfachend $x_{\sigma Dfd} = 0$ gesetzt (Datenzeile 1 und 2), ergeben sich sowohl nach dem Näherungsformelsatz, Gl. 3.65, als auch unter Verwendung des konventionellen Formelsatzes, Gln. 3.66 bis 3.72, für die Modellparameter deutlich von den Vorgabeparametern abweichende Werte. Eine Stoßkurzschluss-Simulationsrechnung mit diesen Modellparametern ergibt einen verfälschten Erregerstrom-Zeitverlauf, während bei den Ankerstrom-Zeitverläufen keine Unterschiede zur Rechnung mit den Vorgabewerten feststellbar sind.

Tab. 3.8 Vergleich der nach den betrachteten Verfahren berechneten Modellparameter

Berechnungsmethode	x_{hd}	$x_{\sigma Dfd}$	$x_{\sigma Dd}$	$x_{\sigma fd}$	r_{Dd}	r_{fd}
Gl. 3.65	1,71236	0	0,10384	0,20745	0,007463	0,001081
Gln. 3.66 bis 3.72	1,71236	0	0,09945	0,22751	0,007241	0,001171
Gln. 3.66 bis 3.72	1,71236	−0,20806	0,89118	0,40247	0,032241	0,001040
Gln. 3.66 bis 3.72	1,71236	−0,18838	0,78140	0,38424	0,028944	0,001044
Gln. 3.89 bis 3.92	1,71236	−0,18838	0,78140	0,38424	0,028944	0,001044
Gln. 3.66 bis 3.72	1,71101	−0,18500	0,76791	0,38119	0,028575	0,001045
Gln. 3.66 bis 3.72	1,711	−0,185	0,76789	0,38118	0,028574	0,001045

Für die Datenzeile 3 wurde die nach [6] bestimmte gemeinsame Streureaktanz der Rotorkreise verwendet, während in den beiden folgenden Datenzeilen der mit $T_{\sigma Dd}$ aus dem Erregerstrom-Zeitverlauf des Stoßkurzschlusses nach Gl. 3.87 berechnete Wert benutzt wurde. Im Gegensatz zu Datenzeile 4, deren Modellparameter mit dem konventionellen Formelsatz bestimmt wurden, kam für Datenzeile 5 der Polsystem-Formelsatz zur Anwendung; beide Berechnungsmethoden sind gleichwertig und liefern übereinstimmende Ergebnisse. Die mit den Kenngrößen des bei $i_d(0) = 0,1$ durchgeführten Gleichstrom-Abklingversuches berechneten Modellparameter (Datenzeile 6) zeigen die geringsten Unterschiede zu den Vergleichswerten in Datenzeile 7 und lassen damit diese Bestimmungsmethode als Vorzugsvariante erscheinen, gefolgt vom Stoßkurzschluss unter Einschluss der $x_{\sigma Dfd}$-Bestimmung mit Hilfe von $T_{\sigma Dd}$ aus dem Erregerstrom-Zeitverlauf und Anwendung des Polsystem-Formelsatzes (Datenzeile 5).

Hingewiesen sei jedoch darauf, dass hier unter idealen Bedingungen für eine ideale Maschine Übergangsvorgänge simuliert und ausgewertet wurden, um so die Ursachen für die Unterschiede benennen zu können. In der Praxis wird man dagegen stets mit kaum vermeidbaren Unzulänglichkeiten bei der Versuchsdurchführung und -auswertung konfrontiert, etwa mit ungleichmäßigem Schalten oder Prellen der Schaltkontakte, mit Störsignalen auf den Messleitungen oder der begrenzten Genauigkeit der grafischen bzw. numerischen Auswertung. Außerdem beschreibt das verwendete mathematische Modell ja nur eine idealisierte Maschine und vernachlässigt verschiedene Effekte meist untergeordneter Bedeutung realer Maschinen ganz oder teilweise, insbesondere die Oberschwingungen/Oberwellen von Durchflutungen und Flüssen sowie deren gegenseitige Beeinflussungen, die Sättigungsabhängigkeit von Koppel- und Streuinduktivitäten sowie die Hysterese. Deshalb muss bei der Kenngrößenermittlung an realen Maschinen oft mit deutlich größeren Unsicherheiten gerechnet werden.

Literatur

1. DIN EN 60034-4 (VDE 0530-4:2009-04): Drehende elektrische Maschinen – Verfahren zur Ermittlung der Kenngrößen von Synchronmaschinen durch Messungen.

2. Müller, G.: Fehlerquellen bei der Bestimmung der Parameter von Synchronmaschinen aus der Auswertung des Stoßkurzschlußvorganges und des Vorganges bei der Aufhebung des Kurzschlusses. Wiss. Zeitschr. der Hochschule für Elektrotechnik Ilmenau **9**(2), 143–149 (1983)

3. Müller, G., Ponick, B.: Theorie elektrischer Maschinen, 6. Aufl. Wiley-VCH, Weinheim (2009)

4. Sellschopp, F.S., Arjona, M.A.: DC decay test for estimating d-axis synchronous machine parameters: a two-transfer-function approach. IEE Proc. – Electr. Power Appl **153**(1), 123–128 (2006)

5. Oswald, B., Siegmund, D.: Berechnung von Ausgleichsvorgängen in Elektroenergiesystemen. Deutscher Verlag für Grundstoffindustrie, Leipzig (1991)

6. Canay, I.M.: Determination of model parameters of synchronous machines. IEE PROC **130**(2), 86–94 (1983). Pt. B

Berücksichtigung der magnetischen Sättigung 4

Zusammenfassung

Zur näherungsweisen Berücksichtigung von Sättigungserscheinungen im magnetischen Kreis werden für alle Haupt- und Streuflussverkettungen sowohl in der Längs- als auch in der Querachse separate degressiv-nichtlineare Magnetisierungskennlinien eingeführt. Bewährt hat sich ein inverser Ansatz $i = i(\psi)$, bestehend aus einem linearen Term für niedere und knickfrei angeschlossen einem Potenzterm für höhere ψ-Werte; der zugehörige Induktivitätsansatz und die Vorgehensweise zur Bestimmung der Kennlinienparameter werden angegeben. Bei den Streuflussverkettungen kann oft auf den exponentiellen Term verzichtet werden.

Meist wird die Leerlaufkennlinie als Näherung für die Hauptfluss-Kennlinie der Längsachse verwendet und aus dieser anschließend die Hauptfluss-Kennlinie der Querachse bestimmt. Die bei höherer Aussteuerung gegenüber Leerlauf erhöhte Sättigung im Bereich Pol – Poljoch – Pol lässt sich durch eine Erregerstrom-Korrektur kompensieren, ein Verfahren zur experimentellen Bestimmung der dafür erforderlichen Korrekturkennlinie wird erläutert.

Durch eine elliptische Korrektur kann in dem so entstandenen nichtlinearen Drehstrommaschinen-Modell zusätzlich die gegenseitige Schwächung der Haupt- und ggf. auch der Streuflüsse von Längs- und Querachse berücksichtigt werden.

4.1 Allgemeines zur magnetischen Sättigung

Zur Führung des magnetischen Flusses, zur Verminderung des magnetischen Spannungsabfalls und zur Formung des Luftspaltfeldes kommt in elektrischen Maschinen sowohl im Ständer als auch im Läufer Eisen in Form von Dynamoblech oder Dynamostahl zum Einsatz. Die magnetische Leitfähigkeit (Permeabilität) des Eisens vermindert sich bei höheren Feldstärken deutlich, der Zusammenhang zwischen Durchflutung und Fluss oder

© Springer Fachmedien Wiesbaden 2015

H. Mrugowsky, *Drehstrommaschinen im Inselbetrieb*, DOI 10.1007/978-3-658-08990-0_4

Strom und Flussverkettung ist degressiv nichtlinear. Für das in Kap. 2 dargestellte mathematische Modell der „linearen" Drehstrommaschine wurde diese magnetische Sättigung noch vernachlässigt. Moderne Maschinen sind jedoch so hoch ausgenutzt, dass relativ kleine Änderungen des Arbeitspunktes bereits zu einem veränderten Betriebsverhalten führen. Besonders bemerkbar macht sich die Sättigung z. B. bei Generatoren, die bei stark induktiver Belastung einen deutlich höheren Erregerstrom zum Erreichen der Nennspannung benötigen, als es dem linearen Modell entsprechen würde. Deshalb ist für genauere Untersuchungen die Berücksichtigung der magnetischen Sättigung im mathematischen Modell der Drehstrommaschine unumgänglich.

Für eine praktikable Berücksichtigung der nichtlinearen Eigenschaften des magnetischen Kreises und deren Auswirkungen auf die magnetischen Kopplungen der Wicklungen sind im Vergleich zum „linearen" Drehstrommaschinen-Modell zusätzliche Voraussetzungen und Annahmen erforderlich. So sei unterstellt, dass sich die Feldverteilung in der Maschine durch Sättigungserscheinungen nicht prinzipiell ändert, dass insbesondere die Koppelbeziehungen zwischen den Wicklungen und die Aufteilung in sich gegenseitig nicht beeinflussende Haupt- und Streuflüsse vorerst beibehalten werden können. Das bedeutet, dass die Änderung des Sättigungszustandes eines Hauptflussabschnittes beim Hinzukommen eines beliebigen Streuflussanteiles vernachlässigt wird; eine mögliche Art der Korrektur wird in Abschn. 4.3 aufgezeigt. Auch die Annahme, dass die magnetischen Vorgänge in Längs- und Querachse sich gegenseitig nicht beeinflussen, wird vorerst aufrechterhalten; hier erfolgt eine Erweiterung in Abschn. 4.4.

Beibehalten wird selbstverständlich das Prinzip der Grundwellenverkettung. Längs des Luftspaltes wird also weiterhin von sinusförmigen Durchflutungs- und Induktionsverteilungen ausgegangen. Die als Folge der Sättigung eigentlich auftretende Abplattung der Induktionsverteilung wird durch eine verringerte Amplitude der Grundwelle ersetzt, die entstehenden Oberwellen und ihre Folgen (Oberschwingungen in den induzierten Spannungen, Oberwellenmomente) werden vernachlässigt.

Infolge der Relativbewegung von Ständer und Läufer zueinander unterscheiden sich die örtlichen Magnetisierungsvorgänge im Anker und Rotor. Das ist besonders ausgeprägt beim stationären synchronen Betrieb, bei dem normalerweise im Rotor ein Gleichfeld besteht, während über den Stator ein Drehfeld hinwegstreicht, an jeder Stelle also ein Wechselfeld mit Netzfrequenz zu beobachten ist und daher je Netzperiode eine Hystereseschleife durchlaufen wird. Bei asynchronem Betrieb unterliegt auch das Rotormaterial einem Wechselfluss, allerdings mit einer anderen, bei Asynchronmaschinen im Normalbetrieb meist sehr geringer (Schlupf-)Frequenz. Diese örtlich unterschiedlichen Ummagnetisierungen werden durch die Zwei-Achsen-Darstellung der Drehstrommaschine im Rotor (Polsystem) achsenbezogen näherungsweise, im Ständer (Ankersystem) jedoch gar nicht abgebildet.

Zur summarischen Beschreibung der Magnetisierungsverhältnisse wird der magnetische Kreis längs charakteristischer Feldlinien betrachtet. Die Hauptfeldlinie des Längshauptfeldes durchläuft die Abschnitte Luftspalt – Ständerzähne – Ständerrücken – Ständerzähne – Luftspalt – Läuferzähne – Läuferrücken – Läuferzähne (bzw. Polschuh –

Polkern – Poljoch – Polkern – Polschuh). Die Luftspaltlänge ist selbst bei Synchronmaschinen im Verhältnis zur Gesamtlänge der Hauptfeldlinie gering. Bei normal ausgelegten Maschinen treten die höchsten Induktionen mit etwa 2 bis 2,8 Tesla im Bereich der Ständer- und Läuferzähne auf, dort ist also die Sättigung am höchsten. Dagegen ist der Anteil der Luftstrecken bei den Streufeldlinien sowohl im Ständer als auch im Läufer fast immer relativ groß, so dass sich die Sättigung in diesen Bereichen meist weniger bemerkbar macht. Das gilt insbesondere für Synchronmaschinen, bei denen wohl immer von konstanten Streuinduktivitäten ausgegangen werden kann. Bei Asynchronmaschinen mit ihrem deutlich geringeren Luftspalt und den tief liegenden Rotornuten oder in Bohrungen eingeschobenen Rotorstäben kommen bei hohen Strömen (Anlauf) jedoch auch die Streuwege, insbesondere im Rotor, in Sättigung. Auf die Besonderheiten der Asynchronmaschinen wird im Kap. 6 näher eingegangen.

In der Querachse liegen prinzipiell gleiche Verhältnisse vor wie in der Längsachse. Bei Synchronmaschinen, speziell bei Schenkelpolmaschinen, wirkt sich jedoch der größere effektive Luftspalt in der Querachse linearisierend aus, so dass hier die Sättigung oft auch beim Hauptfluss unberücksichtigt bleiben kann.

Das Sättigungsverhalten längs der Hauptfeldlinien eines Haupt- oder Streuflusses lässt sich prinzipiell durch eine vom Strom abhängige sogenannte statische Induktivität

$$l_{stat}(i_{AP}) = \left. \frac{\psi}{i} \right|_{AP} \tag{4.1}$$

oder direkt durch eine arbeitspunktabhängige Flussverkettungsfunktion $\psi(i_{AP})$ charakterisieren. Die in den Spannungsgleichungen des Drehstrommaschinen-Modells (Kap. 2) auftretende zeitliche Ableitung erfordert beim $l(i)$-Ansatz die Anwendung der Produktenregel

$$\frac{d\psi(i)}{d\tau} = \frac{d[l_{stat}(i)i]}{d\tau} = \frac{dl_{stat}(i)}{di}i + l_{stat}(i)\frac{di}{d\tau}, \tag{4.2}$$

während der direkte $\psi(i)$-Ansatz durch die Anwendung der Kettenregel den wesentlich einfacheren Ausdruck mit der sogenannten dynamischen Induktivität $l_{dyn}(i)$ liefert:

$$\frac{d\psi(i)}{d\tau} = \frac{d\psi(i)}{di}\frac{di}{d\tau} = l_{dyn}(i)\frac{di}{d\tau}. \tag{4.3}$$

Da sich auch der nichtlineare $\psi(i)$-Zusammenhang leichter beschreiben lässt, wird nur dieser als Magnetisierungs- oder Sättigungskennlinie bezeichnete $\psi(i)$-Ansatz weiter verfolgt.

Bei der Angabe von Induktivitäten und Reaktanzen wird unterschieden zwischen gesättigten und ungesättigten Werten. Die gesättigten Werte sind bei Nennspannung zu bestimmen, die ungesättigten bei Nennstrom. Eine Ausnahme bilden die Synchronreaktanzen, die nur als ungesättigt bezeichnet werden, wenn sie bei entsprechend verminderter Spannung ermittelt wurden, ansonsten erhält man gesättigte Werte. Zu beachten ist weiterhin, dass die Reaktanzen normalerweise als Quotient aus einer Spannung und einem Strom ermittelt werden, also statische Reaktanzen darstellen. Diese sind nur ungesättigt im engeren Sinne, wenn sie aus dem ungesättigten Teil ihrer Magnetisierungskennlinien stammen. Das gilt auch für alle Ausgangsgrößen bei der Berechnung der transienten und subtransienten Reaktanzen, also alle eingerechneten Haupt- und Streureaktanzen.

4.2 Mathematische Beschreibung der Sättigungseigenschaften

4.2.1 Hauptflussverkettung der Längsachse $\psi_{hd}(i_{hd})$

Abbildung 4.1 zeigt den typischen Verlauf einer Magnetisierungskennlinie, wie sie beim Leerlaufversuch einer Synchronmaschine mit $\omega = 1$ als $u_0 = u_0(i_{Fd0}) = \omega\psi_{hd}(i_{Fd0})$ aufgenommen werden kann. Der in die Erregerwicklung eingespeiste Leerlauf-Erregerstrom ist mit i_{Fd0} bezeichnet. Da beim Leerlaufversuch die Kennlinie abwärts, also mit der höchsten Spannung u_{max} beginnend, aufgenommen wird (Aberregungskurve), stellt sich eine Remanenzspannung $u_0(0) = u_r = \omega\psi_{rd}$ ein, zu deren Beseitigung ein kleiner negativer Erregerstrom

$$i_{Fd0} = -i_{rd} = -\frac{\psi_{rd}}{l_{hd}} \tag{4.4}$$

benötigt wird. Bei Fortsetzung erhält man den zum Schnittpunkt mit der Abszisse $(-i_{rd};$ 0) punktsymmetrischen Negativ-Ast der Kennlinie (ausgezogene Linie). Wird der Leerlauferregerstrom i_{Fd0} anschließend vom negativen bis zum positiven Sättigungswert erhöht, bekommt man infolge der Hysterese im magnetischen Material des Polsystems eine nach rechts verschobene Auferregungskurve mit dem Abszissenschnittpunkt bei einem positiven Erregerstromwert (gestrichelte Linie). Bei nachfolgender Verringerung des Erregerstromes erhält man wieder annähernd die links liegende Aberregungskurve. Dieses Hystereseverhalten wird primär durch die magnetischen Eigenschaften des durch den Erregergleichfluss belasteten Rotormaterials bestimmt. Im Gegensatz dazu laufen die Ummagnetisierungsvorgänge in den Ankerabschnitten Ankerzähne – Ankerjoch – Ankerzähne mit der Ankerfrequenz ab, so dass für diese Abschnitte in der quasistationär aufgenommenen Leerlaufkennlinie zwar ein durch den Luftspaltfluss bestimmter mittlerer Sättigungszustand berücksichtigt wird, die Hysterese im Ankereisen hat dagegen keine Auswirkungen auf die Hysterese der Leerlaufkennlinie. Der zu einem Erregerstrom i_{Fd0} sich einstellende Leerlauf-Spannungswert $u_0(i_{Fd0})$ ist damit nur von der magnetischen Vorgeschichte des magnetischen Materials des Polsystems abhängig. Die Auswirkungen der Hysterese sind bei modernen Dynamoblechen und -stählen jedoch gering, ihre Berücksichtigung aber überaus kompliziert und aufwändig. Deshalb werden die Hystereseeffekte bei Simulationsmodellen auf der Basis gewöhnlicher Differentialgleichungen allgemein vernachlässigt, so dass sich Aberregungs- und Auferregungskurve dann nicht unterscheiden und die Kennlinie prinzipiell durch den Ursprung verläuft. Lediglich bei andauernder einseitiger Magnetisierung, wie sie bei Synchronmaschinen normalerweise für den Haupt-

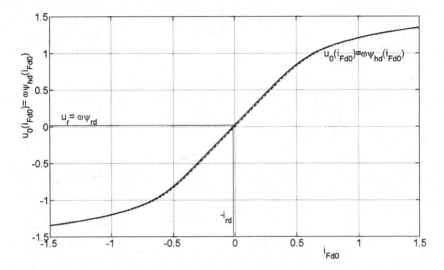

Abb. 4.1 Hysteresekurve einer Drehstrom-Synchronmaschine bei Leerlauf

fluss der Längsachse auftritt, kann eine Verschiebung der Magnetisierungskurve längs der Abszisse um i_{rd} zur Berücksichtigung der Remanenz ψ_{rd} sinnvoll sein.

Bei stationärem Leerlauf ($i_d = 0$, $i_q = 0$, $i_{Dd} = 0$, $i_{Dq} = 0$) bildet sich in der Maschine ein reines Längsfeld aus. Außerdem gilt nach dem linearen Modell $i_{hd} = i_{fd} = i_{Fd0}$ mit dem in die fd-Erregerwicklung eingespeisten Erregerstrom i_{Fd0}. Deshalb wird die Leerlaufkennlinie $u_0(i_{Fd0})$ bei $\omega = 1$ gleichzeitig als Magnetisierungskennlinie für den Hauptfluss der Längsachse $\psi_{hd}(i_{hd})$ verwendet. Meist beschränkt man sich bei der Darstellung wegen der Punktsymmetrie auf den positiven Kennlinien-Ast (Abb. 4.2). Den Negativ-Ast bilden die negativ genommenen ψ_{hd}- und i_{hd}-Werte des Positiv-Astes, letztere bei Remanenz korrigiert um $2i_{rd}$. Die l_{hd}-Verläufe sind achsensymmetrisch zu $i_{hd} = -i_{rd}$, stimmen also für den Positiv- und den Negativ-Ast der ψ_{hd}-Kennlinie überein. Im ungesättigten Bereich um den Ursprung herum sind die statische und die dynamische Induktivität gleich groß und konstant.

Für das mathematische Modell wird nun eine möglichst praktikable und hinreichend genaue Beschreibung nicht nur dieses nichtlinearen $\psi_{hd}(i_{hd})$-Verlaufes, sondern auch der örtlichen Ableitung, also der dynamischen Induktivität $l_{hd}(i_{hd})$ benötigt.

Folgende Darstellungsvarianten haben sich bewährt (Abb. 4.2):

a) i_{hd}-ψ_{hd}-Tabelle
Am einfachsten erscheint es, die beim Leerlaufversuch aufgenommenen i_{Fd0}-u_0-Wertepaare, ggf. nach einer ω-Korrektur, falls die Wertepaare nicht genau bei $\omega = 1$ aufgenommen wurden, als i_{hd}-ψ_{hd}-Tabelle im Modell abzulegen. Zwischenwerte können durch lineare oder Spline-Interpolation gewonnen werden, und auch die Bestimmung des Anstieges im Arbeitspunkt ist einfach. Fällt der Arbeitspunkt auf einen Messpunkt, ist der

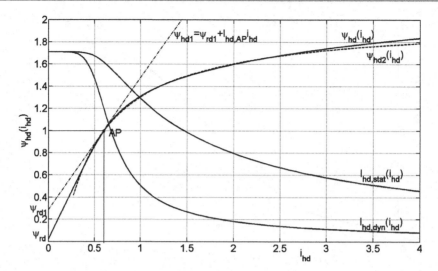

Abb. 4.2 Magnetisierungskennlinie $\psi_{hd}(i_{hd})$ und Näherungen um den Arbeitspunkt AP $\psi_{hd1}(i_{hd})$ und $\psi_{hd2}(i_{hd})$ sowie Verlauf der Hauptinduktivitäten $l_{hd,dyn}(i_{hd})$ und $l_{hd,stat}(i_{hd})$

Anstieg der Kurve im nichtlinearen Bereich jedoch nicht definiert; er sollte dann aus den beiden benachbarten Punkten bestimmt werden. Sprünge und Schwingungen im $l_{hd}(i_{hd})$-Verlauf sind dabei nicht ganz vermeidbar, sie können die Ursache bei rechentechnischen Problemen sein.

b) Linearer Ansatz für einen begrenzten Arbeitsbereich

Bei vielen Untersuchungen (z. B. ohmsch-induktive Lastschaltungen) kann unterstellt werden, dass sich der Hauptfluss ψ_{hd} auch dynamisch nur wenig ändert, z. B. um weniger als 10 %. Dann kann für diesen Bereich eine Linearisierung um einen mittleren Arbeitspunkt der Kennlinie vorgenommen werden mit einer für diesen Bereich angepassten konstanten Induktivität l_{hd1} und einer (relativ großen!) fiktiven Remanenz-Flussverkettung ψ_{rd1}:

$$\psi_{hd1}(i_{hd}) = \psi_{rd1} + l_{hd1}i_{hd} \quad \text{für} \quad \psi_{hd1,min} < \psi_{hd1} < \psi_{hd1,max}. \tag{4.5}$$

Zu den Grenzen des angenommenen Gültigkeitsbereiches hin steigen die Fehler natürlich deutlich an.

c) Nichtlinearer Ansatz für einen begrenzten Arbeitsbereich

Ebenfalls für einen begrenzten, jedoch meist größeren Arbeitsbereich eignet sich der einfache nichtlineare Ansatz mit einer gebrochenen Funktion

$$\psi_{hd2}(i_{hd}) = \frac{i_{hd} - c}{a + b(i_{hd} - c)} \quad \text{für} \quad \psi_{hd2,min} < \psi_{hd2} < \psi_{hd2,max}, \tag{4.6}$$

insbesondere um den normalen Arbeitspunkt $\psi_{hd} \approx 1$ herum, bei dem die Kennlinie meist bereits gleichmäßig gekrümmt („teilgesättigt") ist. Der Ansatz ist nicht geeignet für den annähernd linearen, ungesättigten Bereich, und auch im hoch gesättigten Bereich weicht die Näherungskurve $\psi_{hd2}(i_{hd})$ recht stark von der Originalkurve $\psi_{hd}(i_{hd})$ ab. Die Parameter a und b erhält man durch lineare Regression mit der Funktion

$$\left(\frac{i_{hd} - c}{\psi_{hd2}} \right) = a + b(i_{hd} - c) \tag{4.7}$$

unter Verwendung der den Arbeitsbereich charakterisierenden Wertepaare der i_{hd}-ψ_{hd}-Wertetabelle; durch Variation des zusätzlichen Parameters c lässt sich die Reststreuung minimieren. Die dynamische Induktivität folgt zu

$$l_{hd2}(i_{hd}) = \frac{a}{[a + b(i_{hd} - c)]^2}. \tag{4.8}$$

d) Exponentialansatz für die ganze Magnetisierungskennlinie (Positiv-Ast)
Eine gute Annäherung an die gesamte gemessene Leerlaufkennlinie gelingt erfahrungsgemäß mit dem inversen Ansatz

$$i_{hd}(\psi_{hd}) = \frac{\psi_{hd} - \psi_{rd}}{l_{hd0}} + \text{sign}(\psi_{hd}) \begin{cases} 0 & \text{für } |\psi_{hd}| \leq \psi_1, \\ a \left(|\psi_{hd}| - \psi_1 \right)^b & \text{für } |\psi_{hd}| > \psi_1 \end{cases} \tag{4.9}$$

mit

ψ_{rd} Remanenzflussverkettung,
l_{hd0} ungesättigte Hauptinduktivität,
$a \geq 0$ Sättigungsanteil von i_{hd} bei $\psi_{hd} = \psi_1 + 1$,
$b \geq 1$ Exponent (normalerweise nicht ganzzahlig),
$\psi_1 \geq 0$ Einsatzpunkt des nichtlinearen Kennlinienteiles.

Die Parameter ψ_{rd} und l_{hd0} werden durch eine erste lineare Regression mit den unteren Wertepaaren des näherungsweise linearen Abschnittes der Leerlaufkennlinie gewonnen, bis die Reststreuung bei Hinzunahme des nächst höheren Wertepaares infolge des Abweichens von der Geraden merkbar ansteigt. Mit den nun bekannten Werten von ψ_{rd} und l_{hd0} werden die Parameter a und b des Exponentialteiles mit nur positiven Werten von i_{hd} und ψ_{hd} über den Ansatz

$$y = \ln(a) + bx \quad \text{mit} \quad y = \ln \left(i_{hd} - \frac{\psi_{hd} - \psi_{rd}}{l_{hd0}} \right) \quad \text{und} \quad x = \ln(|\psi_{hd}| - \psi_1) \tag{4.10}$$

durch eine zweite lineare Regression bestimmt. Bei Verwendung aller Wertepaare sollten die Wertepaare des nichtlinearen Bereiches durch mehrfache Verwendung höher gewertet werden. Der Parameter ψ_1 kann anfangs null gesetzt und dann zur Minimierung der Reststreuung variiert werden.

Für die dynamische Hauptinduktivität erhält man

$$l_{hd}(\psi_{hd}) = \begin{cases} l_{hd0} & \text{für } |\psi_{hd}| \leq \psi_1, \\ \dfrac{l_{hd0}}{1+l_{hd0}ba(|\psi_{hd}|-\psi_1)^{b-1}} & \text{für } |\psi_{hd}| > \psi_1. \end{cases} \tag{4.11}$$

Benötigt man im nichtlinearen Bereich zu einem i_{hd}-Wert den zugehörigen ψ_{hd}-Wert, ist dieser iterativ zu bestimmen. Bei Anwendung des Newton-Verfahrens erhält man für den positiven Kennlinien-Ast mit der Anfangsnäherung

$$\psi_{hd,0} = l_{hd0}i_{hd} + \psi_{rd} > \psi_1 \tag{4.12}$$

die meist gut konvergierende Iterationsfunktion

$$\psi_{hd,\nu+1} = \psi_1 + \frac{\psi_{hd,\nu} - \psi_1 + (b-1)l_{hd0}a\left(|\psi_{hd,\nu}|-\psi_1\right)^b}{1 + l_{hd0}ba\left(|\psi_{hd,\nu}|-\psi_1\right)^{b-1}} \text{ mit } \nu = 0,1,2,\dots \tag{4.13}$$

4.2.2 Hauptflussverkettung der Querachse $\psi_{hq}(i_{hq})$

Während bei Asynchronmaschinen die Magnetisierungseigenschaften in Längs- und Querachse wegen des rotationssymmetrischen Aufbaus und des gleichmäßigen Luftspaltes identisch sind, also auch gleiche Magnetisierungskennlinien für die Hauptflussverkettungen in beiden Achsen gelten, unterscheiden sie sich bei Synchronmaschinen doch mehr oder weniger deutlich. Im Gegensatz zur Längsachse lässt sich die Querachsen-Magnetisierungskennlinie jedoch nicht direkt experimentell bestimmen, da in der Querachse normalerweise keine Erregerwicklung zugänglich ist. Bestimmbar ist lediglich die synchrone Querinduktivität l_q (Kap. 3), die ungesättigt für elektrisch erregte Maschinen stets kleiner ist als die ungesättigte synchrone Induktivität der Längsachse l_d. Dieser Unterschied ist überwiegend auf den in der Querachse größeren effektiven Luftspalt zurückzuführen, in viel geringerem Maße auf die unterschiedlichen magnetischen Widerstände längs der Hauptfeldlinien im Polsystem-Eisen. Lediglich bei PM-erregten Synchronmaschinen ist l_q wegen der geringen Permeabilität der im magnetischen Kreis der Längsachse liegenden Permanentmagnete mitunter größer als l_d.

Um die Sättigungseigenschaften in der Querachse wenigstens näherungsweise berücksichtigen zu können, sollen sie mit denen der Längsachse verglichen werden. Im Anker sind die Magnetisierungsverhältnisse für die Längs- und Querachse wegen des rotationssymmetrischen Aufbaus ohnehin gleich, sie werden für das Sättigungsverhalten als dominierend angenommen. Vernachlässigt man nun den wegen des unterschiedlichen Aufbaus gewiss vorhandenen Unterschied im Sättigungsverhalten längs der Hauptfeldlinien der Hauptflüsse von Längs- und Querachse im Rotoreisen, kann der Sättigungsanteil beider Kennlinien durch den gleichen nichtlinearen Ausdruck mit gleichen Parametern a, b und

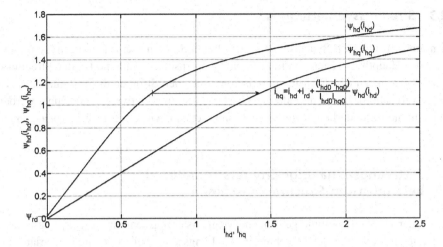

Abb. 4.3 Konstruktion der Magnetisierungskennlinie $\psi_{hq}(i_{hq})$ aus der Kennlinie $\psi_{hd}(i_{hd})$

ψ_1 charakterisiert werden. Analog zu Gl. 4.9 folgt damit für die Hauptflussverkettung der Querachse als Magnetisierungskennlinie die inverse Funktion

$$i_{hq}(\psi_{hd}) = \frac{\psi_{hq} - \psi_{rq}}{l_{hq0}} + \text{sign}(\psi_{hq}) \begin{cases} 0 & \text{für } |\psi_{hq}| \leq \psi_1, \\ a\left(|\psi_{hq}| - \psi_1\right)^b & \text{für } |\psi_{hq}| > \psi_1 \end{cases} \tag{4.14}$$

mit meist $\psi_{rq} = 0$, denn eine eindeutige Remanenz tritt in der Querachse normalerweise nicht auf. Auch hier ist der zu einem i_{hq}-Wert gehörende ψ_{hq}-Wert iterativ zu bestimmen. Abbildung 4.3 zeigt die grafische Konstruktion der ψ_{hq}-Kennlinie aus der ψ_{hd}-Kennlinie.

Für die dynamische Hauptinduktivität der Querachse erhält man

$$l_{hq}(\psi_{hq}) = \begin{cases} l_{hq0} & \text{für } |\psi_{hq}| \leq \psi_1, \\ \dfrac{l_{hq0}}{1 + l_{hq0}ba\left(|\psi_{hq}| - \psi_1\right)^{b-1}} & \text{für } |\psi_{hq}| > \psi_1. \end{cases} \tag{4.15}$$

Wegen des größeren Luftspaltes und der dadurch kleineren Querinduktivität verläuft bei Synchronmaschinen die Magnetisierungskennlinie der Querachse $\psi_{hq}(i_{hq})$ flacher als die der Längsachse (Abb. 4.3), so dass man den gesättigten Bereich erst bei größeren Strömen erreicht. Insbesondere bei Schenkelpolmaschinen wird daher oft ganz auf eine eigene Magnetisierungskennlinie für die Querachse verzichtet und mit einer konstanten, ungesättigten Hauptinduktivität $l_{hq} = l_{hq0}$ gerechnet.

Bei Asynchronmaschinen sind die ungesättigten Hauptinduktivitäten beider Achsen gleich, so dass in beiden Achsen mit derselben Magnetisierungskennlinie ohne Remanenz zu rechnen ist.

4.2.3 Streuflussverkettungen ·

Bei normal ausgelegten Synchronmaschinen treten Sättigungserscheinungen hauptsächlich in den Hauptflusswegen von Längs- und Querachse auf, während bei den Streuflussverkettungen bis zu den höchsten praktisch auftretenden Strömen die Sättigungsauswirkungen vernachlässigt und deshalb mit konstanten Streuinduktivitäten gerechnet werden kann. Auf die Besonderheiten von Asynchronmaschinen wird im Kap. 6 eingegangen.

4.3 Sättigungsabhängige Erregerstrom-Korrektur bei Drehstrom-Synchronmaschinen

Die aus der Leerlaufkennlinie gewonnene Magnetisierungskennlinie $\psi_{hd}(i_{hd})$ beschreibt das Sättigungsverhalten der Maschine in der Längsachse bei stationärem Leerlauf, also für $i_d = i_{Dd} = i_q = i_{Dq} = 0$. Die Kennlinie erfasst dabei auch den Sättigungseinfluss, der durch den Erregerstreufluss bei Leerlauf auftritt. Bei Belastung mit $i_d < 0$ muss der Erregerstrom i_{fd} zur Kompensation der Ankerrückwirkung jedoch erhöht werden, um bei gleicher Durchflutung in der Längsachse, also bei gleichem Magnetisierungsstrom i_{hd}, entsprechend der Magnetisierungskennlinie den gleichen Längsfluss durch den Luftspalt zu treiben und so die gleiche Hauptflussverkettung $\psi_{hd}(i_{hd})$ zu erhalten. Durch den größeren Erregerstrom erhöht sich jedoch auch der Erregerstreufluss $\psi_{\sigma fd}$, wodurch der Sättigungszustand in dem vom Hauptfluss und vom Erregerstreufluss gemeinsam belasteten Abschnitt Pol – Poljoch – Pol gegenüber dem Leerlaufzustand ansteigt. Das hat einen erhöhten magnetischen Widerstand für diesen Bereich zur Folge, so dass, um den gleichen Hauptfluss durch dieses Gebiet zu treiben, die Durchflutung bzw. der Erregerstrom um einen Korrekturanteil erhöht werden muss. Dieser Effekt wird durch die für Leerlauf bestimmte Magnetisierungskurve nicht erfasst.

Abbildung 4.4 zeigt die Steuerkennlinien einer Schenkelpolmaschine, also den erforderlichen Erregerstrom in Abhängigkeit vom Ankerstrom i, für verschiedene, jeweils konstant gehaltene Klemmenspannungen bei $\cos\varphi = 0$ (übererregt). Die ausgezogenen Kurven erhält man für den Erregerstrom i_{fd}, wenn für die Berechnungen die Leerlaufkurve zugrunde gelegt wird. Tatsächlich muss aber der größere Erregerstrom i_{Fd} (gestrichelte Kurve) in die Erregerwicklung eingespeist werden, um bei Belastung die vorgegeben Spannungswerte zu erreichen. Dieser Effekt ist bei rein induktiver Belastung am stärksten ausgeprägt.

Für stationäre Zustände, z. B. bei der Bestimmung des Nennerregerstromes mit Hilfe des Potier-Diagramms [1], wird dieser Effekt mit Hilfe einer vergrößerten Ankerstreureaktanz, der Potier-Reaktanz $x_P > x_{\sigma a}$, näherungsweise kompensiert. Dieses Verfahren eignet sich jedoch nicht für dynamische Untersuchungen, da eine vergrößerte Ankerstreureaktanz zu kleine Ausgleichströme zur Folge hätte. Außerdem liegt die Ursache ja nicht im Anker, sondern in der erhöhten Sättigung des Polsystems. Deshalb wird für das dynamische Drehstrommaschinen-Modell in Anlehnung an die Berechnungspraxis ein Zusatz-Erregerstrom i_{pd} eingeführt [2], der hier jedoch lediglich den zusätzlichen sättigungsbe-

Abb. 4.4 Steuerkennlinien $i_{fd} = f(i)$ und $i_{Fd} = f(i)$ für $u = $ konst. und $\cos\varphi = 0$, übererregt

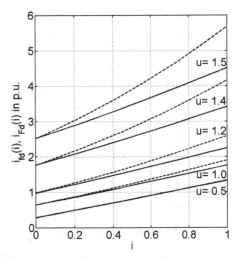

dingten magnetischen Spannungsabfall im Abschnitt Pol – Poljoch – Pol kompensieren soll. Dieser Zusatz-Erregerstrom i_{pd} hat keinen Einfluss auf die resultierende Durchflutung der Längsachse, ist also auch nicht Teil des Magnetisierungsstromes i_{hd}, und wird in Abhängigkeit von der Gesamtflussverkettung ψ_{fd} der Erregerwicklung

$$\psi_{fd} = \psi_{hd}(i_{hd}) + l_{\sigma Dfd}i_{Dd} + (l_{fd} - l_{hd0})i_{fd},\tag{4.16}$$

durch eine gesonderte Zusatz-Magnetisierungskennlinie $\psi_{fd} = \psi_{fd}(i_{pd})$ oder in inverser Form

$$i_{pd}(\psi_{fd}) = \text{sign}(\psi_{fd})\begin{cases} 0 & \text{für } |\psi_{fd}| \leq \psi_{p1}, \\ a_p(|\psi_{fd}| - \psi_{p1})^{b_p} & \text{für } |\psi_{fd}| > \psi_{p1} \end{cases}\tag{4.17}$$

charakterisiert (Abb. 4.5). l_{fd} ist in Gl. 4.16 die Selbstinduktivität der Erregerwicklung. Der Gesamt-Erregerstrom i_{Fd}, der in die Erregerwicklung einzuspeisen ist, lautet damit

$$i_{Fd} = i_{fd} + i_{pd}.\tag{4.18}$$

Durch die Abtrennung des Sättigungsverhaltens im Hauptflussabschnitt Pol – Poljoch – Pol unterscheiden sich nun die Magnetisierungskennlinie der Hauptflussverkettung $\psi_{hd}(i_{hd})$ und die durch $\omega = 1$ geteilte Leerlaufkennlinie $\psi_{hd}(i_{Fd0})$ um diesen Sättigungsanteil. Für stationären Leerlauf mit $i_{Dd} = 0$ gilt bei Sättigung

$$u_0(i_{Fd0}) = \omega\psi_{hd}(i_{Fd0}) \neq \omega\psi_{hd}(i_{hd}) \quad \text{mit}$$
$$i_{hd} = i_{fd}, i_{Fd0} = i_{fd} + i_{pd}, i_{pd} = i_{pd}(\psi_{fd}) \quad \text{und}\tag{4.19}$$
$$\psi_{fd} = \psi_{hd}(i_{hd}) + (l_{fd} - l_{hd0})i_{fd}.$$

Tritt Sättigung auf den Wegen des Hautflusses in der Längsachse allein im Abschnitt Ankerzähne – Ankerrücken – Ankerzähne auf, stimmen die Kennlinien $\psi_{hd}(i_{hd})$ und $\psi_{hd}(i_{Fd0})$

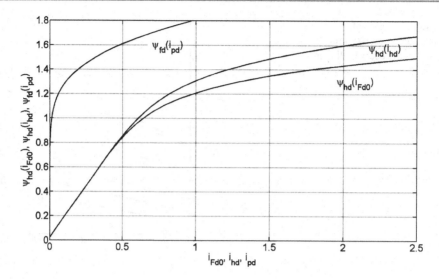

Abb. 4.5 Magnetisierungskennlinien $\psi_{hd}=f(i_{Fd0})$, $\psi_{hd}=f(i_{hd})$ und $\psi_{fd}=f(i_{pd})$

vollständig überein, die Kennlinie $\psi_{fd}(i_{pd})$ entartet zur Geraden auf der Ordinate. Ist die Sättigung dagegen vollständig im Bereich Pol – Poljoch – Pol konzentriert, der Ankerabschnitt also dauernd vollständig ungesättigt, gilt für die Hauptflussverkettung in Abhängigkeit vom Magnetisierungsstrom die Grenzgerade $\psi_{hd,gr}=l_{hd0}(i_{hd}+i_{rd})$, während die stationäre Grenzkennlinie $i_{pd}(\psi_{fd,gr})$ aus der inversen Leerlaufkennlinie $i_{Fd0}(\psi_{hd})$ berechnet werden kann zu

$$i_{pd} = \text{sign}(\psi_{hd}^*) \begin{cases} 0 & \text{für } |\psi_{hd}^*| \leq \psi_1, \\ a\left(|\psi_{hd}^*| - \psi_1\right)^b & \text{für } |\psi_{hd}^*| > \psi_1 \end{cases} \tag{4.20}$$

$$\text{mit} \quad \psi_{hd}^* = \psi_{rd} + \frac{l_{hd0}}{l_{fd}}(\psi_{fd,gr} - \psi_{rd}). \tag{4.21}$$

Die Parameter ψ_{rd}, l_{hd0}, a, b und ψ_1 entsprechen dabei denen der zur Leerlaufkennlinie inversen Kennlinie $i_{Fd0}(\psi_{hd})$.

Ist Sättigung längs der Hauptfeldlinien des Längsachsen-Hauptflusses sowohl im Ankerabschnitt als auch im Polsystem zu verzeichnen, liegt die Magnetisierungskennlinie $\psi_{hd}(i_{hd})$ zwischen der Kennlinie $\psi_{hd}(i_{Fd0})$ und der durch l_{hd0} bestimmten Geraden und die Magnetisierungskennlinie $\psi_{fd}(i_{pd})$ zwischen der Ordinate und der Inversen der durch Gl. 4.20 und 4.21 charakterisierten Grenzkennlinie $\psi_{fd,gr}$ (Abb. 4.6). Durch die beiden Magnetisierungskennlinien $\psi_{hd}(i_{hd})$ und $\psi_{fd}(i_{pd})$ lässt sich das Sättigungsverhalten in der Längsachse einer Drehstrom-Synchronmaschine damit auch für beliebige Sättigungsverteilungen besser charakterisieren als allein mit der aus der Leerlaufkennlinie abgeleiteten Kennlinie $\psi_{hd}(i_{Fd0})$.

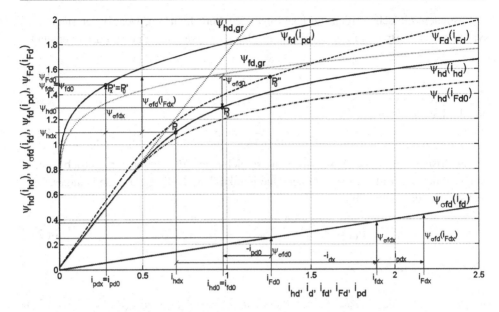

Abb. 4.6 Konstruktionsprinzip für die Magnetisierungskennlinien $\psi_{hd}(i_{hd})$ und $\psi_{fd}(i_{pd})$ aus der Kennlinie $\psi_{hd}(i_{Fd0})$ mit den Messwerten induktiver Lastpunkte P_x

Die Magnetisierungskennlinien $\psi_{hd}(i_{hd})$ und $\psi_{fd}(i_{pd})$ lassen sich für eine reale Synchronmaschine bei stationärem Betrieb relativ einfach bestimmen. Dafür werden zu der Maschine folgende Daten benötigt:

- Kennlinie $\psi_{hd}(i_{Fd0})$, aufgenommen im Leerlaufversuch,
- Parameter r_a, $l_{\sigma a}$, l_{hd0}, l_{fd} und l_q, alle Induktivitäten ungesättigt,
- Messwerte u_x, i_x, $\cos\varphi_x$, ω_x (≈ 1) und i_{Fdx} für dreisträngig-symmetrische Lastpunkte P_x mit $\cos\varphi_x \approx 0$ übererregt bei Spannungen im Bereich $0{,}5 < u_x < 1{,}5$ und Stromwerten im Bereich $0{,}5 < i_x < 1{,}2$.

Der Index x kennzeichnet hier Lastpunkt-Größen. Rein induktive Lastpunkte eignen sich besonders gut, weil sie einerseits für eine vorgegebene Spannung eine hohe Übererregung erfordern und dadurch ein starkes Erregerstreufeld besitzen, andererseits aber dabei die Querachse ungesättigt bleibt und keine große Antriebsleistung für die Synchronmaschine benötigt wird. Die insgesamt mindestens 50 Lastpunkte sollten möglichst gleichmäßig sowohl den Spannungs- als auch den Strombereich überstreichen. Realisieren lassen sich die Lastpunkte im Parallelbetrieb mit einer zweiten Synchronmaschine oder mit Hilfe eines Pulsstromrichters, notfalls auch eingeschränkt durch einen Stelltransformator mit großer Streureaktanz am starren Netz oder mit einer einstellbaren Drosselspule.

Besonders einfach werden die nachfolgenden Berechnungen, wenn jeder stationäre symmetrische Lastpunkt P_x durch eine äquivalente passive Last mit dem Lastwiderstand

$$r_x = -\frac{u_x}{i_x} \cos \varphi_x \tag{4.22}$$

und der Lastinduktivität

$$l_x = -\frac{u_x}{i_x \omega_x} \sin \varphi_x \tag{4.23}$$

charakterisiert wird. Die Anker-Spannungsgleichungen für stationären Betrieb lauten dann mit der ungesättigten synchronen Querinduktivität, da die Querachse ja ungesättigt sein soll, für die Längsachse

$$u_{dx} = r_a i_{dx} - \omega_x l_q i_{qx} = -r_x i_{dx} + \omega_x l_x i_{qx} \tag{4.24}$$

und für die Querachse

$$u_{qx} = r_a i_{qx} + \omega_x (\psi_{hdx} + l_{\sigma a} i_{dx}) = -r_x i_{qx} - \omega_x l_x i_{dx}. \tag{4.25}$$

Setzt man nun

$$r_{ax} = r_a + r_x, \quad l_{ax} = l_{\sigma a} + l_x \quad \text{und} \quad l_{qx} = l_q + l_x, \tag{4.26}$$

erhält man die Laststrom-Längskomponente zu

$$i_{dx} = -\frac{i_x}{\sqrt{1 + \left(\frac{r_{ax}}{\omega_x l_{qx}}\right)^2}} \tag{4.27}$$

und die für den Lastpunkt P_x erforderliche Hauptflussverkettung der Längsachse zu

$$\psi_{hdx} = \frac{l_{ax} + l_{qx}\left(\frac{r_{ax}}{\omega_x l_{qx}}\right)^2}{\sqrt{1 + \left(\frac{r_{ax}}{\omega_x l_{qx}}\right)^2}} i_x. \tag{4.28}$$

Für die Versuchsplanung eignen sich die Näherungsbeziehungen

$$i_{dx} \approx -i_x \quad \text{und} \quad \psi_{hdx} \approx \frac{u_x}{\omega_x} + l_{\sigma a} i_x. \tag{4.29}$$

Neben der Kennlinie $\psi_{hd}(i_{Fd0})$ aus dem Leerlaufversuch wird für die Konstruktion der Magnetisierungskennlinie $\psi_{hd}(i_{hd})$ noch die Hilfskennlinie

$$\psi_{Fd}(i_{Fd0}) = \psi_{hd}(i_{Fd0}) + \psi_{\sigma fd}(i_{Fd0}) \tag{4.30}$$

benötigt (Abb. 4.6). Der Erregerstreufluss folgt wegen $i_{Dd} = 0$ zu

$$\psi_{\sigma fd}(i_{Fd0}) = (l_{fd} - l_{hd})i_{Fd0} \tag{4.31}$$

Die Hilfskennlinie lässt sich bei Leerlauf wegen

$$i_{Fd0} = i_{hd0} + i_{pd0} \tag{4.32}$$

auch in der Form

$$\begin{aligned} \psi_{Fd}(i_{Fd0}) &= [\psi_{hd}(i_{hd0}) + \psi_{\sigma fd}(i_{hd0})] + (l_{fd} - l_{hd})i_{pd0} \\ &= \psi_{fd}(i_{pd0}) + \psi_{\sigma fd}(i_{pd0}), \end{aligned} \tag{4.33}$$

schreiben und stellt damit die Verbindung her zwischen den zu einem Leerlaufpunkt P_0 gehörenden Punkten auf den Kennlinien $\psi_{hd}(i_{Fd0})$, $\psi_{fd}(i_{pd})$ und $\psi_{hd}(i_{hd})$.

Die Konstruktion der gesuchten Magnetisierungskennlinien $\psi_{hd}(i_{hd})$ und $\psi_{fd}(i_{pd})$ erfolgt unter Verwendung der vorstehenden Beziehungen punktweise (Abb. 4.6), beginnend mit dem niedrigsten Lastpunkt P_x mit den niedrigsten Werten von u_x und i_x in folgenden Schritten:

1. Berechnung der Längsachsen-Laststromkomponente i_{dx} aus den Messwerten des Lastpunktes P_x,
2. Berechnung der für den Lastpunkt erforderlichen Hauptflussverkettung der Längsachse ψ_{hdx},
3. Bestimmung von i_{hdx} aus dem bereits bekannten Kennlinienabschnitt (Punkt P_x) von $\psi_{hd}(i_{hd})$ bzw. deren Inversen $i_{hd}(\psi_{hd})$, anfangs aus dem ungesättigten Abschnitt der Kennlinie $\psi_{hd}(i_{Fd0})$,
4. Gewinnung eines (neuen) Punktes der gesuchten $\psi_{fd}(i_{pd})$-Kennlinie in Parameterdarstellung,

$$\left. \begin{aligned} i_{pdx} &= i_{Fdx} + i_{dx} - i_{hdx} \\ \psi_{fdx} &= \psi_{hdx} + \psi_{\sigma fd}(i_{fdx}) \end{aligned} \right\} P'_x(i_{pdx}; \psi_{fdx}) \quad \text{mit} \quad i_{fdx} = i_{Fdx} - i_{pdx} \tag{4.34}$$

5. Interpretation dieses Punktes $P'_x(i_{pdx}; \psi_{fdx})$ der $\psi_{fd}(i_{pd})$-Kennlinie für Last als Punkt $P'_0(i_{pd0}; \psi_{fd0})$ für Leerlauf:

$$P'_x(i_{pdx}; \psi_{fdx}) = P'_0(i_{pd0}; \psi_{fd0}) \quad \text{mit} \quad \psi_{fd0} = \psi_{fdx} \quad \text{und} \quad i_{pd0} = i_{pdx} \tag{4.35}$$

6. Bestimmung des Punktes $P''_0(\psi_{Fd0}; i_{Fd0})$ auf der Hilfskennlinie $\psi_{Fd}(i_{Fd0})$ nach Gl. 4.30 mit,

$$\psi_{Fd0} = \psi_{fd0} + \psi_{\sigma fd}(i_{pd0}) \tag{4.36}$$

7. Bestimmung von i_{Fd0} aus der Hilfskennlinie $\psi_{Fd}(i_{Fd0})$,

8. Gewinnung eines (neuen) Punktes $P_0(i_{hd0}; \psi_{hd0})$ der gesuchten $\psi_{hd}(i_{hd})$-Kennlinie in Parameterdarstellung,

$$\left.\begin{aligned} i_{hd0} &= i_{Fd0} - i_{pd0} \\ \psi_{hd0} &= \psi_{Fd0} - \psi_{\sigma fd}(i_{Fd0}) \end{aligned}\right\} P_0(i_{hd0}; \psi_{hd0}) \tag{4.37}$$

9. Fortsetzung des Verfahrens mit dem nächsten Lastpunkt P_x bei gleicher Spannung u_x und nächst höherem Strom i_x bzw. nächst höherer Spannung u_x und niedrigstem Stromwert i_x.

Jeder neue Punkt $P_0(i_{hd0}; \psi_{hd0})$ liegt oberhalb des zu Beginn bzw. vorher benutzten Kennlinienpunktes $P_x(i_{hdx}; \psi_{hdx})$, so dass die gesuchte Magnetisierungskennlinie $\psi_{hd}(i_{hd})$ nach diesem Verfahren schrittweise extrapoliert werden kann.

Natürlich wird auch durch das Dämpferstreufeld der Sättigungszustand im mit dem Hauptfeld gemeinsam belasteten Gebiet beeinflusst. Da der Dämpferstreufluss aber nur bei dynamischen Vorgängen auftritt und weder ein sinnvolles Kriterium für seinen sättigungsrelevanten Einfluss noch ein praktikables Verfahren für dessen Berücksichtigung existiert, soll sein Einfluss unberücksichtigt bleiben.

4.4 Elliptische Korrektur der Hauptflussverkettungen

Bei einer reinen Längsdurchflutung stellt sich unter Berücksichtigung des beibehaltenen Prinzips der Grundwellenverkettung ein reines Längshauptfeld mit einer Amplitude nach Maßgabe der Magnetisierungskennlinie der Längsachse ein – analog ist es bei reiner Querdurchflutung. Treten Längs- und Querdurchflutung gemeinsam auf, ist die resultierende Durchflutung zu bilden, die in Richtung dieser Resultierenden den resultierenden Fluss antreibt. Gilt für die Längs- und die Querachse und auch für jede Lage dazwischen eine einheitliche Magnetisierungskennlinie wie bei rotationssymmetrisch aufgebauten Asynchronmaschinen, können nach dieser die Flussresultierende und daraus unter Berücksichtigung der Lage der Durchflutungsresultierenden die Flusskomponenten bestimmt werden. Da die Durchflutungsresultierende größer (minimal gleich) ist als die Längs- und die Querkomponente, stellt sich für die Flussresultierende ein höherer Sättigungszustand ein. Dadurch sind die aus der Flussresultierenden gebildeten Flusskomponenten als Folge der gegenseitigen Beeinflussung von Längs- und Querfeld kleiner, als wären sie aus den Durchflutungskomponenten direkt nach Maßgabe der einheitlichen Magnetisierungskennlinie bestimmt worden. Dieses Verfahren hat sich bei der Nachbildung von Drehstrommaschinen mit rotationssymmetrischem Aufbau bewährt.

Bei Synchronmaschinen unterscheiden sich jedoch die Magnetisierungskennlinien für die beiden Achsen, während das Sättigungsverhalten dazwischen bisher nicht definiert ist. Dafür soll deshalb angenommen werden, dass eine konstante Durchflutungsresultierende zwischen Längs- und Querachse als Folge des unterschiedlichen Luftspaltes zwischen Pol und Pollücke eine lagegleiche Flussresultierende hervorruft, deren Betrag für die Polmitte durch die Magnetisierungskennlinie der Längsachse und für die Pollücke durch die Magnetisierungskennlinie der Querachse bestimmt ist, dazwischen aber einer Viertelellipse folgt, deren eine Halbachse dem Betrag bei Längsachsen-Lage und deren andere Halbachse dem Betrag bei Querachsen-Lage entspricht. Die Lage der Flussresultierenden soll sich durch die elliptische Korrektur nicht verändern. Die Komponenten der Flussverkettungen ergeben sich für einen Betriebspunkt P_x daher durch Umrechnung im Verhältnis der elliptisch korrigierten Resultierenden ψ_{hx}^* zur Resultierenden der unkorrigierten Komponenten ψ_{hx}. Dieses Verfahren der elliptischen Korrektur geht für gleiche Magnetisierungskennlinien in Längs- und Querachse über in das oben beschriebene Vorgehen für Drehstrom-Asynchronmaschinen.

Die Anwendung der elliptischen Korrektur ist für einen konkreten Betriebspunkt P_x bei Vorliegen der beiden Magnetisierungskennlinien sehr einfach (Abb. 4.7). Zuerst werden mit dem resultierenden Magnetisierungsstrom

$$i_{hx} = \sqrt{(i_{hdx} + i_{rd})^2 + (i_{hqx} + i_{rq})^2} \tag{4.38}$$

die fiktiven Magnetisierungsströme für reine Längs- und reine Querdurchflutung

$$i_{hdx}^* = i_{hx} - i_{rd} \quad \text{und} \quad i_{hqx}^* = i_{hx} - i_{rq} \tag{4.39}$$

bestimmt. Mit ihnen erhält man nach Maßgabe der beiden Magnetisierungskennlinien $\psi_{hdx} = \psi_{hd}(i_{hdx})$ und $\psi_{hqx} = \psi_{hq}(i_{hx})$ die lastpunktabhängigen Halbachsen-Werte zu $\psi_{hd}(i_{hdx}^*)$ und $\psi_{hq}(i_{hqx}^*)$.

Die zu i_{hdx} und i_{hqx} gesuchten elliptisch korrigierten Flussverkettungen ψ_{hdx}^* und ψ_{hqx}^* folgen dann aus dem Ellipsenansatz

$$\left(\frac{\psi_{hdx}^*}{\psi_{hd}(i_{hdx}^*)}\right)^2 + \left(\frac{\psi_{hqx}^*}{\psi_{hq}(i_{hqx}^*)}\right)^2 = 1. \tag{4.40}$$

Aus den unkorrigierten Komponenten ψ_{hdx} und ψ_{hqx} und den Halbachsen-Werten $\psi_{hd}(i_{hdx}^*)$ und $\psi_{hq}(i_{hqx}^*)$ bestimmt man die lastpunktabhängigen Sättigungskoeffizienten der Achsen

$$s_d = \frac{\psi_{hd}(i_{hdx})}{\psi_{hd}(i_{hdx}^*)} \leq 1 \quad \text{und} \quad s_q = \frac{\psi_{hq}(i_{hqx})}{\psi_{hq}(i_{hqx}^*)} \leq 1 \tag{4.41}$$

sowie den resultierenden Sättigungskoeffizienten

$$s_{dq} = \sqrt{s_d^2 + s_q^2} \quad \text{mit} \quad 1 \leq s_{dq} \leq \sqrt{2}. \tag{4.42}$$

Da sich die Lage der Resultierenden durch die Korrektur nicht ändern soll, bleibt das Verhältnis der unkorrigierten und der korrigierten Komponenten zueinander gleich. Aus

$$\frac{\psi_{hdx}^*}{\psi_{hqx}^*} = \frac{\psi_{hd}(i_{hdx})}{\psi_{hq}(i_{hqx})} \tag{4.43}$$

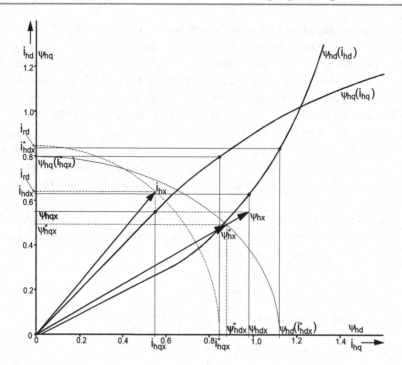

Abb. 4.7 Konstruktionsprinzip für die elliptische Korrektur der Hauptflüsse in Längs- und Querachse

erhält man durch Umstellung

$$\frac{\psi_{hdx}^{*}}{\psi_{hd}(i_{hdx})} = \frac{\psi_{hqx}^{*}}{\psi_{hq}(i_{hqx})}. \tag{4.44}$$

Damit lässt sich Gl. 4.40 umformen zu

$$\left(\frac{\psi_{hdx}^{*}}{\psi_{hd}(i_{hdx})}\right)^{2} s_{d}^{2} + \left(\frac{\psi_{hqx}^{*}}{\psi_{hq}(i_{hqx})}\right)^{2} s_{q}^{2} = \left(\frac{\psi_{hdx}^{*}}{\psi_{hd}(i_{hdx})}\right)^{2} \left(s_{d}^{2} + s_{q}^{2}\right) = 1, \tag{4.45}$$

so dass die elliptisch korrigierten Werte für die Hauptflussverkettungen der Achsen folgen zu

$$\psi_{hdx}^{*} = \psi_{hd}(i_{hdx})/s_{dq} \quad \text{und} \quad \psi_{hqx}^{*} = \psi_{hq}(i_{hqx})/s_{dq}. \tag{4.46}$$

Die elliptische Korrektur bedeutet eine betriebspunktabhängige Stauchung der Magnetisierungskennlinien mit dem resultierenden Sättigungskoeffizienten s_{dq}. In gleicher Weise sind daher auch die dynamischen Hauptinduktivitäten umzurechnen:

$$l_{hdx}^{*} = l_{hd}(i_{hdx})/s_{dq} \quad \text{und} \quad l_{hqx}^{*} = l_{hq}(i_{hqx})/s_{dq}. \tag{4.47}$$

Dieses Verfahren der elliptischen Korrektur der Hauptflussverkettungen geht von den Magnetisierungsstrom-Komponenten aus und bestimmt dazu die elliptisch korrigierten Hauptflussverkettungen. Eine Umkehrung des Verfahrens, also die Bestimmung elliptisch korrigierter Magnetisierungsstrom-Komponenten aus den Hauptflussverkettungen der Achsen, ist zwar iterativ prinzipiell möglich, jedoch nicht angezeigt, da für die sinnvolle Aufteilung der korrigierten Magnetisierungsströme auf die einzelnen Wicklungen kein widerspruchsfreies Kriterium gefunden werden konnte.

4.5 Das nichtlineare Drehstrommaschinen-Modell

Bei Berücksichtigung der Sättigung durch nichtlineare Magnetisierungskennlinien geht das mathematische Modell der verallgemeinerten „linearen" Drehstrommaschine über in das nichtlineare Drehstrommaschinen-Modell. Die Spannungsgleichungen und elektromechanischen Beziehungen können aus dem linearen Modell unverändert übernommen werden:

$$\begin{bmatrix} u_\mathrm{d} \\ u_\mathrm{q} \\ u_0 \end{bmatrix} = r_\mathrm{a} \begin{bmatrix} i_\mathrm{d} \\ i_\mathrm{q} \\ i_0 \end{bmatrix} + T_0 \frac{\mathrm{d}}{\mathrm{d}t} \begin{bmatrix} \psi_\mathrm{d} \\ \psi_\mathrm{q} \\ \psi_0 \end{bmatrix} + \omega \begin{bmatrix} -\psi_\mathrm{q} \\ \psi_\mathrm{d} \\ 0 \end{bmatrix}, \tag{4.48}$$

$$0 = r_\mathrm{Dd} i_\mathrm{Dd} + T_0 \frac{\mathrm{d}\psi_\mathrm{Dd}}{\mathrm{d}t}, \quad 0 = r_\mathrm{Dq} i_\mathrm{Dq} + T_0 \frac{\mathrm{d}\psi_\mathrm{Dq}}{\mathrm{d}t}, \tag{4.49}$$

$$u_\mathrm{fd} = r_\mathrm{fd} i_\mathrm{fd} + T_0 \frac{\mathrm{d}\psi_\mathrm{fd}}{\mathrm{d}t}, \quad u_\mathrm{fq} = r_\mathrm{fq} i_\mathrm{fq} + T_0 \frac{\mathrm{d}\psi_\mathrm{fq}}{\mathrm{d}t}, \tag{4.50}$$

$$m_\delta = \psi_\mathrm{d} i_\mathrm{q} - \psi_\mathrm{q} i_\mathrm{d}, \tag{4.51}$$

$$T_\mathrm{m} \frac{\mathrm{d}\omega}{\mathrm{d}t} = m_\delta + m_\mathrm{A}, \quad \frac{\mathrm{d}\vartheta_\mathrm{m}}{\mathrm{d}t} = \Omega_0 \omega, \quad \vartheta = z_\mathrm{p} \vartheta_\mathrm{m}. \tag{4.52}$$

Die fq-Wicklung kann bei normalen Synchronmaschinen mit nur einer Erregerwicklung in der Längsachse entfallen oder mit $u_\mathrm{fq} = 0$ zur Nachbildung eines zweiten Ersatz-Dämpferkreises in der Querachse verwendet werden. Bei Asynchronmaschinen mit Schleifringläufer verzichtet man meist auf das D-System, während bei solchen mit Kurzschlussläufer das kurzgeschlossene, also null gesetzte f-System zur Charakterisierung eines zweiten (inneren) Käfigs verwendet werden kann.

Für die Flussverkettungen werden nun die Beziehungen

$$\psi_\mathrm{d} = \psi_\mathrm{hd}(i_\mathrm{hd}) + \psi_{\sigma\mathrm{a}}(i_\mathrm{d}), \ \psi_0 = \psi_0(i_0), \ \psi_\mathrm{q} = \psi_\mathrm{hq}(i_\mathrm{hq}) + \psi_{\sigma\mathrm{a}}(i_\mathrm{q}) \tag{4.53}$$

sowie, wieder mit x statt d oder q,

$$\psi_\mathrm{Dx} = \psi_\mathrm{hx}(i_\mathrm{hx}) + \psi_{\sigma\mathrm{Dx}}(i_\mathrm{Dx}, i_\mathrm{fx}) \tag{4.54}$$

$$\psi_\mathrm{fx} = \psi_\mathrm{hx}(i_\mathrm{hx}) + \psi_{\sigma\mathrm{fx}}(i_\mathrm{Dx}, i_\mathrm{fx}) \tag{4.55}$$

mit den Magnetisierungsströmen

$$i_{hx} = i_x + i_{Dx} + i_{fx} \tag{4.56}$$

verwendet.

Die Sättigungseigenschaften der Hauptflussverkettungen von Längs- und Querachse werden zweckmäßigerweise durch den inversen Ansatz

$$i_{hx}(\psi_{hx}) = \frac{\psi_{hx} - \psi_{rx}}{l_{hx0}} + \text{sign}(\psi_{hx}) \begin{cases} 0 & \text{für } |\psi_{hx}| \leq \psi_1, \\ a\left(|\psi_{hx}| - \psi_1\right)^b & \text{für } |\psi_{hx}| > \psi_1 \end{cases} \tag{4.57}$$

charakterisiert. Zur Berechnung eines ψ_{hx}-Wertes aus einem i_{hx}-Wert im nichtlinearen Kennlinienteil eignet sich wieder die Iterationsbeziehung

$$\psi_{hx,\nu+1} = \psi_1 + \frac{\psi_{hx,\nu} - \psi_1 + (b-1)l_{hx0}a\left(|\psi_{hx,\nu}| - \psi_1\right)^b}{1 + l_{hx0}ba\left(|\psi_{hx,\nu}| - \psi_1\right)^{b-1}} \tag{4.58}$$

$$\text{mit} \quad \nu = 0,1,2,\dots$$

mit

$$\psi_{hx,0} = (i_{hx} + i_{rx})l_{hx0} > \psi_1 \tag{4.59}$$

als Anfangsnäherung.

Aus Gl. 4.57 ergeben sich die dynamischen Hauptinduktivitäten beider Achsen zu

$$l_{hx}(\psi_{hx}) = \begin{cases} l_{hx0} & \text{für } |\psi_{hx}| \leq \psi_1, \\ \frac{l_{hx0}}{1 + l_{hx0}ba(|\psi_{hx}| - \psi_1)^{b-1}} & \text{für } |\psi_{hx}| > \psi_1. \end{cases} \tag{4.60}$$

Prinzipiell lässt sich auch die Sättigung auf den Streuwegen durch diese Ansätze charakterisieren. Meist wird aber, insbesondere für normal ausgelegte Synchronmaschinen, die Streufeldsättigung vernachlässigt und mit konstanten Streuinduktivitäten gerechnet:

$$\psi_{\sigma x}(i_x) = l_{\sigma a}i_x, \tag{4.61}$$

$$\psi_{\sigma Dx}(i_{Dx}, i_{fx}) = (l_{\sigma Dfx} + l_{\sigma Dx})i_{Dx} + l_{\sigma Dfx}i_{fx}, \tag{4.62}$$

$$\psi_{\sigma fx}(i_{Dx}, i_{fx}) = l_{\sigma Dfx}i_{Dx} + (l_{\sigma Dfx} + l_{\sigma fx})i_{fx}. \tag{4.63}$$

Für stationäre Zustände entfallen die durch die Dämpferströme hervorgerufenen Anteile.

Zur Berücksichtigung der bei Übererregung gegenüber Leerlauf erhöhten Sättigung im Abschnitt Pol – Poljoch – Pol nach Abschn. 4.3 ist die entsprechend modifizierte Hauptflusskennlinie $\psi_{hd}(i_{hd})$ zu verwenden. Zweckmäßigerweise bezeichnet man die Parameter dieser von der Leerlaufkennlinie abweichenden Sättigungskennlinie dann mit a_h, b_h und ψ_{h1} statt allgemein mit a, b und ψ_1. Zusätzlich wird die Magnetisierungskennlinie

$$i_{pd}(\psi_{fd}) = \text{sign}(\psi_{fd}) \begin{cases} 0 & \text{für } |\psi_{fd}| \leq \psi_{p1}, \\ a_p(|\psi_{fd}| - \psi_{p1})^{b_p} & \text{für } |\psi_{fd}| > \psi_{p1} \end{cases} \tag{4.64}$$

benötigt, die den Sättigungsanteil für den Abschnitt Pol – Poljoch – Pol charakterisiert und in Abhängigkeit von der Flussverkettung der Erregerwicklung einen Zusatz-Erregerstrom i_{pd} zur Kompensation der Polsystemsättigung ausweist. Für die Klemmen der Erregerwicklung gelten dann die mit dem Index F statt f gekennzeichneten Korrekturbeziehungen

$$i_{Fd} = i_{fd} + i_{pd} \quad \text{und} \quad u_{Fd} = u_{fd} + r_{fd}i_{pd}. \tag{4.65}$$

Wegen der erhöhten Sättigung im Überlagerungsgebiet von Längs- und Querfeld ist der resultierende Fluss kleiner als die Resultierende aus den Flusskomponenten. Dieser Effekt wird nach Abschn. 4.4 für jeden Betriebspunkt näherungsweise durch eine elliptische Korrektur der zu den Magnetisierungsströmen i_{hd} und i_{hq} nach Maßgabe ihrer Magnetisierungskennlinien bestimmten Hauptflussverkettungen $\psi_{hd}(i_{hd})$ und $\psi_{hq}(i_{hq})$ und dynamischen Induktivitäten $l_{hd}(i_{hd})$ und $l_{hq}(i_{hq})$ berücksichtigt. Dazu werden mit dem resultierenden Magnetisierungsstrom

$$i_h = \sqrt{(i_{hd} + i_{rd})^2 + (i_{hq} + i_{rq})^2} \tag{4.66}$$

getrennt für die Längs- und die Querachse

$$i_{hd}^* = i_h - i_{rd} \quad \text{und} \quad i_{hq}^* = i_h - i_{rq} \tag{4.67}$$

auf den Magnetisierungskennlinien die Ellipsen-Halbachsen $\psi_{hd}(i_{hd}^*)$ und $\psi_{hq}(i_{hq}^*)$ bestimmt. Der arbeitspunktabhängige Sättigungskoeffizient ergibt sich dann zu

$$s_{dq} = \sqrt{\left(\frac{\psi_{hd}(i_{hd})}{\psi_{hd}(i_{hd}^*)}\right)^2 + \left(\frac{\psi_{hq}(i_{hq})}{\psi_{hq}(i_{hq}^*)}\right)^2}, \tag{4.68}$$

mit dem die ursprünglichen Flussverkettungs- und Induktivitätswerte korrigiert werden:

$$\psi_{hd}^* = \psi_{hd}(i_{hd})/s_{dq}, \ \psi_{hq}^* = \psi_{hq}(i_{hq})/s_{dq} \tag{4.69}$$

$$l_{hd}^* = l_{hd}(i_{hd})/s_{dq}, \ l_{hq}^* = l_{hq}(i_{hq})/s_{dq} \tag{4.70}$$

Die so korrigierten Flussverkettungen und Induktivitäten ersetzen anschließend die bisherigen Werte $\psi_{hd}(i_{hd})$, $\psi_{hq}(i_{hq})$, $l_{hd}(i_{hd})$ und $l_{hq}(i_{hq})$.

Die für eine effektive Berechnung aufbereiteten Beziehungen (Abschn. 2.9) behalten auch für die sättigungsbehaftete Drehstrommaschine voll ihre Gültigkeit. Die dort eingeführten parameterabhängigen Abkürzungen sind nun jedoch nicht mehr konstant, sondern sättigungsabhängig und daher belastungsabhängig nachzuführen. Für die Flussverkettungen und dynamischen Induktivitäten sind dabei die nach Maßgabe ihrer Magnetisierungskennlinien bestimmten und ggf. elliptisch korrigierten Werte zu verwenden. Bei Synchronmaschinen ist außerdem zur Berücksichtigung des Zusatz-Erregerstromes i_{pd} in Gl. 2.61 für die Längsachse

$$e_{fd} = r_{fd}i_{Fd} - u_{Fd} = r_{fd}(i_{fd} + i_{pd}) - u_{Fd} \tag{4.71}$$

zu setzen; für die Querachse ist die fq-Wicklung, falls überhaupt vorhanden, im Normalfall als zusätzliche Dämpferwicklung kurzgeschlossen und eine Erregerstrom-Korrektur daher nicht sinnvoll, es gilt also $u_{fq} = 0$ und $i_{pq} = 0$. Natürlich behalten auch die Umrechnungsbeziehungen für Per-Unit-Werte der Erregerwicklung Gln. 2.53 und 2.54 ihre Gültigkeit.

Aus Abschn. 2.9 können die aufbereiteten Anker-Zustandsgleichungen

$$\begin{bmatrix} u_d \\ u_q \\ u_0 \end{bmatrix} = \begin{bmatrix} l_d'' & 0 & 0 \\ 0 & l_q'' & 0 \\ 0 & 0 & l_0 \end{bmatrix} T_0 \frac{d}{dt} \begin{bmatrix} i_d \\ i_q \\ i_0 \end{bmatrix} + \begin{bmatrix} e_{dd} + (a_{Dd}e_{Dd} + a_{fd}e_{fd})/a_{dd} \\ e_{qq} + (a_{Dq}e_{Dq} + a_{fq}e_{fq})/a_{qq} \\ r_a i_0 \end{bmatrix} \tag{4.72}$$

mit den variablen Abkürzungen

$$e_{dd} = r_a i_d - \omega \psi_q \quad \text{mit} \quad \psi_q = \psi_{hq}(i_{hq}) + \psi_{\sigma a}(i_q), \tag{4.73}$$

$$e_{qq} = r_a i_q + \omega \psi_d \quad \text{mit} \quad \psi_d = \psi_{hd}(i_{hd}) + \psi_{\sigma a}(i_d), \tag{4.74}$$

$$e_{Dx} = r_{Dx}i_{Dx} \quad \text{und} \quad e_{fx} = r_{fx}i_{Fx} - u_{Fx}, \tag{4.75}$$

den parameter- oder nun besser sättigungsabhängigen Abkürzungen

$$a_x = l_{hx}[l_{\sigma Dx}l_{\sigma fx} + (l_{\sigma a} + l_{\sigma Dfx})(l_{\sigma Dx} + l_{\sigma fx})] + l_{\sigma a}[l_{\sigma Dx}l_{\sigma fx} + l_{\sigma Dfx}(l_{\sigma Dx} + l_{\sigma fx})], \tag{4.76}$$

$$a_{xx} = (l_{hx} + l_{\sigma Dfx})(l_{\sigma Dx} + l_{\sigma fx}) + l_{\sigma Dx}l_{\sigma fx}, \tag{4.77}$$

$$a_{Dx} = -l_{hx}l_{\sigma fx} \quad \text{und} \quad a_{fx} = -l_{hx}l_{\sigma Dx} \tag{4.78}$$

sowie den subtransienten Induktivitäten

$$l_x'' = \frac{a_x}{a_{xx}} = l_{\sigma a} + l_{hx}\frac{l_{\sigma Dfx}(l_{\sigma Dx} + l_{\sigma fx}) + l_{\sigma Dx}l_{\sigma fx}}{(l_{hx} + l_{\sigma Dfx})(l_{\sigma Dx} + l_{\sigma fx}) + l_{\sigma Dx}l_{\sigma fx}} = l_x - \frac{l_{hx}^2(l_{\sigma Dx} + l_{\sigma fx})}{l_{Dx}l_{fx} - l_{Dfx}^2} \tag{4.79}$$

ebenso übernommen werden, wie die aufbereiteten Zustandsgleichungen für die Ströme der Rotorwicklungen

$$\frac{di_{Dx}}{dt} = -\frac{1}{l''_{Dx}T_0}\left[e_{Dx} + \frac{[a_{Dx}(e_{xx} - u_x) - a_{Dfx}e_{fx}]}{a_{DDx}}\right]$$

$$\frac{di_{fx}}{dt} = -\frac{1}{l''_{fx}T_0}\left[e_{fx} + \frac{[a_{fx}(e_{xx} - u_x) - a_{fDx}e_{Dx}]}{a_{ffx}}\right]$$

(4.80)

mit den zugehörigen Abkürzungen

$$a_{DDx} = l_x(l_{\sigma Dfx} + l_{\sigma fx}) + l_{hx}l_{\sigma a}, \quad l''_{Dx} = \frac{a_x}{a_{DDx}} = l_{\sigma Dx} + l_{\sigma fx}\frac{a_{Dfx}}{a_{DDx}}, \quad (4.81)$$

$$a_{ffx} = l_x(l_{\sigma Dfx} + l_{\sigma Dx}) + l_{hx}l_{\sigma a}, \quad l''_{fx} = \frac{a_x}{a_{ffx}} = l_{\sigma fx} + l_{\sigma Dx}\frac{a_{fDx}}{a_{ffx}}, \quad (4.82)$$

$$a_{Dfx} = a_{fDx} = l_x l_{\sigma Dfx} + l_{hx}l_{\sigma a}. \quad (4.83)$$

Der allgemeine Index x steht hier wieder für die Achsenindizes d bzw. q. Soll die fq-Wicklung als zusätzliche Dämpferwicklung wirken, ist $u_{Fq} = 0$ und $i_{Fq} = i_{fq}$ zu setzen.

Bisher wurden als Zustandsgrößen des elektromagnetischen Systems die Ströme i_d, i_q, i_0, i_{Dd}, i_{Dq}, i_{fd} und ggf. i_{fq} zugrunde gelegt. Wird dabei zur Beschreibung der Sättigungseigenschaften in Längs- und Querachse der Ansatz Gl. 4.57 verwendet, müssen die Hauptflussverkettungen iterativ nach Gl. 4.58 bestimmt werden. Diese Iterationen für jede Bestimmung der Hauptflussverkettungen kann man vermeiden, wenn statt der Dämpferströme i_{Dd} und i_{Dq} die Hauptflussverkettungen ψ_{hd} und ψ_{hq} als Zustandsgrößen gewählt werden; eine elliptische Korrektur der Hauptflussverkettungen zur Berücksichtigung der gegenseitigen Schwächung der Hauptflüsse ist dann jedoch nicht möglich.

Für die Hauptflussverkettungen erhält man aus Gl. 4.48 dann

$$T_0\frac{d\psi_{hx}}{dt} = u_x - e_{xx} - l_{\sigma a}T_0\frac{di_x}{dt} \quad (4.84)$$

und mit Gl. 4.72 schließlich

$$\frac{d\psi_{hx}}{dt} = -\frac{1}{l''_{hx}T_0}\left[l_{hx}(e_{xx} - u_x) - \frac{l_{\sigma a}(a_{Dx}e_{Dx} + a_{fx}e_{fx})}{a_{hx}}\right] \quad (4.85)$$

mit den zusätzlichen sättigungsabhängigen Abkürzungen

$$a_{hx} = l_{\sigma Dx}l_{\sigma fx} + l_{\sigma Dfx}(l_{\sigma Dx} + l_{\sigma fx}) \quad (4.86)$$

und

$$l''_{hx} = \frac{a_x}{a_{hx}} = l_x + l_{hx}\frac{l_{\sigma a}(l_{\sigma Dx} + l_{\sigma fx})}{a_{hx}}. \quad (4.87)$$

Die Magnetisierungsströme i_{hd} und i_{hq} folgen nun direkt aus den inversen Magnetisierungskennlinien

$$i_{hx}(\psi_{hx}) = \frac{\psi_{hx} - \psi_{rx}}{l_{hx0}} + \text{sign}(\psi_{hx}) \begin{cases} 0 & \text{für } |\psi_{hx}| \leq \psi_{h1}, \\ a_h(|\psi_{hx}| - \psi_{h1})^{b_h} & \text{für } |\psi_{hx}| > \psi_{h1} \end{cases} \tag{4.88}$$

und damit dann die Dämpferströme zu

$$i_{Dx} = i_{hx}(\psi_{hx}) - i_x - i_{fx}. \tag{4.89}$$

Die dynamischen Induktivitäten bestimmt man weiterhin nach Gl. 4.60.

Wird auf das fq-System als zusätzliche Querdämpferwicklung verzichtet, entfallen die Terme mit i_{fq} und e_{fq} bzw. vereinfachen sich wie in Abschn. 2.9, vgl. Gln. 2.70 und 2.71. Für die Hauptflussverkettung der Querachse erhält man die Zustandsgleichung

$$\frac{d\psi_{hq}}{dt} = -\frac{1}{l''_{hq}T_0}\left[l_{hq}(e_{qq} - u_q) - \frac{l_{\sigma a}a_{Dq}e_{Dq}}{a_{hq}}\right] \tag{4.90}$$

mit

$$a_{hq} = l_{\sigma Dq} \quad \text{und} \quad l''_{hq} = \frac{a_q}{a_{hq}} = l_q + l_{hq}\frac{l_{\sigma a}}{l_{\sigma Dq}}. \tag{4.91}$$

Der Querdämpferstrom folgt mit ψ_{hq} dann zu

$$i_{Dq} = i_{hq}(\psi_{hq}) - i_q. \tag{4.92}$$

Für Synchronmaschinen werden der Zusatz-Erregerstrom i_{pd}, der Gesamt-Erregerstrom i_{Fd} und die Erregerspannung u_{Fd} auch hier nach den Gln. 4.64 und 4.65 bestimmt. Bei Asynchronmaschinen mit Kurzschlussläufer ist, wenn die achsenbezogenen Indizes beibehalten werden, wie bei der fq-Wicklung $u_{Fd} = 0$ und $i_{Fd} = i_{fd}$ zu setzen.

Für den Anschluss an ein Drehstromnetz ist es sinnvoll, die Ankerspannungen und -ströme als Stranggrößen darzustellen. Unter Verwendung der Transformationsmatrix Gln. 2.19 und 2.27 erhält man aus Gl. 4.72 vorerst

$$\begin{bmatrix} u_a \\ u_b \\ u_c \end{bmatrix} = \mathbf{C}_{dq}^{-1}\begin{bmatrix} l''_d & 0 & 0 \\ 0 & l''_q & 0 \\ 0 & 0 & l_0 \end{bmatrix}\left\{\mathbf{C}_{dq}T_0\frac{d}{dt}\begin{bmatrix} i_a \\ i_b \\ i_c \end{bmatrix} + \omega\begin{bmatrix} i_q \\ -i_d \\ 0 \end{bmatrix}\right\}$$
$$+ \mathbf{C}_{dq}^{-1}\begin{bmatrix} e_{dd} + (a_{Dd}e_{Dd} + a_{fd}e_{fd})/a_{dd} \\ e_{qq} + (a_{Dq}e_{Dq} + a_{fq}e_{fq})/a_{qq} \\ r_a i_0 \end{bmatrix} \tag{4.93}$$

und weiter durch Sortierung der Terme schließlich die Spannungsgleichungen

$$\begin{bmatrix} u_a \\ u_b \\ u_c \end{bmatrix} = (\mathbf{l}''_+ + \mathbf{l}''_\vartheta) \, T_0 \frac{d}{dt} \begin{bmatrix} i_a \\ i_b \\ i_c \end{bmatrix} + \begin{bmatrix} u_{ha} \\ u_{hb} \\ u_{hc} \end{bmatrix} \tag{4.94}$$

mit der vom elektrischen Fortschrittswinkel ϑ unabhängigen Induktivitätsmatrix

$$\mathbf{l}''_+ = \frac{1}{3} \begin{bmatrix} (l''_d + l''_q) + l_0 & -\frac{l''_d + l''_q}{2} + l_0 & -\frac{l''_d + l''_q}{2} + l_0 \\ -\frac{l''_d + l''_q}{2} + l_0 & (l''_d + l''_q) + l_0 & -\frac{l''_d + l''_q}{2} + l_0 \\ -\frac{l''_d + l''_q}{2} + l_0 & -\frac{l''_d + l''_q}{2} + l_0 & (l''_d + l''_q) + l_0 \end{bmatrix}, \tag{4.95}$$

der von ϑ abhängigen Induktivitätsmatrix

$$\mathbf{l}''_\vartheta(\vartheta) = \frac{(l''_d - l''_q)}{3} \begin{bmatrix} \cos(2\vartheta) & \cos\left(2\vartheta - \frac{2\pi}{3}\right) & \cos\left(2\vartheta + \frac{2\pi}{3}\right) \\ \cos\left(2\vartheta - \frac{2\pi}{3}\right) & \cos\left(2\vartheta + \frac{2\pi}{3}\right) & \cos(2\vartheta) \\ \cos\left(2\vartheta + \frac{2\pi}{3}\right) & \cos(2\vartheta) & \cos\left(2\vartheta - \frac{2\pi}{3}\right) \end{bmatrix} \tag{4.96}$$

und den aus den Achsengrößen gebildeten Hauptfeldspannungen

$$\begin{bmatrix} u_{ha} \\ u_{hb} \\ u_{hc} \end{bmatrix} = \mathbf{C}^{-1}_{dq} \begin{bmatrix} r_a i_d - \omega(\psi_q - l''_d i_q) + (a_{Dd} e_{Dd} + a_{fd} e_{fd})/a_{dd} \\ r_a i_q + \omega(\psi_d - l''_q i_d) + (a_{Dq} e_{Dq} + a_{fq} e_{fq})/a_{qq} \\ r_a i_0 \end{bmatrix}. \tag{4.97}$$

Die Differenz der subtransienten Induktivitäten ist meist sehr klein, so dass die vom elektrischen Winkel ϑ abhängige Induktivitätsmatrix $\mathbf{l}''_\vartheta$ mitunter auch vernachlässigt werden kann.

Literatur

1. Müller, G., Ponick, B.: Grundlagen elektrischer Maschinen, 9. Aufl. Wiley-VCH, Weinheim (2006)

2. Hannakam, L.: Nachbildung der gesättigten Schenkelpolmaschine auf dem elektronischen Analogrechner. ETZ-A **84**(2), 33–39 (1963)

Erregersysteme für Drehstrom-Synchronmaschinen

5

Zusammenfassung

Nur kurz werden die Permanentmagnet-Erregung, die Fremderregung aus einem Hilfs-netz und die Selbsterregung durch Speisung der Erregerwicklung direkt über einen gesteuerten Stromrichter von der Ständerseite der Synchronmaschine aus erläutert. Ausführlich wird dagegen auf die Nachbildung der heute wichtigen bürstenlosen Er-regung eingegangen. Die detaillierte Behandlung des bürstenlosen Erregersystems mit einer Außenpol-Erregermaschine und nachgeschaltetem rotierenden Gleichrichter er-fordert sowohl einen großen Programmier- als auch wegen der Kommutierungsvor-gänge einen großen Rechenaufwand. Wesentlich effektiver ist die vereinfachte Nach-bildung der bürstenlosen Erregung, bei der der Gleichrichter unter Vernachlässigung der Kommutierungsvorgänge quasistationär durch seine äußere Kennlinie dargestellt wird; die durch die Kommutierungsvorgänge verursachten Oberschwingungen in den Spannungen und Strömen des Erregersystems werden so natürlich nicht erfasst. Auch beim Kompound-Erregersystem klassischer Konstantspannungsgeneratoren mit Leer-laufdrossel und Stromtransformator wird der Gleichrichter über seine äußere Kennlinie nachgebildet.

Bei der Modellierung elektrisch erregter Synchronmaschinen erfordert die meist vorhandene Spannungs- und Blindleistungsregelung besondere Beachtung.

5.1 Permanentmagnet-Erregung

Am einfachsten lässt sich das Luftspaltfeld bei Synchronmaschinen durch in den ma-gnetischen Kreis eingefügte Permanentmagnete (PM) realisieren (Abb. 1.4). Die Perma-nentmagnet-Erregung stellt eine konstante Grunddurchflutung dar, vergleichbar mit einer starken Remanenz einer elektrisch erregten Maschine. Da aber keine Erregerwicklung vorhanden ist, besteht keine Möglichkeit zur gezielten Veränderung des dadurch hervor-

© Springer Fachmedien Wiesbaden 2015

H. Mrugowsky, *Drehstrommaschinen im Inselbetrieb*, DOI 10.1007/978-3-658-08990-0_5

gerufenen permanenten Längsfeldes. Auch auf einen separat ausgeführten Dämpferkäfig wird bei PM-erregten Maschinen vielfach verzichtet, um den zur Steuerung angeschlossenen Stromrichter vor zu hohen, energiereichen subtransienten Stromspitzen zu schützen. Bei Übergangsvorgängen lassen sich aber Wirbelströme in den leitfähigen Materialien des Rotors nicht vollständig vermeiden, so dass auch ohne Dämpferkäfig eine gewisse Dämpferwirkung vorhanden und über subtransiente Reaktanzen und Zeitkonstanten nachweisbar ist. Wegen der geringen relativen Permeabilität des hartmagnetischen Materials wirken Dauermagnete in Längsrichtung entsprechend ihrer Dicke im magnetischen Kreis wie ein zusätzlicher Luftspalt, so dass die synchrone Längsreaktanz solcher Maschinen mitunter kleiner ist als deren synchrone Querreaktanz.

Im mathematischen Modell wird die Permanentmagnet-Erregung durch die remanente Längsflussverkettung ψ_{rd} oder den Remanenz-Erregerstrom i_{rd} charakterisiert, deren Größe sich aus den aktuellen Werten von Leerlaufspannung u_0 und -drehzahl ω ergibt zu

$$\psi_{rd} = l_{hd} i_{rd} = \frac{u_0}{\omega}. \tag{5.1}$$

Die Wicklungssysteme fd und fq entfallen vollständig oder werden als kurzgeschlossene Dämpferkreise zusätzlich zum stets beibehaltenen D-System verwendet. Bei der Parameterberechnung nach Kap. 3 verzichtet man aber in jedem Fall auf die Berücksichtigung der gemeinsamen Streuung. Für die Kenngrößenbestimmung eignet sich der Gleichstrom-Abklingversuch. Die Modellparameter für den Rotor ohne f-System werden für die Querachse und analog auch für die Längsachse nach den Gln. 3.74 bis 3.76 berechnet.

Da keine von außen zugängliche Erregerwicklung verfügbar ist, kann auch die zur Charakterisierung der Sättigungseigenschaften des magnetischen Kreises bisher verwendete Leerlaufkennlinie nicht aufgenommen werden. Liegen keine berechneten Magnetisierungskennlinien vor, muss man sich daher mit dem linearen Modell nach Kap. 2 begnügen.

PM-erregte Synchronmaschinen arbeiten normalerweise mit einem leistungselektronischen Stellsystem zusammen, das bei motorischem Betrieb die Ankerwicklung meist mit einem Drehspannungs-, bei sehr großen Leistungen auch mit einem Drehstromsystem variabler Frequenz versorgt und bei generatorischem Betrieb die Ankerleistung in das Netz überträgt. Zur Speisung eines Gleichspannungsnetzes oder eines Gleichspannungszwischenkreises kann der maschinenseitige Stromrichter dann mit Dioden ausgeführt werden. Zum Einsatz kommen sonst bei kleinen Leistungen Transistor-, bei größeren Leistungen bevorzugt IGBT- oder Thyristor-Umrichter. Für einen optimalen Betrieb werden mit dem maschinenseitigen Stromrichter die richtige Spannungshöhe und die Phasenlage des Ankerstromes zur Ankerspannung und damit der Maschinen-Leistungsfaktor und mit dem netzseitigen Stromrichter die optimalen Netzparameter eingestellt. Außerdem soll der Umrichter sowohl maschinen- als auch netzseitig möglichst oberschwingungsarm arbeiten. Das Verhalten eines solchen Systems wird dabei wesentlich durch die schaltungsmäßige Struktur sowie die Steuerung und Regelung des Umrichters bestimmt. Wegen der Vielzahl der möglichen Varianten wird nachfolgend darauf nicht weiter eingegangen.

5.2 Fremderregung

Der leistungsmäßig weitaus größere Anteil der Synchronmaschinen ist mit einer Erregerwicklung im Rotor ausgerüstet, über die der Erregungszustand aufgabengemäß eingestellt
werden kann. Die dafür benötigte Erregerleistung wird bei fremderregten Erregersystemen
einem Hilfsnetz (Eigenbedarfsnetz) entnommen (Abb. 5.1). Zur Einstellung des optimalen Erregerstromes kommen für geringere Erregerleistungen pulsgesteuerte Stellsysteme,
bei höherer Maschinenleistung jedoch vorwiegend anschnittsgesteuerte 6- oder 12-pulsige
Brückenschaltungen zum Einsatz. Der Stromrichter ist gleichstromseitig nur mit der Erregerwicklung der Synchronmaschine verbunden, ist also im stationären Betrieb ohmsch-
induktiv mit konstanten Parametern belastet. Wegen der großen Induktivität der Erregerwicklung ist der Erregerstrom im Allgemeinen gut geglättet. Bei dynamischen Vorgängen
kann in der Erregerwicklung der Synchronmaschine außerdem eine Gegenspannung auftreten. Um den Erregerstrom i_{Fd} schnell verringern zu können, ist der Stromrichter oft
spannungsmäßig auch umsteuerbar, auf eine Rückspeisung wird aber wegen des großen
Schaltungsaufwandes eines Umkehrstromrichters meist verzichtet.

Eine exakte Nachbildung des Stromrichter-Erregergerätes mit seinen inneren Übergangsvorgängen bei der Kommutierung der Ventile ist überaus aufwändig und für die
Simulation des Verhaltens der Synchronmaschine kaum von Interesse. Daher erfolgt
die Nachbildung des Stromrichters meist vereinfacht ohne Berücksichtigung der inneren Spannungsabfälle und Kommutierungsvorgänge. Oft genügt für das Stromrichter-
Stellsystem bereits der einfache Per-Unit-Ansatz

$$u_{Fd} = \ddot{u}_{afd} c_B u_{SR} y_{Fd} \tag{5.2}$$

mit der Erregerspannung u_{Fd}, dem Übersetzungsverhältnis Anker – Erregerwicklung $\ddot{u}_{afd}$,
dem Brückenfaktor c_B, der Stromrichter-Eingangsspannung u_{SR} und der Stellgröße y_{Fd}

Abb. 5.1 Fremderregte Synchronmaschine mit statischer
Thyristorregelung

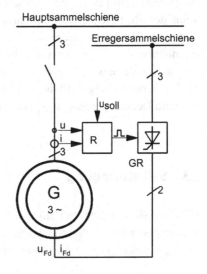

Abb. 5.2 Selbsterregte
Synchronmaschine mit
Thyristorregelung

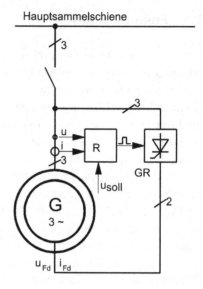

des Spannungsreglers. Der Brückenfaktor c_B charakterisiert die Stromrichterschaltung und gibt die mittlere Gleichspannung bei Vollaussteuerung und Stromrichter-Eingangsspannung u_{SR} an. Für die vollgesteuerte sechspulsige Brückenschaltung (B6) mit der bezogenen Strangspannungsamplitude u_{SR} gilt

$$c_{B,B6} = \frac{3\sqrt{3}}{\pi} = 1{,}654. \tag{5.3}$$

Die Stellgröße y_{Fd}, also die an den Stromrichter angepasste Ausgangsgröße des Spannungsreglers, entspricht einem linearisierten Zündwinkel mit dem Stellbereich $0 \le y_{Fd} \le 1$, wenn der Stromrichter auf Gleichrichterbetrieb beschränkt ist, und $-0{,}866 \le y_{Fd} \le 1$, wenn auch Wechselrichterbetrieb (negative Gleichspannung bis Wechselrichtertrittgrenze) möglich ist. Das Erregersystem ist so zu bemessen, dass die Erregernennspannung für 10 s um mindestens 30 % überschritten werden kann; diese maximale Erregerspannung der Erregeranordnung stellt die Regelreserve für eine schnelle Erregerstromerhöhung dar und wird Deckenspannung u_{FD} genannt.

5.3 Selbsterregung

Wird der Stromrichter statt aus einem separaten Hilfsnetz über einen Anpassungstransformator oder bei Niederspannungsmaschinen auch direkt von der Ständerseite des Synchrongenerators gespeist, liegt eine Selbsterregungsschaltung vor (Abb. 5.2). Bei direktem

Anschluss stimmen Klemmenspannung und Stromrichter-Eingangsspannung überein, es gilt also

$$u_{SR} = u. \tag{5.4}$$

Da die Erregerleistung sehr viel kleiner ist als die Bemessungsleistung der Maschine, kann weiterhin von einer eingeprägten Spannung ausgegangen und der entnommene Erregerwechselstrom gegenüber dem Laststrom vernachlässigt werden. Bricht bei diesen Generatoren infolge eines Kurzschlusses im Netz jedoch die Klemmenspannung zusammen, hat das auch Auswirkungen auf die Erregerspannung. Diese Maschinen besitzen daher meist keinen ausreichenden Dauerkurzschlussstrom, um eine Fehlerstelle im Netz durch einen dazwischen liegenden Leistungsschalter selektiv abschalten zu können. Hier kann eine zusätzliche Kompoundierung (Abschn. 5.6) Abhilfe schaffen.

5.4 Bürstenlose Erregung

Drehstrom-Synchronmaschinen größerer Leistung werden ausnahmslos als Innenpolmaschinen gebaut. Zur Bereitstellung der Erregerleistung dient meist eine auf derselben Welle sitzende Erregermaschine, mitunter für deren Erregung noch zusätzlich eine permanent- oder selbsterregte Hilfserregermaschine. Im Gegensatz zur Fremd- und zur Selbsterregung spricht man dann von Eigenerregung.

Da für die Erregerwicklung der Hauptmaschine Gleichstrom benötigt wird, kommen als Erregermaschine Gleichstrommaschinen oder Drehstrommaschinen mit nachgeschaltetem Gleichrichter in Frage. Um auf verlustbehaftete, störanfällige und wartungsintensive Kommutatoren und Schleifringe zur Übertragung des Erregerstromes in die im Rotor der Hauptmaschine untergebrachte Erregerwicklung verzichten zu können, werden heute eigenerregte Drehstrom-Synchronmaschinen bis zu den größten Leistungen vorzugsweise mit einer Drehstrom-Synchronmaschine in Außenpol-Bauart als Erregergenerator ausgeführt, so dass die Erregerleistung über einen mitrotierenden Gleichrichter rGR der Erregerwicklung der Hauptmaschine direkt zugeführt werden kann. Das Betriebsverhalten einer solchen in Abb. 5.3 dargestellten Anordnung wird dann wesentlich durch die Erregermaschine und den zwischen beiden Maschinen befindlichen Gleichrichter bestimmt. Für eine detaillierte Untersuchung von Übergangsvorgängen und Fehlerzuständen kommt man daher an einer exakten Nachbildung dieser Reihenschaltung Erregermaschine – Gleichrichter – Hauptmaschine nicht vorbei.

Die Nachbildung der beiden Synchronmaschinen kann gleichartig auf der Grundlage der Zwei-Achsen-Theorie in bezogenen Größen und unter Berücksichtigung der magnetischen Sättigung (vgl. Kap. 4) erfolgen. Dabei ist es sinnvoll, auch für die Erregermaschine (Index E) die Anker-Nenndaten der Hauptmaschine (Index H) als Bezugsgrößen zu verwenden. Da jedoch für die Erregermaschine meist eine höhere Polpaarzahl z_{pE} gewählt wird, gelten unterschiedliche Bezugskreisfrequenzen ω_{HN} und ω_{EN} und damit auch unterschiedliche Zeit-Bezugsgrößen T_{0E} und T_{0H}. Eine besondere Kennzeichnung mit den

Abb. 5.3 Prinzipschaltbild
einer bürstenlos erregten Drehstrom-Synchronmaschine

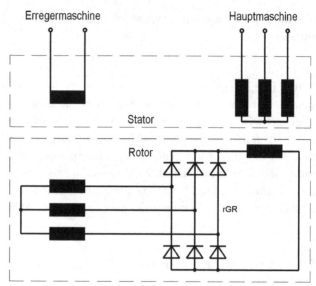

Indizes H für Haupt- bzw. E für Erregermaschine soll trotzdem nur dort erfolgen, wo
Verwechslungen möglich sind.

Beide Maschinen werden in Sternschaltung vorausgesetzt. Obwohl bei der Erregermaschine explizit keine Dämpferwicklung vorgesehen wird, um hohe subtransiente Stromspitzen am Gleichrichter zu vermeiden, empfiehlt es sich, die durch Wirbelströme in den
Eisenteilen des Polsystems auftretenden Dämpferwirkungen durch Ersatz-Dämpferkreise
zu berücksichtigen. Auf kurzgeschlossene fq-Systeme kann bei beiden Maschinen, insbesondere aber bei der Erregermaschine, verzichtet werden.

Als Zustandsgrößen sollen hier die Ströme i_d, i_q, i_0, i_{fd} und ggf. i_{fq} sowie die Hauptflussverkettungen ψ_{hd} und ψ_{hq} gewählt werden. Es gelten damit für jede Maschine die
Gln. 4.48 ff. aus Abschn. 4.5. Die bezogene Winkelgeschwindigkeit ω erhält man aus den
Bewegungsgleichungen für den als starr angenommenen Verbund aus Haupt- und Erregermaschine:

$$T_m \frac{d\omega}{dt} = m_{\delta H} + m_{\delta E} + m_A = m_M + m_A \quad \text{mit} \quad T_m = \frac{\Omega_0^2}{S_0}(J_H + J_E). \quad (5.5)$$

Die elektromechanische Zeitkonstante T_m charakterisiert dabei die mechanische Trägheit
des gesamten Maschinensatzes. Wegen der gleichen Anker-Bezugsgrößen ist das Maschi-
nenmoment m_M die Summe der Luftspaltmomente beider Maschinen, die sich jeweils
berechnen lassen nach

$$m_\delta = \psi_d i_q - \psi_q i_d. \quad (5.6)$$

Infolge der starren Kopplung gilt ω sowohl für die Haupt- als auch für die Erregermaschine und beschreibt neben der bezogenen Winkelgeschwindigkeit auch die bezogene

Drehzahl und die bezogene Kreisfrequenz. Der mechanische Drehwinkel des Maschinensatzes ϑ_m und damit der elektrische Drehwinkel der Hauptmaschine ϑ_H und der der Erregermaschine ϑ_E folgen zu

$$\frac{\mathrm{d}\vartheta_\mathrm{m}}{\mathrm{d}t} = \Omega_0\omega, \quad \vartheta_\mathrm{H} = z_\mathrm{pH}\vartheta_\mathrm{m} \quad \text{und} \quad \vartheta_\mathrm{E} = z_\mathrm{pE}\vartheta_\mathrm{m} \tag{5.7}$$

mit meist $z_\mathrm{pE} > z_\mathrm{pH}$. Die Umrechnung von Strang- in Achsengrößen der Ankerwicklung und umgekehrt erfolgt für die Hauptmaschine (ϑ_H) und die Erregermaschine (ϑ_E) getrennt über die Transformationsmatrizen Gln. 2.18 bis 2.30.

Die im Rotor der Erregermaschine untergebrachte Ankerwicklung arbeitet ausschließlich und direkt auf die mitrotierende Diodenbrücke, dessen Gleichstromanschlüsse direkt mit der Erregerwicklung der Hauptmaschine verbunden sind. Für die Nachbildung dieser Anordnung soll die Ersatzschaltung Abb. 5.4 verwendet werden. Alle Größen sind auf die gemeinsamen Anker-Bezugsgrößen von Erreger- und Hauptmaschine bezogen, für den Zeitbezug wird der Kehrwert der Erregermaschinen-Kreisfrequenz verwendet. Die Hauptfeldspannungen der Erregermaschine u_ha, u_hb, u_hc und die bei Übergangsvorgängen in der Erregerwicklung der Hauptmaschine induzierte Gleichstromkreis-Gegenspannung u_hg sowie die prinzipiell magnetisch gekoppelten Kommutierungsinduktivitäten l_k und die Gleichstromkreis-Induktivität l_g sind abhängig vom Betriebs- und Sättigungszustand der Erreger- bzw. der Hauptmaschine und daher aus deren Gleichungssystemen zu bestimmen. Die Gleichrichterbrücke selbst soll induktivitätsfrei sein, vorhandene Leitungsinduktivitäten sind bei l_k und l_g zu berücksichtigen. Die Ventile V1 ... V6 des ungesteuerten Gleichrichters besitzen im durchgeschalteten Zustand eine Flussspannung u_D und einen Flusswiderstand r_D, im gesperrten Zustand werden sie als offene Schalter interpretiert. Die Widerstände r_k und r_g entsprechen den auf die gemeinsame Nennimpedanz Z_0 bezogenen Werten der Ankerstränge r_a der Erregermaschine bzw. der Erregerwicklung r_fd der Hauptmaschine, ggf. erhöht um die Zuleitungsanteile.

Abb. 5.4 Ersatzschaltbild für die Rotorkreise der bürstenlos erregten Synchronmaschine

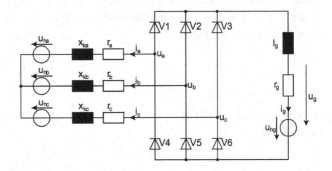

Da die Ankerstränge der Erregermaschine nur mit der B6-Gleichrichterbrücke verbunden sind, tritt kein Nullsystem auf, so dass es ausreicht, zwei Ankerstränge zu betrachten. Mit

$$i_c = -(i_a + i_b) \tag{5.8}$$

erhält man aus Gl. 4.94 die Spannungsgleichungen der Erregermaschine ohne Nullsystem

$$\begin{bmatrix} u_a \\ u_b \end{bmatrix} = \mathbf{l_k}(\vartheta_E) T_{0E} \frac{\mathrm{d}}{\mathrm{d}t} \begin{bmatrix} i_a \\ i_b \end{bmatrix} + \begin{bmatrix} u_{ha} \\ u_{hb} \end{bmatrix} \tag{5.9}$$

mit der Kommutierungsinduktivität bei induktivitätsfreien Verbindungen

$$\mathbf{l_k}(\vartheta_E) = \begin{bmatrix} \frac{l_d'' + l_q''}{2} & 0 \\ 0 & \frac{l_d'' + l_q''}{2} \end{bmatrix} + \frac{l_d'' - l_q''}{\sqrt{3}} \begin{bmatrix} \sin\left(2\vartheta_E + \frac{\pi}{3}\right) & \sin(2\vartheta_E) \\ \sin\left(2\vartheta_E - \frac{\pi}{3}\right) & \sin\left(2\vartheta_E - \frac{2\pi}{3}\right) \end{bmatrix} \tag{5.10}$$

sowie den Erregermaschinen-Hauptfeldspannungen

$$\begin{bmatrix} u_{ha} \\ u_{hb} \end{bmatrix} = \begin{bmatrix} \cos(\vartheta_E) & -\sin(\vartheta_E) \\ \cos\left(\vartheta_E - \frac{2\pi}{3}\right) & -\sin\left(\vartheta_E - \frac{2\pi}{3}\right) \end{bmatrix} \begin{bmatrix} r_a i_d - \omega(\psi_q - l_d'' i_q) + \frac{a_{Dd} e_{Dd} + a_{fd} e_{fd}}{a_{dd}} \\ r_a i_q + \omega(\psi_d - l_q'' i_d) + \frac{a_{Dq} e_{Dq} + a_{fq} e_{fq}}{a_{qq}} \end{bmatrix} \tag{5.11}$$

und

$$u_{hc} = -(u_{ha} + u_{hb}). \tag{5.12}$$

Als Kommutierungswiderstand wurde in Gl. 5.11 der Ankerkreiswiderstand

$$r_k = r_a \tag{5.13}$$

berücksichtigt.

Da die Differenz der subtransienten Induktivitäten meist sehr klein ist, wird für die Erregermaschine der zweite Term in Gl. 5.10 im Weiteren vernachlässigt, so dass die Winkelabhängigkeit und die Verkopplung der Stränge in den Kommutierungsinduktivitäten verschwinden. Für die Kommutierungsinduktivität ist damit der Mittelwert der subtransienten Induktivitäten zu setzen:

$$l_{ka} = l_{kb} = l_{kc} = l_k = \frac{l_d'' + l_q''}{2}. \tag{5.14}$$

Für den Erregerkreis der Hauptmaschine erhält man nach Umformung von Gl. 4.80 die Erregerspannung zu

$$u_{FdH} = r_{fdH}(i_{fdH} + i_{pdH}) + l_{fdH}'' T_{0H} \frac{\mathrm{d}i_{fdH}}{\mathrm{d}t} + u_{fdH}'' \tag{5.15}$$

mit der subtransient wirksamen Erregerkreis-Induktivität

$$l_{\text{fdH}}'' = \frac{a_{\text{dH}}}{a_{\text{ffdH}}} = \left[l_{\sigma\text{fd}} + \frac{l_{\sigma\text{Dd}}(l_d l_{\sigma\text{Dfd}} + l_{\text{hd}}l_{\sigma a})}{l_d(l_{\sigma\text{Dfd}} + l_{\sigma\text{Dd}}) + l_{\text{hd}}l_{\sigma a}} \right]_H \tag{5.16}$$

und der subtransienten inneren Erregerkreisspannung

$$u_{\text{fdH}}'' = \frac{a_{\text{fdH}}(e_{\text{ddH}} - u_{\text{dH}}) - a_{\text{fDdH}}e_{\text{DdH}}}{a_{\text{ffdH}}}. \tag{5.17}$$

Bei gleichen Anker-Bezugsgrößen für Erreger- und Hauptmaschine folgen die bezogenen Größen des Gleichstromkreises mit den Erregerkreisgrößen und dem Übersetzungsverhältnis $\ddot{u}_{\text{afd}}$ der Hauptmaschine zu

$$u_{\text{FdH}} = \ddot{u}_{\text{afdH}}u_g, \; u_{\text{fdH}}'' = \ddot{u}_{\text{afdH}}u_{\text{hg}}, \tag{5.18}$$

$$i_g = \frac{3}{2}\ddot{u}_{\text{afdH}}i_{\text{FdH}}, \tag{5.19}$$

$$r_g = \frac{2}{3\ddot{u}_{\text{afdH}}^2}r_{\text{fdH}}, \; l_g = l_{\text{fdH}}''\frac{2}{3\ddot{u}_{\text{afdH}}^2}\frac{z_{\text{pE}}}{z_{\text{pH}}}. \tag{5.20}$$

Zur Umrechnung auf die ggf. andere Ankerfrequenz der Erregermaschine wurde die Induktivität l_g noch mit dem Polpaarzahl-Verhältnis korrigiert.

Bei isoliertem Sternpunkt der Erregermaschinen-Ankerwicklung können im Rotorsystem nur Ströme fließen, wenn mindestens ein Ventil in jeder Brückenhälfte durchgeschaltet ist. Neben dem stromlosen Zustand 1 lassen sich damit für den Gleichrichter insgesamt 49 weitere Stromführungszustände (SfZ) unterscheiden (Abb. 5.5). Ist die Brücke aus 6 gleichen ungesteuerten Ventilen (gleiche Durchlassspannung u_D, gleicher Flusswiderstand r_D) aufgebaut, sind jedoch nur die Stromführungszustände 1 ... 26 von Bedeutung, während die Zustände 27 ... 50 ohne drehstromseitiger oder mit nur zweisträngiger Stromführung direkt in den Kurzschlusszustand 26 (alle Ventile stromführend) übergehen. Erfolgt dagegen der Brückenkurzschluss bei drehstromseitig dreisträngiger Stromführung, kann dieser Zustand für die Zeit der Kommutierung stabil andauern.

Als Zustandsgrößen des Gleichrichtersystems sollen die Erregermaschinen-Strangströme i_a oder/und i_b – je nachdem, ob zwei oder drei Ankerstränge stromführend sind – oder/und maximal ein Ventilstrom bei Kurzschluss und Mehrfachkommutierungen gewählt werden, aus denen sich dann die anderen Ventilströme und der Gleichstrom für die Erregerwicklung der Hauptmaschine ergeben. Zu ihrer Berechnung sind für alle möglichen Zustände die jeweils gültigen Zustandsgleichungen aufzustellen und die Übergangsbedingungen zu den anderen Zuständen zu definieren. Das soll am Stromführungszustand SfZ 8 (Abb. 5.6), bei dem V1 leitend ist und die Ventile V5 und V6 gerade kommutieren, erläutert werden.

Ventile stromführend	1 (stromlos)	V1	V1, V2	V2	V2, V3	V3	V3, V1	V1, V2, V3
V5		2	39	28	34	7	13	49
V5, V6		8	14	37	43	32	19	24
V6		5	11	3	40	29	35	50
V6, V4		30	17	9	15	38	44	25
V4		27	33	6	12	4	41	48
V4, V5		36	42	31	18	10	16	23
V4, V5, V6		45	20	46	21	47	22	26 (Kurzschluss)

1 … 13	Normaler Arbeitsbereich mit Einfach-Kommutierungen
14 … 19	Doppel-Kommutierungen (4 Ventile stromführend)
20 … 25	Stabile Stromführung von 5 Ventilen
26	Vollständiger Brückenkurzschluss (6 Ventile stromführend)
27 … 50	Instationäre Kurzschluss-Zustände

Abb. 5.5 Stromführungszustände für eine ungesteuerte Drehstrombrücke mit 6 gleichen Ventilen

Abb. 5.6 Ersatzschaltbild für den Stromführungszustand SfZ 8

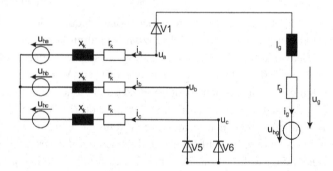

Unter Berücksichtigung der aus Abb. 5.6 direkt ablesbaren Beziehungen für die Ströme

$$i_1 = -i_a, \ i_2 = 0, \ i_3 = 0, \ i_g = i_1 = i_5 + i_6,$$
$$i_4 = 0, \ i_5 = i_b, \ i_6 = i_c, \ i_c = -i_a - i_b \tag{5.21}$$

folgen aus den Maschenbeziehungen die beiden Zustandsgleichungen

$$\frac{\mathrm{d}i_a}{\mathrm{d}t} = -\frac{2u_{ha} - u_{hb} - u_{hc} - 2u_{gh} - 4u_D + i_a\left[3(r_k + r_D) + 2r_g\right]}{(3l_k + 2l_g)T_{0E}} \tag{5.22}$$

$$\frac{\mathrm{d}i_b}{\mathrm{d}t} = -\frac{u_{hb} - u_{hc} + (r_k + r_D)(i_a + 2i_b)}{2l_k T_{0E}} - \frac{1}{2}\frac{\mathrm{d}i_a}{\mathrm{d}t}. \tag{5.23}$$

Damit sind die Spannungen am Eingang und Ausgang des Gleichrichters berechenbar zu

$$u_a = r_k i_a + l_k T_{0E}\frac{\mathrm{d}i_a}{\mathrm{d}t} + u_{ha}, \tag{5.24}$$

$$u_b = r_k i_b + l_k T_{0E}\frac{\mathrm{d}i_b}{\mathrm{d}t} + u_{hb}, \tag{5.25}$$

$$u_c = -r_k(i_a + i_b) - l_k T_{0E}\left(\frac{\mathrm{d}i_a}{\mathrm{d}t} + \frac{\mathrm{d}i_b}{\mathrm{d}t}\right) + u_{hc}, \tag{5.26}$$

$$u_g = -r_g i_a - l_g T_{0E}\frac{\mathrm{d}i_a}{\mathrm{d}t} + u_{hg}, \tag{5.27}$$

und man erhält für die Ventilspannungen

$$\begin{aligned}
u_1 &= u_D - r_D i_a, & u_5 &= u_D + r_D i_b, & u_6 &= u_D - r_D(i_a + i_b), \\
u_4 &= -u_g - u_1, & u_2 &= -u_g - u_5, & u_3 &= -u_g - u_6.
\end{aligned} \tag{5.28}$$

Der Stromführungszustand SfZ 8 wird beendet, wenn eines der stromführenden Ventile V1, V5 oder V6 verlöscht oder bei den bisher gesperrten Ventilen V2, V3 oder V4 die Ventilspannung u_D überschreitet:

$$i_1 = 0 \Rightarrow \text{SfZ 1}, \qquad i_5 = 0 \Rightarrow \text{SfZ 5}, \qquad i_6 = 0 \Rightarrow \text{SfZ 2},$$

$$u_2 > u_D \Rightarrow \text{SfZ 14}, \quad u_3 > u_D \Rightarrow \text{SfZ 19}, \quad u_4 > u_D \Rightarrow \text{SfZ 45}.$$

Bei SfZ 1 sind alle Ventile stromlos, bei SfZ 2 und SfZ 5 sind zwei Ventile leitend und bei SfZ 14 und SfZ 19 kommutieren in beiden Brückenhälften Ventile (Doppel-Kommutierung). Bei Stromführungszustand SfZ 45 tritt ein Kurzschluss über den Ventilen V1 und V4 auf, der sogleich in den vollständigen Brückenkurzschluss (alle 6 Ventile stromführend) übergeht.

Bei Verwendung gesteuerter Ventile erfolgt das Durchzünden eines bisher gesperrten Ventils bei Vorliegen der Spannungsbedingung natürlich erst, wenn auch ein Zündimpuls anliegt.

Durch die Zustandsgleichungen des Gleichrichterkreises sind die Ankerströme der Erregermaschine und der Erregerstrom der Hauptmaschine bereits eindeutig bestimmt, so dass ihre Berechnung bei den Maschinenmodellen entfällt. Eine doppelte Berechnung würde durch numerisch bedingte Ungenauigkeiten, insbesondere an den Umschaltpunkten der Ventile, zu deutlichen Fehlern bei der maschinenbezogenen Berechnung führen.

Die in den Erregermaschinen-Beziehungen benötigten Achsenströme i_d und i_q wie auch die benötigten Achsenspannungen u_d und u_q sind unter Berücksichtigung der Erregermaschinen-Transformationsmatrix $\mathbf{C}_{dq}(\vartheta_E)$ aus den am Gleichrichter ermittelten Stranggrößen i_a und i_b bzw. u_a, u_b und u_c zu bestimmen. Infolge der Abhängigkeit der Ventilspannungen von den Strom-Differentialquotienten ist bei der Berechnung innerhalb eines Rechenschrittes (Rechenzyklus) folgende Reihenfolge einzuhalten:

1. Berechnung der Zustandsgrößen (Integration) und der übrigen relevanten Ströme,
2. Berechnung der sättigungsabhängigen Induktivitäten,
3. Berechnung der betriebszustandsabhängigen Hauptfeldspannungen der Erregermaschine u_{ha}, u_{hb}, u_{hc} und der inneren Erregerkreisspannung der Hauptmaschine u_{hg},
4. Berechnung der Differentialquotienten der Gleichrichter-Zustandsgrößen i_a oder/und i_b sowie ggf. des Ventilstromes i_1,
5. Berechnung der Eingangsspannungen der Gleichrichterbrücke u_a, u_b, u_c sowie der Gleichspannung u_g,
6. Berechnung der Ventilspannungen $u_1 \ldots u_6$ sowie der Zünd- bzw. Löschbedingungen,
7. Aktualisierung der Liste der durchgeschalteten Ventile und Wiederholung der Schritte 3 bis 6, bis keine Änderung der Zünd- und Löschbedingungen mehr auftritt; bei Wiederholung gleicher Abläufe Verkleinerung der Schrittweite und Wiederholung vom letzten erfolgreichen Rechenzyklus mit Schritt 1.

War der Rechenzyklus erfolgreich, folgen die Berechnung der Ausgangsgrößen und der Übergang zum nächsten Zeitschritt (Rechenzyklus).

Da die Ankerspannungen für die Erregermaschine und die Erregerspannung der Hauptmaschine damit erst nach der Abarbeitung der Gleichrichter-Beziehungen vorliegen, die Zustandsgrößen der beiden Teilmaschine aber bereits für die Berechnung der sättigungsabhängigen Induktivitäten benötigt werden, muss die Berechnung der Maschinen-Beziehungen jeweils in zwei Abschnitten, also teilweise vor und teilweise nach der Gleichrichterberechnung, erfolgen.

5.5   Vereinfachte Nachbildung der bürstenlosen Erregung

Die exakte Modellierung der Drehstrom-Synchronmaschine mit bürstenloser Erregung, insbesondere des mit dem Gleichrichter belasteten Erregergenerators, ist sehr aufwändig, und auch der rechentechnische Aufwand ist durch die regelmäßig auftretenden Kommutierungsvorgänge und die damit bereichsweise sehr kleinen Rechenschrittweiten sehr groß. Verzichtet man jedoch auf die exakte Nachbildung der Kommutierungsvorgänge und beschreibt das Verhalten des ungesteuerten Gleichrichters durch seine äußere Kennlinie, vereinfacht sich das Modell und damit die Berechnung wesentlich.

Betrachtet wird wieder die Anordnung nach Abb. 5.3, bestehend aus Hauptmaschine und Erregermaschine mit dem dazwischen eingeschalteten rotierenden, ungesteuerten B6-Gleichrichter. Für die Erregermaschine und den Gleichrichter werden als Hauptbezugs-größen auch hier die Nenndaten der Hauptmaschine verwendet, so dass zwischen dem Gleichrichter und der Erregerwicklung der Hauptmaschine die einfachen Koppelbeziehungen Gl. 5.19 gelten.

Die Nachbildung erfolgt auf der Grundlage des Ersatzbildes Abb. 5.4. Der Gleichstrom i_g wird wegen der großen Induktivität l_g als ideal geglättet angesehen. l_k ist die der Ankerwicklung zugeordnete Kommutierungsinduktivität. Der Ankerwiderstand r_a der Erregermaschine und der Flusswiderstand r_D der Dioden können näherungsweise als Zuschlag zum Gleichstromwiderstand r_g berücksichtigt werden. Bezeichnet man mit u_h die Amplitude der sinusförmig anzunehmenden Hauptfeldspannungen der drei Erregermaschinen-Ankerstränge, folgt dann für die 6-pulsige Drehstrombrücke die ideelle Leerlaufspannung

$$u_{g0} = \frac{3\sqrt{3}}{\pi} u_h \tag{5.29}$$

und mit der der Ankerwicklung zugeordneten Kommutierungsinduktivität l_k der ideelle Kurzschlussstrom des ungesteuerten B6-Gleichrichters zu

$$i_{gk} = \frac{u_h}{\omega l_k}. \tag{5.30}$$

Das Betriebsverhalten des ungesteuerten Brückengleichrichters lässt sich durch die Abhängigkeit der mittleren Gleichspannung u_g vom als ideal geglättet angenommenen Gleichstrom i_g oder besser in bezogener Form durch das Gleichspannungsverhältnis

$$v_u = \frac{u_g}{u_{g0}} \tag{5.31}$$

aus mittlerer Gleichspannung u_g und ideeller Leerlaufgleichspannung u_{g0} in Abhängigkeit vom Gleichstromverhältnis

$$v_i = \frac{i_g}{i_{gk}} \tag{5.32}$$

aus ideal geglättetem Gleichstrom i_g und ideellem Kurzschlussstrom i_{gk} darstellen (Abb. 5.7).

Zu unterscheiden sind dabei die drei Arbeitsbereiche mit einfacher Kommutierung, mit verzögerter Kommutierung und mit Doppelkommutierungen [1]. Bei einem Gleichstromkreis, in dem zeitweise auch eine negative Gegenspannung auftreten kann, und das trifft bei der Erregerwicklung der Hauptmaschine zu, empfiehlt sich die Hinzunahme eines

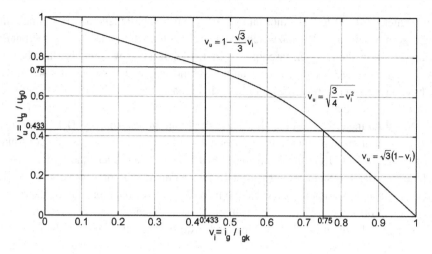

Abb. 5.7 Betriebskennlinie $v_u = f(v_i)$ eines ungesteuerten B6-Gleichrichters

vierten Arbeitsbereiches für den Kurzschluss- bzw. Freilaufzustand des Gleichrichters:

$$v_u = \frac{u_g}{u_{g0}} = \begin{cases} 1 - \frac{\sqrt{3}}{3}\frac{i_g}{i_{gk}} & \text{für } 0 \le v_i = \frac{i_g}{i_{gk}} \le \frac{\sqrt{3}}{4} & \text{(1. Bereich)}, \\[2mm] \sqrt{\frac{3}{4} - \left(\frac{i_g}{i_{gk}}\right)^2} & \text{für } \frac{\sqrt{3}}{4} \le v_i = \frac{i_g}{i_{gk}} \le \frac{3}{4} & \text{(2. Bereich)}, \\[2mm] \sqrt{3}\left(1 - \frac{i_g}{i_{gk}}\right) & \text{für } \frac{3}{4} \le v_i = \frac{i_g}{i_{gk}} \le 1 & \text{(3. Bereich)}, \\[2mm] 0 & \text{für } 1 \le v_i = \frac{i_g}{i_{gk}} & \text{(4. Bereich)}. \end{cases} \qquad (5.33)$$

In welchem der vier Arbeitsbereiche man sich gerade befindet, ist abhängig von der aktuellen Amplitude der Hauptfeldspannung u_h der Erregermaschine und dem aktuellen Gleichstrom i_g, der nach Gl. 5.19 dem aktuellen Erregerstrom $i_{Fd,H}$ der Hauptmaschine proportional ist.

Für stationären Betrieb ohne Gegenspannung, lässt sich die Gleichrichterkennlinie mit

$$u_g = r_g i_g \quad \text{und} \quad u_{g0} = \omega l_k i_{gk}, \qquad (5.34)$$

in die drei Bereichsrelationen Gl. 5.35 überführen. Das Gleichstromverhältnis ist dann durch die Größen r_g, l_k und ω eindeutig festgelegt und der dazu kompatible Gleichstrom i_g allein durch die aktuelle Größe der Hauptfeldspannung u_h bestimmt.

$$v_i = \frac{i_g}{i_{gk}} = \begin{cases} \dfrac{\sqrt{3}}{1 + \frac{\pi}{3}\frac{r_g}{\omega l_k}} & \text{für } \frac{9}{\pi} \le \frac{r_g}{\omega l_k} & \text{(1. Bereich)}, \\[4mm] \dfrac{\sqrt{3}}{2\sqrt{1 + \frac{\pi^2}{27}\left(\frac{r_g}{\omega l_k}\right)^2}} & \text{für } \frac{3}{\pi} \le \frac{r_g}{\omega l_k} \le \frac{9}{\pi} & \text{(2. Bereich)}, \\[4mm] \dfrac{1}{1 + \frac{\pi}{9}\frac{r_g}{\omega l_k}} & \text{für } 0 \le \frac{r_g}{\omega l_k} \le \frac{3}{\pi} & \text{(3. Bereich)}. \end{cases} \qquad (5.35)$$

Da für die Erregermaschine ebenfalls das Grundschwingungsmodell zugrunde gelegt wurde, benötigt man als Ankerstrom die Grundschwingung des Gleichrichter-Eingangsstromes. Netzseitiger Eingangsstrom des Gleichrichters i_E ist dabei der Ankerstrom der Erregermaschine i in Gegenphase, die Amplituden beider Grundschwingungen sind gleich und werden mit i_1 bezeichnet.

Für die Amplitude der netzseitigen Grundschwingung eines ungesteuerten B6-Gleichrichters wird allgemein die Beziehung

$$i_1 = \frac{2\sqrt{3}}{\pi} i_g \qquad (5.36)$$

angegeben. Diese Relation gilt jedoch exakt nur für einen rechteckförmigen Eingangsstrom, also im ersten Arbeitsbereich ohne Berücksichtigung der Überlappung. Für den allgemeinen Fall soll daher

$$i_1 = g_1 i_g \qquad (5.37)$$

gesetzt werden. Der Grundschwingungsbeiwert g_1, also die auf den aktuellen ideal geglätteten Gleichstrom i_g bezogene Grundschwingungsamplitude, und der Phasenwinkel φ_1 zwischen Hauptfeldspannung u_h und Grundschwingung des Gleichrichter-Eingangsstromes sind Funktionen des Gleichstromverhältnisses v_i und lassen sich unter Berücksichtigung der Kommutierungsvorgänge aus dem Zeitverlauf des Gleichrichter-Eingangsstromes i_E durch eine harmonische Analyse bestimmen; wie beim Gleichrichter üblich, wird dabei der Gleichrichter als ohmsch-induktive Last interpretiert, der Phasenwinkel liegt damit im Bereich $0 \leq \varphi_1 \leq \pi/2$.

Für die drei Betriebsbereiche ergeben sich mit dem Überlappungswinkel μ und dem Zündverzögerungswinkel ζ für die auf den Gleichstrom bezogenen Grundschwingungsamplituden a_1 des Cosinus- und b_1 des Sinus-Gliedes der Fourierreihe folgende Relationen:

1. Bereich: $0 \leq v_i \leq \frac{\sqrt{3}}{4}, v_u = 1 - \frac{\sqrt{3}}{3}v_i, \mu = \arccos\left(1 - \frac{2\sqrt{3}}{3}v_i\right), 0 \leq \mu \leq \frac{\pi}{3}$

$$a_1 = \frac{\sqrt{3}}{\pi}(1 + \cos\mu), \quad b_1 = \frac{\sqrt{3}}{\pi}\frac{\mu - \frac{1}{2}\sin 2\mu}{1 - \cos\mu} \qquad (5.38)$$

2. Bereich: $\frac{\sqrt{3}}{4} \leq v_i \leq 0{,}75, v_u = \sqrt{\frac{3}{4} - v_i^2}, \mu = \frac{\pi}{3}, \zeta = \arcsin\left(\frac{2\sqrt{3}}{3}v_i\right) - \frac{\pi}{6}, 0 \leq \zeta \leq \frac{\pi}{6}$

$$a_1 = \frac{3}{4\pi}\frac{\sin 2\zeta + \sqrt{3}\cos 2\zeta}{\sin(\zeta + \frac{\pi}{6})}, \quad b_1 = \frac{3}{4\pi}\frac{4\pi/\sqrt{3} + \sqrt{3}\sin 2\zeta - \cos 2\zeta}{\sin(\zeta + \frac{\pi}{6})} \qquad (5.39)$$

3. Bereich: $0{,}75 \leq v_i \leq 1, v_u = \sqrt{3}(1 - v_i), \zeta = \frac{\pi}{6}, \mu = \arccos(1 - 2v_i) - \frac{\pi}{3}, \frac{\pi}{3} \leq \mu \leq \frac{2\pi}{3}$

$$a_1 = \frac{3}{4\pi}\frac{1 + \sqrt{3}\sin 2\mu + 2\cos^2\mu}{1 - \cos\left(\mu + \frac{\pi}{3}\right)}, \quad b_1 = \frac{3}{4\pi}\frac{4\mu + \sin 2\mu - \sqrt{3}\cos 2\mu}{1 - \cos\left(\mu + \frac{\pi}{3}\right)} \qquad (5.40)$$

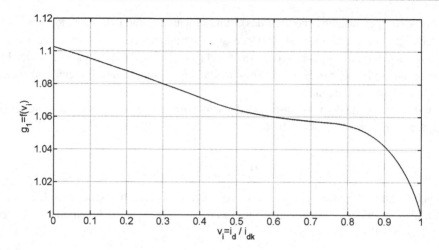

Abb. 5.8 Grundschwingungsbeiwert $g_1 = f(v_i)$

Den Grundschwingungsbeiwert g_1 und den Phasenwinkel φ_1 der resultierenden Grund-schwingung erhält man dann zu

$$g_1(v_i) = \sqrt{a_1^2 + b_1^2} \quad \text{und} \quad \varphi_1(v_i) = \arctan\left(\frac{b_1}{a_1}\right). \tag{5.41}$$

Zwischen beiden Größen und der Gleichrichter-Kennlinie besteht folgende Beziehung

$$v_u(v_i) = \frac{\pi\sqrt{3}}{6} g_1(v_i) \cos\varphi_1(v_i). \tag{5.42}$$

Abbildung 5.8 zeigt den Verlauf des Grundschwingungsbeiwertes g_1, Abb. 5.9 den des Verschiebungsfaktors $\cos\varphi_1$ in Abhängigkeit vom Gleichstromverhältnis v_i zwischen Leerlauf $i_g = 0$ und Kurzschluss $i_g = i_{gk}$. Der $\cos\varphi_1$-Verlauf ist der Betriebskennlinie sehr ähnlich, im Mittelteil liegt er jedoch etwas höher. Da für die Erregermaschine das Grund-schwingungsmodell zugrunde gelegt wurde, stimmen für sie Verschiebungsfaktor und Leistungsfaktor überein, sind jedoch wegen des gegenphasigen Ansatzes bezüglich des Gleichrichters negativ.

Der Erregerstrom der Hauptmaschine $i_{Fd,H}$ ist Zustandsgröße, so dass damit der Gleich-strom i_g zu jedem Zeitpunkt definiert ist. Für die Bestimmung des Arbeitspunktes auf der Gleichrichterkennlinie, des aktuellen Gleichstromverhältnisses v_i und der Amplitude der Grundschwingung i_1 wird nun die Größe der Hauptfeldspannung der Erregerma-schine u_h benötigt. Da auf die Erfassung der Kommutierungsvorgänge und die damit einhergehenden subtransienten Vorgänge im Ankerkreis verzichtet wurde, soll auch für die Berechnung der Hauptfeldspannung u_h ein angepasstes, bezüglich der Ankerwick-lung quasistationäres Synchronmaschinen-Modell ohne Ersatz-Dämpferkreise und ohne Berücksichtigung der Sättigung in der Querachse verwendet werden [2].

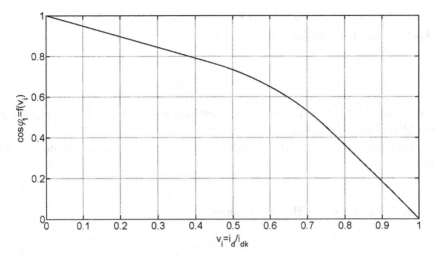

Abb. 5.9 Verschiebungsfaktor $\cos\varphi_1 = f(v_i)$ eines B6-Gleichrichters

Die Ankerlängs- und die Ankerquerspannung folgen mit den Ankerflussverkettungen

$$\psi_d = \psi_{hd}(i_{hd}) + l_{\sigma a}i_d \quad \text{und} \quad \psi_q = l_q i_q \tag{5.43}$$

und dem resultierenden Magnetisierungsstrom der Längsachse

$$i_{hd} = i_d + i_{fd}. \tag{5.44}$$

aus den Rotationsspannungen der Erregermaschine für Leerlauf ($i_d = i_q = 0$) zu

$$u_{d0} = -\omega\psi_q = -\omega\psi_{hd} \quad \text{und} \quad u_{q0} = \omega\psi_d = 0. \tag{5.45}$$

Die magnetische Sättigung in der Längsachse der Erregermaschine wird durch ihre inverse Leerlaufkennlinie als Näherung für die $i_{hd}(\psi_{hd})$-Magnetisierungskennlinie berücksichtigt, die erhöhte Polstreuung jedoch vernachlässigt ($i_{Fd,E} = i_{fd,E}$). Wegen des geringen Einflusses kann aber bei der Erregermaschine oft auch völlig auf die Berücksichtigung der Sättigung verzichtet werden. Bei Belastung des Gleichrichters treten infolge der Kommutierungsvorgänge in der Maschine zusätzliche magnetische Kopplungen und Streuflüsse auf, die näherungsweise und summarisch durch eine Korrektur der Ankerflusskomponenten um einen der Kommutierungsinduktivität l_k proportionalen Anteil berücksichtigt werden sollen:

$$\psi_{kd} = \psi_d - l_k i_d \quad \text{und} \quad \psi_{kq} = \psi_q - l_k i_q. \tag{5.46}$$

Als Kommutierungsinduktivität l_k wird wie in Abschn. 5.4 der Mittelwert aus den beiden subtransienten Induktivitäten verwendet. Besitzt die Maschine keinen Dämpferkäfig und auch keine dämpfenden Metallteile im Polsystem, tritt an die Stelle der subtransienten Induktivitäten die transiente Längsinduktivität

$$l'_{\mathrm{d}} = l_{\mathrm{d}} \left(1 - \frac{l_{\mathrm{hd}}^2}{l_{\mathrm{d}} l_{\mathrm{fd}}} \right),$$ (5.47)

bzw. die synchrone Querinduktivität l_{q}; mit gewissen subtransienten Dämpfungen muss aber wohl immer gerechnet werden.

Mit den so korrigierten Ankerflusskomponenten folgt die korrigierte resultierende Ankerflussverkettung

$$\psi_{\mathrm{k}} = \sqrt{\psi_{\mathrm{kd}}^2 + \psi_{\mathrm{kq}}^2}$$ (5.48)

und damit die Amplitude der Hauptfeldspannung zu

$$u_{\mathrm{h}} = \omega \psi_{\mathrm{k}}.$$ (5.49)

Für die Amplitude der Ankerstrom-Grundschwingung i_1 gilt

$$i_1 = \sqrt{i_{\mathrm{d}}^2 + i_{\mathrm{q}}^2} = \begin{cases} g_1(v_{\mathrm{i}}) i_{\mathrm{g}} & \text{für } 0 \le v_{\mathrm{i}} \le 1, \\ i_{\mathrm{gk}} & \text{für } 1 \le v_{\mathrm{i}}. \end{cases}$$ (5.50)

Für die Luftspaltleistung (Grundschwingungsleistung) der Erregermaschine zwischen Leerlauf und Kurzschluss- bzw. Freilaufzustand aus den Beziehungen am Gleichrichter erhält man

$$p_{\delta,\mathrm{E}} = -\frac{2}{3} u_{\mathrm{g}} i_{\mathrm{g}} = -\frac{2}{3} r_{\mathrm{g}} i_{\mathrm{g}}^2 = -u_{\mathrm{h}} i_1 \cos \varphi_1.$$ (5.51)

Im Gleichstromwiderstand r_{g} kann auch die Verlustleistung in den Widerständen der Ankerwicklung der Erregermaschine r_{a} und der Gleichrichterdioden r_{D}

$$p_{\mathrm{v,E}} = r_{\mathrm{a}} i_1^2 + 2 r_{\mathrm{D}} i_{\mathrm{g}}^2,$$ (5.52)

durch einen Widerstandszuschlag r_{zus}

$$r_{\mathrm{zus}} = r_{\mathrm{a}} g_1^2 + 2 r_{\mathrm{D}}$$ (5.53)

berücksichtigt werden. Wegen

$$p_{\delta,\mathrm{E}} = \omega m_{\delta,\mathrm{E}}.$$ (5.54)

folgt für das Erregermaschinen-Luftspaltmoment schließlich

$$m_{\delta} = (\psi_{\mathrm{d}} - l_{\mathrm{q}} i_{\mathrm{d}}) i_{\mathrm{q}} = -i_1 \psi_{\mathrm{k}} \cos \varphi_1.$$ (5.55)

Diese Zusammenhänge zwischen den Ankerflussverkettungen und den Ankerstromkomponenten lassen sich sehr anschaulich in einem Zeigerdiagramm darstellen (Abb. 5.10).

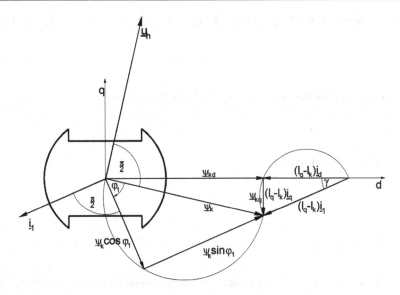

Abb. 5.10 Zeigerbild der Ankerflussverkettungen

Danach kann der Winkel γ zwischen dem Zeiger des Ankerstromes und dem seiner Längskomponente bestimmt werden aus

$$\tan \gamma = \frac{\psi_k \cos \varphi_1}{\psi_k \sin \varphi_1 + (l_q - l_k)i_1}, \tag{5.56}$$

so dass man für die Ankerstromkomponenten

$$i_d = -i_1 \cos \gamma \quad \text{und} \quad i_q = -i_1 \sin \gamma \tag{5.57}$$

erhält.

Für die Erregerwicklung lautet die Spannungsgleichung

$$u_{fd} = r_{fd} i_{fd} + T_{0E} \frac{d\psi_{fd}}{dt} \tag{5.58}$$

mit der Flussverkettung

$$\psi_{fd} = \psi_{hd}(i_{hd}) + l_{\sigma fd} i_{fd}. \tag{5.59}$$

ψ_{fd} ist die einzige speziell der Erregermaschine zugeordnete Zustandsgröße, da auch hier die Ankerstromkomponenten über die Beziehungen am Gleichrichter bestimmt werden. Bei Berücksichtigung der Sättigung in der Längsachse lassen sich mit dem nach Gl. 5.57 bestimmten Längsachsenstrom i_d aus ψ_{fd} die Hauptflussverkettung der Längsachse ψ_{hd} und der Erregerstrom i_{fd} zu jedem Zeitpunkt iterativ berechnen:

$$\begin{aligned} \psi_{hd} &= \psi_{fd} - l_{\sigma fd} i_{fd} \\ i_{fd} &= i_{hd}(\psi_{hd}) - i_d. \end{aligned} \tag{5.60}$$

Bei Vernachlässigung der Sättigung vereinfacht sich die Bestimmung von i_{fd} aus ψ_{fd} zu

$$i_{fd} = \frac{\psi_{fd} - l_{hd} i_d}{l_{fd}}. \tag{5.61}$$

Für Leerlauf erhält man aus den vorstehenden Beziehungen sofort

$$i_d = i_q = i_1 = i_g = 0 \quad \text{und} \quad \psi_{kq} = 0. \tag{5.62}$$

Mit i_{fd} und ψ_{hd} aus ψ_{fd} folgen

$$\psi_k = \psi_{kd} = \psi_{hd} \tag{5.63}$$

sowie

$$u_g = u_{g0} = \omega \psi_k, \quad i_{gk} = \frac{\psi_k}{l_k}, \quad v_i = \frac{i_g}{i_{gk}} = 0, \quad g_1(0) = \frac{2\sqrt{3}}{\pi} \quad \text{und} \quad \varphi_1(0) = 0. \tag{5.64}$$

Bei Kurzschluss hinter dem Gleichrichter, also auch in dessen Freilaufzustand mit $v_i > 1$, ergeben sich für die Erregermaschine und den Gleichrichter folgende Werte:

$$u_g = 0, \quad v_i = \frac{i_g}{i_{gk}} \geq 1, \quad g_1 = 1, \quad \varphi_1 = \frac{\pi}{2}, \quad i_q = 0 \quad \text{und} \quad \psi_{kq} = 0. \tag{5.65}$$

Die Größen i_{gk}, i_{fd} und ψ_{hd} sind bei Verwendung einer nichtlinearen $i_{hd}(\psi_{hd})$-Sättigungs-kennlinie aus den Relationen

$$i_{gk} = i_1 = -i_d = \frac{\psi_{hd}}{l_{\sigma a}} \quad \text{und} \quad i_{fd} = i_{hd}(\psi_{hd}) - i_d \quad \text{mit} \quad \psi_{hd} = \psi_{fd} - l_{\sigma fd} i_{fd} \tag{5.66}$$

und

$$\psi_k = \psi_{kd} = \psi_{hd} + (l_k - l_{\sigma a})i_{gk} = \frac{l_k}{l_{\sigma a}}\psi_{hd}. \tag{5.67}$$

iterativ zu berechnen. Wird auf die Berücksichtigung der Sättigung verzichtet, kann die ψ_{hd}-i_{fd}-i_{gk}-Iteration entfallen, die Beziehungen vereinfachen sich zu

$$i_{gk} = i_1 = -i_d = \frac{l_{hd}}{l_d' l_{fd}}\psi_{fd}, \quad i_{fd} = \frac{l_d}{l_{hd}}i_{gk} \quad \text{und} \quad \psi_k = l_k i_{gk}. \tag{5.68}$$

Für die Arbeitspunkte zwischen Leerlauf und Kurzschluss sind lediglich die gemeinsa-me Winkelgeschwindigkeit ω, die Erregerflussverkettung ψ_{fd} der Erregermaschine und der Erregerstrom $i_{Fd,H}$ der Hauptmaschine bzw. der diesem entsprechende Gleichstrom i_g als Zustandsgrößen zu jedem Zeitpunkt direkt verfügbar; alle anderen Größen sind aus dem gemeinsamen nichtlinearen Gleichungssystem von Erregermaschine und Gleichrich-ter iterativ zu bestimmen. Von zentraler Bedeutung erweist sich dabei das Gleichstromver-hältnis v_i, das sich auf der Grundlage von Abb. 5.10 und Gl. 5.55 durch Iteration berechnen lässt.

Nach einer Kontrolle, dass aktuell weder Leerlauf noch Kurzschluss/Freilauf vorliegen, also $0 < v_i < 1$ gilt, wird die Iteration mit dem v_i-Wert des quasistationären Zustandes oder des letzten bekannten Arbeitspunktes begonnen. Aus Gl. 5.56 folgt mit i_g sowie v_i, $g_1(v_i)$ und $\cos\varphi_1(v_i)$

$$\tan\gamma = \frac{l_k \cos\varphi_1}{l_k \sin\varphi_1 + (l_q - l_k)g_1 v_i} \tag{5.69}$$

und weiter

$$i_d = -i_g g_1 \cos\gamma \quad \text{und} \quad i_q = -i_g g_1 \sin\gamma. \tag{5.70}$$

Nach Gl. 5.60 berechnet man nun mit i_d iterativ eine Näherung für ψ_{hd} und damit

$$\psi_{kd} = \psi_{hd} - (l_k - l_{\sigma a})i_d \tag{5.71}$$

oder bei Vernachlässigung der Sättigung direkt

$$\psi_{kd} = \psi_{fd}\frac{l_{hd}}{l_{fd}} - (l_k - l_d')i_d \quad \text{sowie} \quad \psi_{kq} = (l_q - l_k)i_q. \tag{5.72}$$

Mit

$$\psi_k = \sqrt{\psi_{kd}^2 + \psi_{kq}^2} \tag{5.73}$$

erhält man dann einen verbesserten Wert des Gleichstromverhältnisses

$$v_i = i_g \frac{l_k}{\psi_k}, \tag{5.74}$$

mit dem ein neuer Iterationsschritt angeschlossen werden kann. Ergibt sich dabei $v_i = 0$ oder $v_i \geq 1$, ist erneut auf Leerlauf bzw. Kurzschluss/Freilauf zu prüfen. Als Kriterium für den Abbruch der Iteration kann die Änderung des Gleichstromverhältnisses v_i verwendet werden.

Nach Abschluss der v_i-Iteration ergeben sich die übrigen Werte des aktuellen Arbeitspunktes zu

$$\psi_k = l_k\frac{i_g}{v_i}, \quad i_1 = g_1 i_g \quad \text{und} \quad v_u = \frac{\pi\sqrt{3}}{6}g_1 \cos\varphi_1. \tag{5.75}$$

Der Erregerstrom der Erregermaschine folgt zu

$$i_{fd} = \frac{1}{l_{\sigma fd}}\left(\psi_{fd} - \psi_k\frac{\cos\varphi_1}{\sin\gamma} - (l_q - l_{\sigma a})i_d\right), \tag{5.76}$$

und die Erregerspannung der Hauptmaschine erhält man schließlich mit

$$u_g = \frac{3\sqrt{3}}{\pi}\omega\psi_k v_u \tag{5.77}$$

zu

$$u_{FdH} = \ddot{u}_{afdH}u_g. \tag{5.78}$$

Das Luftspaltmoment kann nach Gl. 5.55 bestimmt werden.

Abb. 5.11 Zeigerdiagramm
der idealen Vollpolmaschine
bei Belastung (vereinfacht)

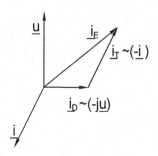

5.6 Kompound-Erregersysteme

Unter Kompoundierung wird die vorzeichen- bzw. phasenrichtige Aufschaltung einer last-stromproportionalen Komponente auf eine vorhandene Grunderregung verstanden. Bei selbsterregten Synchrongeneratoren verfolgt man dabei das Ziel, die Lastabhängigkeit der Klemmenspannung zu vermindern und einen ausreichenden Dauerkurzschlussstrom zu sichern, während bei Synchronmotoren die Drehmoment-Überlastbarkeit erhöht und die Spannungshaltung im Netz durch Bereitstellung von Blindleistung unterstützt werden soll. Besondere Bedeutung erlangte die Kompoundierungsschaltung nach Harz [3]. Ihr liegt das Zeigerdiagramm der Ströme einer idealen Vollpolmaschine (Abb. 5.11) zugrunde. Bei Vernachlässigung des Anker-Spannungsabfalls bei Belastung benötigt man danach für eine konstante Klemmenspannung einen Erregerstrom i_E, als Zeiger bestehend aus einer spannungsproportionalen Grunderregung i_D, die der Klemmenspannung um $\pi/2$ nacheilt, und einer dem Ankerstrom proportionalen, jedoch gegenphasigen Lastkomponente i_T. Diese beiden Komponenten werden bei der Kompoundierungsschaltung durch eine an den Ankerklemmen angeschlossene Leerlauf-Drosselspule L_D mit der großen bezogenen Induktivität l_D und einen primärseitig vom Ankerstrom durchflossenen Stromtransformator Tr mit dem Stromübersetzungsverhältnis $ü_T$ als annähernd eingeprägte Wechselströme i_D und i_T bereitgestellt und entweder direkt addiert (Stromadditionsschaltung) oder in einem Summenstromwandler als Durchflutungen zusammengeführt (Durchflutungsadditionsschaltung, Abb. 5.12). Der so gebildete Erregerwechselstrom i_E wird über einen ungesteuerten B6-Gleichrichter als Erregergleichstrom i_{Fd} in die Erregerwicklung eingespeist. Die Grunderregung, einstellbar unter Berücksichtigung der Sättigung der Hauptmaschine über den Luftspalt der Drosselspule L_D, bestimmt dabei die Leerlaufspannung. Die laststromabhängige Komponente des Stromtransformators kompensiert den belastungsabhängigen Spannungsabfall in der Maschine. Durch die Einfügung des Summenstromwandlers lässt sich die Kompoundierungseinrichtung besser an die Maschine anpassen.

Durch diese Störgrößenaufschaltung reagieren kompoundierte Generatoren sehr schnell und erreichen ohne Regelung von Leerlauf bis Nennlast in einem allerdings begrenzten Leistungsfaktorbereich von etwa 0,9 bis 0,5 (übererregt) eine Spannungskonstanz quasistationär von etwa $\pm 2,5\%$; deshalb werden sie auch als Konstantspannungs-

Abb. 5.12 Kompoundierungsschaltung nach Harz (Durchflutungsadditionsschaltung)

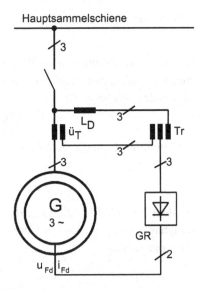

Hauptsammelschiene

generatoren bezeichnet. Obwohl eigentlich nur für Vollpolmaschinen abgeleitet, bringt die Kompoundierungsschaltung auch bei Schenkelpolmaschinen gute Ergebnisse.

Durch die magnetischen und galvanischen Kopplungen zwischen Anker- und Erregerseite sowie den Gleichrichter ist die exakte Nachbildung der Kompoundierungsschaltung unverhältnismäßig aufwändig. Deshalb wird von einer vereinfachten Ersatzschaltung (Abb. 5.13) ausgegangen, die das quasistationäre Verhalten sowohl der Stromadditionsschaltung als auch der Durchflutungsadditionsschaltung ausreichend genau charakterisiert. Die transienten Vorgänge an der Drosselspule, im Stromtransformator und im Summenstromwandler werden ebenso vernachlässigt wie die Kommutierungsvorgänge am Gleichrichter, die dadurch entstehenden Oberschwingungen und die Rückwirkungen auf den Anker der Hauptmaschine.

Der Gleichrichter wird wechselstromseitig näherungsweise durch einen Ersatzwiderstand r_E mit dem Winkelfehler φ_E charakterisiert, an dem durch den Erregerwechselstrom

Abb. 5.13 Ersatzschaltbild zur Nachbildung der Kompoundierungsschaltung nach Harz

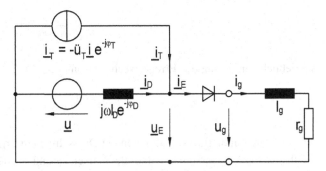

i_E die Spannung u_E abfällt:

$$\underline{u}_E = \underline{i}_E r_E e^{j\varphi_E}. \tag{5.79}$$

Aus der Ankerspannung u erhält man mit der Gleichrichterspannung u_E und der Drosselinduktivität l_D unter Berücksichtigung des Winkelfehlers φ_D infolge des Drosselwiderstandes den Drosselstrom

$$\underline{i}_D = \frac{u - u_E}{j\omega l_D} e^{j\varphi_D}. \tag{5.80}$$

Der Stromtransformator liefert den eingeprägten Strom

$$\underline{i}_T = -\ddot{u}_T \underline{i} e^{-j\varphi_T} \tag{5.81}$$

mit dem Winkelfehler φ_T. Geht der Stromtransformator ab einem Einsatzstrom i_{T0} in Sättigung, verringert sich das Übersetzungsverhältnis $\ddot{u}_T$. Das lässt sich berücksichtigen durch den Ansatz

$$\ddot{u}_T = \begin{cases} \ddot{u}_{T0} & \text{für } i \leq i_{T0}, \\ \frac{\ddot{u}_{T0}}{1 + a_T(i - i_{T0})^{b_T}} & \text{für } i > i_{T0}. \end{cases} \tag{5.82}$$

Setzt man nun für den Erregerwechselstrom

$$\underline{i}_E = \underline{i}_D + \underline{i}_T \tag{5.83}$$

und für den gemeinsamen Winkelfehler der beiden Erregerstromkomponenten

$$\delta = \varphi_D + \varphi_T, \tag{5.84}$$

erhält man unter Berücksichtigung des Phasenwinkels φ des Ankerstromes i bezüglich der Ankerspannung u mit dem Betrag der fiktiven resultierenden inneren Wechselspannung der Erregereinrichtung

$$u_\sim = \sqrt{[u - \ddot{u}_T \omega l_D i \sin(\varphi + \delta)]^2 + [\ddot{u}_T \omega l_D i \cos(\varphi + \delta)]^2} \tag{5.85}$$

und mit dem Gleichrichterfaktor

$$c_E = \frac{1}{|1 + \frac{r_E}{\omega l_D} e^{j(\varphi_E + \varphi_D - \frac{\pi}{2})}|} \tag{5.86}$$

schließlich den Betrag des Erregerwechselstromes zu

$$i_E = \frac{c_E}{\omega l_D} u_\sim. \tag{5.87}$$

Da bei Kompoundierungsschaltungen die Drosselreaktanz $x_D = \omega l_D$ stets sehr viel größer ist als der Ersatzwiderstand r_E und die Winkel φ_E und φ_D deutlich kleiner sind als $\pi/2$, ist der Gleichrichterfaktor nur wenig kleiner als 1. Für Kurzschluss wird $r_E = 0$ und $c_E = 1$, und man erhält für den Kurzschluss-Erregerwechselstrom

$$i_{Ek} = \frac{u_\sim}{\omega l_D}. \qquad (5.88)$$

Damit bekommt die innere Wechselspannung $u_\sim$ für den Gleichrichter die Bedeutung einer lastpunktabhängigen ideellen Speisespannung, vergleichbar mit der inneren Ankerspannung u_h in Abschn. 5.5, und l_D die Funktion der Kommutierungsinduktivität l_k. Mit $i_{gk} = i_{Ek}$ und

$$i_g = \frac{3\ddot{u}_{afd}}{2} i_{Fd} \qquad (5.89)$$

kann nun zu jedem Zeitpunkt das Gleichstromverhältnis $v_i = i_g/i_{gk}$ bestimmt und nach den Relationen von Abschn. 5.5 mit

$$u_{g0} = \frac{3\sqrt{3}}{\pi} u_\sim \qquad (5.90)$$

die Erregerspannung zu

$$u_{Fd} = \ddot{u}_{afd} u_g = \ddot{u}_{afd} u_{g0} v_u(v_i) \qquad (5.91)$$

berechnet werden. Die Grundschwingungsamplitude des Erregerwechselstromes ergibt sich aus dem Gleichstrom i_g zu

$$i_{E,1} = i_g g_1(v_i), \qquad (5.92)$$

ist hier aber weniger von Interesse.

Verzichtet man auf die arbeitspunktabhängige Bestimmung des Gleichstromverhältnisses v_i und benutzt stattdessen vereinfachend das aus r_g und ωl_D nach den Relationen Gl. 5.35 bestimmte „statische" Gleichstromverhältnis, folgt mit Gl. 5.88

$$i_g = i_{Ek} v_i \left(\frac{r_g}{\omega l_D} \right). \qquad (5.93)$$

Wegen der großen Leerlaufdrossel-Induktivität l_D gilt für den Gleichstromwiderstand meist $r_g \ll \omega l_D$, so dass der Gleichrichter stationär wohl immer im dritten Betriebsbereich arbeitet. Für diesen Bereich der doppelten Kommutierung erhält man mit v_i nach Gl. 5.35 den Gleichstrom

$$i_g = \frac{u_\sim}{\omega l_D \left(1 + \frac{\pi}{9} \frac{r_g}{\omega l_D}\right)} \qquad (5.94)$$

und die quasistationär von der Erregeranordnung bereitgestellte, von Ankerspannung u und Ständerstrom i abhängige Gleichspannung

$$u_g = \frac{r_g}{\omega l_D \left(1 + \frac{\pi}{9} \frac{r_g}{\omega l_D}\right)} \sqrt{[u - \ddot{u}_T \omega l_D i \sin(\varphi + \delta)]^2 + [\ddot{u}_T \omega l_D i \cos(\varphi + \delta)]^2}. \qquad (5.95)$$

Mit den Daten der Erregerwicklung folgt dann die Erregerspannung der Synchronmaschine zu

$$u_{Fd} = \frac{2r_{fd}}{3\ddot{u}_{afd}\omega l_D \left(1 + \frac{2\pi r_{fd}}{27\ddot{u}_{afd}^2 \omega l_D}\right)} \sqrt{[u - \ddot{u}_T \omega l_D i \sin(\varphi + \delta)]^2 + [\ddot{u}_T \omega l_D i \cos(\varphi + \delta)]^2}. \qquad (5.96)$$

Diese mit den eingeprägten Erregerstromkomponenten für den quasistationären Betrieb nach Gl. 5.91 oder nach Gl. 5.96 berechnete Erregerspannung u_{Fd} erfasst natürlich nicht die bei schnellen Laststromänderungen auftretenden Rückwirkungen von der Erregerwicklung, insbesondere dabei möglicherweise entstehende dynamische Überspannungen am Gleichrichter. Das führt zwar zu größeren Fehlern bei den Augenblickswerten der Erregerspannung, ihr Einfluss auf den Erregerstromverlauf und das Betriebsverhalten der Synchronmaschine insgesamt ist jedoch meist gering.

Sollen mehrere solcher ungeregelten Konstantspannungsgeneratoren parallel auf ein gemeinsames Netz arbeiten, muss eine stabile Blindleistungsverteilung gesichert werden. Meist wird dabei eine zur Nennleistung der Maschinen proportionale Aufteilung der Gesamtblindleistung angestrebt. Das gelingt bei baugleichen oder wenigstens bezüglich des Erregersystems (Kompoundierungseinrichtung, Erregerwicklungsdaten) ähnlichen Maschinen, indem die Kompoundierungseinrichtungen und die Erregerwicklungen aller Maschinen auf der Gleichstromseite über eine Ausgleichsleitung parallel geschaltet werden, so dass sich die Summe der von den Kompoundierungseinrichtungen gelieferten Gleichströme dann nach Maßgabe der Erregerkreiswiderstände der einzelnen Maschinen aufteilt.

Zur Verbesserung der Spannungskonstanz werden Konstantspannungsgeneratoren heute meist bürstenlos und mit einer zusätzlichen Regelung versehen (Abb. 5.14). Dafür wird die Kompoundierungseinrichtung so ausgelegt, dass sich ohne Regelung ein zu großer Erregerstrom und damit eine um mehr als 10 % zu hohe Klemmenspannung einstellt. Durch einen der Erregerwicklung parallel geschalteten Gleichstromsteller oder gepulsten

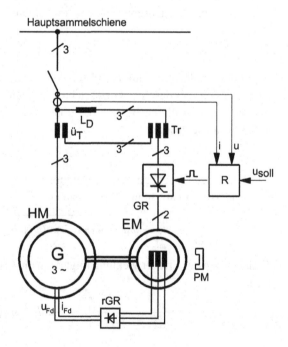

Abb. 5.14 Prinzipschaltbild eines modernen geregelten Konstantspannungsgenerators

Widerstand wird dann die an der Erregerwicklung anliegende Erregerspannung auf einen der angestrebten Klemmenspannung entsprechenden Wert vermindert. Bei so geregelten Erregersystemen können die beiden Erregerstromkomponenten auch getrennt gleichgerichtet und auf der Gleichstromseite ohne Berücksichtigung der Phasenlage addiert werden, wenn die algebraische Summe der beiden Komponenten bei allen interessierenden Lastfällen eine ausreichende Regelreserve ermöglicht.

5.7 Spannungs- und Blindleistungsregelung

Um allen Verbrauchern im Netz definierte Bedingungen zu bieten, sollen die Netzfrequenz und die Netzspannung in engen Grenzen konstant gehalten werden. Die Frequenz ist beim Synchrongenerator der Drehzahl proportional und wird über das Drehzahlstellorgan der Antriebsmaschine geregelt. Die Spannungseinstellung erfolgt über den vom Erregersystem in die Erregerwicklung eingespeisten Erregerstrom; diese Möglichkeit entfällt natürlich bei PM-erregten Synchronmaschinen.

Speist ein Synchrongenerator im Alleinbetrieb ein Inselnetz, so muss dieser auch allein die bei der aktuellen Netzfrequenz und -spannung von den Verbrauchern geforderte Wirk- und Blindleistung liefern. Über den Erregerstrom ist damit lediglich die richtige Spannung einzustellen. Arbeiten jedoch mehrere Synchrongeneratoren parallel, erfolgt die Aufteilung der Verbraucherwirkleistung nach Maßgabe der Drehzahlregler ihrer Antriebsmaschinen, während davon weitgehend unabhängig die Netzspannung und gleichzeitig die Aufteilung der Verbraucherblindleistung durch das gemeinsame Wirken der Erregerströme aller am Netz befindlichen Synchronmaschinen bestimmt wird. Zu beachten ist dabei, dass auch alle am Netz befindlichen Synchronmotoren über ihren Erregungszustand wie die Synchrongeneratoren an der Spannungs- und Blindleistungsregelung beteiligt sind. Deshalb erhalten bis auf wenige Ausnahmen (z. B. ungeregelte Konstantspannungsgeneratoren nach Abschn. 5.6) alle elektrisch erregten Synchronmaschinen eine eigene Spannungs- und, wenn Parallelbetrieb mit anderen Synchronmaschinen vorgesehen ist, meist auch eine Blindleistungsregelung (Abb. 5.15). Die Synchronmaschine, bei bürstenlos erregten Maschinen einschließlich Erregermaschine und rotierendem Gleichrichter, stellt dabei die Regelstrecke dar.

Als Stellglied kommt heute meist ein leistungselektronischer Pulssteller oder gesteuerter Gleichrichter zum Einsatz, der die für den gewünschten Erregerstrom i_{Fd} notwendige Erregerspannung u_{Fd} einstellt. Im Normalfall ist es ausreichend, das leistungselektronische Stellglied analog Gl. 5.7 durch ein minimal und maximal begrenztes P-Glied mit dem Reglerausgang y_{Fd} als Stellgröße zu charakterisieren. Die maximal mögliche Erregerspannung, die sogenannte Deckenspannung (u_{FD} in Abb. 5.15), wird durch das Erregersystem bestimmt.

Moderne Spannungsregler sind digital ausgeführt und enthalten zur besseren Anpassbarkeit mehrere, unterschiedlich kombinierbare PI- oder PID-Regler mit verschiedenen Einflussmöglichkeiten und Begrenzungen. Hauptregelgrößen sind je nach Einsatzfall die

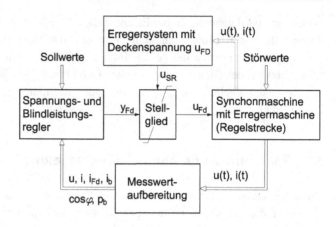

Abb. 5.15 Prinzipschema der Spannungs- und Blindleistungsregelung

Anker-Klemmenspannung u, die Ankerblindleistung

$$p_{\mathrm{b}} = ui \sin \varphi \quad \text{mit} \quad \begin{cases} \sin \varphi < 0 & \text{übererregt,} \\ \sin \varphi > 0 & \text{untererregt,} \end{cases} \tag{5.97}$$

der Ankerblindstrom

$$i_{\mathrm{b}} = i \sin \varphi \tag{5.98}$$

oder der (Grundschwingungs-)Leistungsfaktor $\cos\varphi$; als Hilfsregelgrößen werden auch der Erregerstrom i_{Fd} und der Ankerstrom i benutzt. Nach dem primären Regelungsziel kann man unterscheiden zwischen

- reinen Spannungsreglern,
- Spannungsreglern mit Statik,
- Erregerstrom-Reglern,
- Begrenzungsreglern,
- Blindleistungsreglern,
- Parallelreglern,
- $\cos \varphi$-Reglern.

Der reine Spannungsregler, der lediglich den Unterschied zwischen der Istspannung an den Maschinenklemmen und der Sollspannung (Regelabweichung x_{u})

$$x_{\mathrm{u}} = u_{\mathrm{soll}} - u_{\mathrm{ist}} \tag{5.99}$$

ausgleichen soll, eignet sich nur für den Alleinbetrieb eines Synchrongenerators, bei dem die Verbraucher die benötigte Wirk- und Blindleistung bestimmen; ein stabiler Parallelbetrieb mehrerer selbst typgleicher Synchrongeneratoren gelingt damit jedoch kaum. Der Messwert für die Istspannung wird meist durch Gleichrichtung aus den drei verketteten

Leiter-Leiter-Spannungen gewonnen. Muss mit größeren Spannungsunterschieden zwischen den Strängen infolge unsymmetrischer Belastung gerechnet werden, empfiehlt sich die getrennte Erfassung der Strangspannungen und Bildung eines optimierten Mittelwertes, nach dem dann die Erregung so geregelt wird, dass möglichst alle Strangspannungen im vorgegebenen Toleranzfeld liegen, jedoch keine den zulässigen Maximalwert überschreitet.

Bei parallel arbeitenden Synchrongeneratoren wird meist angestrebt, dass sich sowohl die Wirk- als auch die Blindleistung proportional zur Bemessungswirk- bzw. -blindleistung der Maschinen aufteilen. Sind die Drehzahlregler entsprechend eingestellt, lässt sich eine solche Blindleistungsverteilung vereinfacht durch eine sogenannte Blindstromstatik erreichen. Die Regelabweichung der Spannungsregler wird dafür um den mit dem Statikfaktor k_b multiplizierten Ankerblindstrom erweitert zu

$$x_u = u_{soll} - u_{ist} + k_b i_b. \qquad (5.100)$$

Üblich sind k_b-Werte um 0,04. Wird zur Vereinfachung auf die $\sin\varphi$-Erfassung verzichtet und gleichbleibend $\sin\varphi = -1$ gesetzt, werden statt der Blindströme die Scheinströme aneinander angeglichen, man spricht dann von einer Scheinstromstatik. Die Statikkorrektur hat bei konstantem Sollwert eine geringfügige Belastungsabhängigkeit der Klemmenspannung zur Folge.

Dem Spannungsregler unterlagert wird vielfach ein Erregerstrom-Regler, um die dominierende Zeitkonstante der Erregermaschine sowie deren Nichtlinearitäten infolge der magnetischen Sättigung und des rotierenden Gleichrichters zu kompensieren. Eine direkt auf den Reglerausgang wirkende, nach Wirk- und Blindstrom getrennt einstellbare Störgrößenaufschaltung kann als Vorsteuerung zur Entlastung der Regler und zur Verbesserung der Dynamik beitragen. Mit Begrenzungsreglern werden meist nur der Ankerstrom, ggf. getrennt nach Wirk- und Blindanteil, oder der Erregerstrom auf Grenzwerte überwacht und lediglich bei Über- oder beim Erregerstrom evtl. auch Unterschreitung Eingriffe in die Regelung vorgenommen.

Eine bessere Spannungskonstanz und genauere Blindstromaufteilung beim Parallelbetrieb mehrerer Synchronmaschinen als mit einem reinen Spannungsregler erreicht man durch einen zusätzlichen Blindstromregler mit der Regelabweichung

$$x_b = i_{b,soll} - i_{b,ist}, \qquad (5.101)$$

der dem eigentlichen Spannungsregler korrigierend nach- oder zur Vorgabe seines Sollwertes vorgeschaltet wird. Während die erste Variante vorzugsweise zur Blindstrombegrenzung bei der eigenen Maschine verwendet wird, dient die zweite Variante der optimalen Blindstromverteilung zwischen den Maschinen beim Parallelbetrieb, indem der jeweils optimale Blindstrom-Sollwert $i_{b,soll}$ unter Berücksichtigung der aktuellen Blindstromwerte aller beteiligten Maschinen im Regler selbst oder extern durch ein übergeordnetes Netzwerk berechnet wird. Solche speziellen Blindleistungsregler werden auch als Parallelregler bezeichnet. Die gemeinsame Spannung aller parallel arbeitenden Maschinen wird dabei durch den Spannungsregler der Leit- oder Mastermaschine, bei der der Blindleistungsregler abgeschaltet bleibt, bestimmt.

Mit einem cosφ-Regler schließlich kann bei einer Synchronmaschine unabhängig von der aktuellen Spannung im Netz der Leistungsfaktor konstant geregelt werden. Der Spannungsregler dieser Maschine ist dann ebenfalls zu deaktivieren, für die Spannungshaltung im Netz sind demzufolge die anderen Synchronmaschinen zuständig.

Literatur

1. Wasserrab, Th.: Schaltungslehre der Stromrichtertechnik. Springer, Berlin u. a. (1962)

2. Tipikin, A.P.: Mathematische Modellierung elektromechanischer Ausgleichsvorgänge in einem Synchrongenerator bei Gleichrichterbelastung (russ.). Elektromechanika (Berichte der Akad. d. Wiss. d. UdSSR) **11**, 1146–1153 (1966)

3. Kosack, H.-J., Wangerin, W.: Elektrotechnik auf Handelsschiffen, 2. Aufl. Springer, Berlin u. a. (1964)

Besonderheiten der Drehstrom-Asynchronmaschine

6

Zusammenfassung

Mit dem nichtlinearen dynamischen Modell der verallgemeinerten Drehstrommaschine werden sowohl Drehstrom-Asynchronmaschinen mit Schleifring- als auch solche mit Doppelkäfigläufer ohne Stromverdrängung in den Läuferstäben erfasst. Bei Verwendung des Doppelkäfigansatzes lässt sich damit auch Stromverdrängung in den Stäben eines Einfachkäfigs vereinfacht nachbilden (Doppelkäfignäherung).

Drehstrom-Asynchronmaschinen sind in Längs- und Querachse gleich aufgebaut mit gleichen Parametern und magnetischen Eigenschaften. Wegen des geringeren Luftspaltes sind Sättigungserscheinungen auf den Streuwegen deutlicher ausgeprägt, lassen sich aber kaum auf die einzelnen Streubereiche aufteilen. Deshalb wird das gesamte Sättigungsverhalten auf den Streuwegen vereinfacht der Ständerstreuung zugeordnet oder wie im Läufer auch im Ständer mit konstanten Streuinduktivitäten gerechnet. Bei den Haupt- wie ggf. auch bei den Ständerstreuflüssen ist die elliptische Korrektur zu empfehlen.

Die quasistationären Betriebskennlinien von Drehstrom-Asynchronmaschinen lassen sich leicht punktweise nach Vorgabe von Klemmenspannung, Netzfrequenz und Schlupf auf der Grundlage des Zeigerdiagramms der Spannungen und Ströme auch unter Berücksichtigung der Sättigung auf den Haupt- und Ständerstreuwegen berechnen.

6.1 Die Unterschiede zur Drehstrom-Synchronmaschine

6.1.1 Wicklungsausführungen

Die Ständerwicklung normaler Drehstrom-Asynchronmaschinen mit nur einer festen Polpaarzahl z_p weist gegenüber der von Drehstrom-Synchronmaschinen (Innenpol-Bauform)

© Springer Fachmedien Wiesbaden 2015

H. Mrugowsky, *Drehstrommaschinen im Inselbetrieb*, DOI 10.1007/978-3-658-08990-0_6

Abb. 6.1 Gebräuchliche Dahlander-Schaltungskombinationen

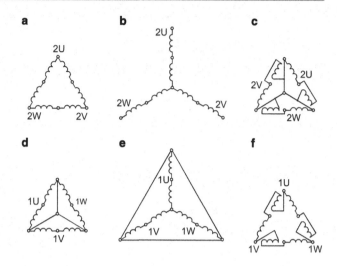

keine prinzipiellen Unterschiede auf. Um die Strangwicklungen in Stern oder Dreieck schalten und ggf. auch während des Betriebes umschalten zu können, werden meist alle sechs Wicklungsenden auf von außen zugängliche Klemmbretter oder Anschlussbolzen herausgeführt.

Bei polumschaltbaren Maschinen mit zwei getrennten Wicklungssystemen für die beiden Drehzahlstufen wird stets nur ein Wicklungssystem eingeschaltet, das andere bleibt stromlos. Für die Energiewandlung ist die stromlose Wicklung nutzlos und durch verlängerte Streuwege um sie herum auch ungünstig, so dass solche Maschinen relativ zur Bemessungsleistung groß und schwer ausfallen.

Eine bessere Materialausnutzung wird, leider nur für ein Polpaarverhältnis $z_{p2} : z_{p1} = 2 : 1$, durch die Polpaarumschaltung nach Dahlander erreicht. Dafür werden die als Zweischichtwicklung ausgeführten Wicklungsstränge in je 2 Spulengruppen unterteilt, so dass diese dann gemeinsam in Reihe zum Stern (Y) oder Dreieck (D) oder unter Nutzung der mittleren Anschlüsse parallel zum Doppelstern (YY) oder Doppeldreieck (DD) geschaltet werden können. Bevorzugt wird für die hohe Polpaarzahl z_{p2}, also die niedere Drehzahlstufe, die Dreieck- und für die niedere Polpaarzahl z_{p1} die Doppelsternschaltung (Abb. 6.1a, b). Gebräuchlich sind aber auch die Kombinationen Stern – Doppelstern (Abb. 6.1c, d) und Doppelstern – Dreieck (Abb. 6.1e, f). Die Anschlusspunkte sind in Abb. 6.1 für die niedere Polpaarzahl z_{p1} mit 1 U, 1 V, 1 W und für die hohe Polpaarzahl z_{p2} mit 2 U, 2 V, 2 W gekennzeichnet. Da sich bei der Wicklungsumschaltung sowohl die Spannung an den Spulengruppen als auch teilweise deren Wirkungsrichtung verändern, ergeben sich im magnetischen Kreis veränderte Verhältnisse, die bei der Auslegung einen Kompromiss bezüglich der beiden Drehzahlstufen erfordern. Legt man bei den Schaltungskombinationen jeweils gleiche Klemmenspannung und gleiche Bemessungsströme in den Spulengruppen (SG) zugrunde, ergeben sich für die beiden Drehzahlstufen etwa

Tab. 6.1 Gebräuchliche Dahlander-Schaltungskombinationen und ihre Eigenschaften. (Nach [1])

Schaltungs-kombination	Schaltbild		U_{SG}/U_N		B_2/B_1	M_2/M_1	P_2/P_1
	z_{p2}	z_{p1}	z_{p2}	z_{p1}			
D/YY	Abb. 6.1a	Abb. 6.1b	0,5	0,5774	1,4	1,2 … 1,4	0,6 … 0,7
Y/YY	Abb. 6.1c	Abb. 6.1d	0,2887	0,5774	0,8	0,7 … 0,8	0,35 … 0,4
YY/D	Abb. 6.1e	Abb. 6.1f	0,5774	0,5	1,9	1,6 … 1,8	0,8 … 0,9

die in Tab. 6.1 aufgeführten Verhältnisse der Induktionen, der Drehmomente und der mechanischen Leistungen.

Natürlich können in den Ständernuten auch zwei getrennte Dahlander-Wicklungssysteme eingebaut werden, von denen nur ein Wicklungssystem eingeschaltet wird; man erhält dann eine Maschine mit vier Drehzahlstufen, jeweils zwei im Verhältnis 2:1.

Wird der Rotor der Asynchronmaschine als Schleifringläufer (Kap. 1, Abb. 1.6) mit einer verteilten dreisträngigen Wicklung ausgeführt, muss deren Polpaarzahl mit der der Ständerwicklung übereinstimmen. Meist sind die Rotor-Wicklungsstränge einseitig fest zum Stern verbunden, während die anderen Wicklungsenden auf Schleifringe geführt und damit von außen zugänglich sind. Um die Bürstenübergangs- und die Reibungsverluste an den Schleifringen im Normalbetrieb zu vermeiden, können die Schleifringseiten mitunter auch in der Maschine kurzgeschlossen und die Bürsten dann von den Schleifringen abgehoben werden.

Da eine Polpaarumschaltung beim Schleifringläufer sehr aufwändig wäre, werden polumschaltbare Maschinen mit einem Kurzschluss- oder Käfigläufer (Kap. 1, Abb. 1.7) ausgeführt. Der Käfig erhält dann eine für alle relevanten Polpaarzahlen geeignete Stabzahl. Durch unterschiedliche Stabanordnungen (Einfach-, Doppel- oder gar Dreifachkäfig), Stabquerschnittsgestaltung (Rund- Rechteck- und Trapezstäbe, Tropfenform) und Leitermaterialien (vorzugsweise Aluminium, Kupfer oder Bronze) lassen sich die Eigenschaften insbesondere bei großem Schlupf (Anlauf, Bremsung) beeinflussen. Abbildung 6.2 zeigt gebräuchliche Stabquerschnitte, Abb. 6.3 damit erreichbare typische quasistationäre Kennlinien ohne Berücksichtigung von Oberwellen-Drehmomenten.

6.1.2 Stromverdrängung

Insbesondere zur Verbesserung des Anlauf- und Bremsverhaltens wird bei größeren Kurzschlussläufermaschinen gezielt der Stromverdrängungseffekt in den Käfigstäben ausgenutzt. Stromverdrängung in Richtung Luftspalt tritt bei in Eisen eingebetteten massiven Läuferstäben auf, wenn der Streufluss eines Käfigstabes so groß wird, dass die Streuwege in Sättigung kommen und der Streufluss wegen der hohen magnetischen Spannungsabfälle im Eisen statt an der Luftspaltseite um den Stab herum zu fließen teilweise den eigenen oder bei Mehrfachkäfigen auch einen darüber liegenden Stab durchdringt. In den betroffenen Stäben stellt sich durch die so induzierten Wirbelströme eine ungleichmäßige

Abb. 6.2 Gebräuchliche
Stabformen für Käfigläufer.
a Rundstab, **b** Tropfenform
bei parallelflankigen Nuten,
c Rechteckstab, **d** Trapezstab,
e–g Doppelkäfig-Anordnungen

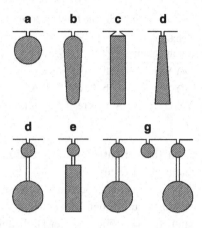

Stromdichteverteilung ein, die sich nach außen wie eine Widerstandserhöhung bemerkbar
macht. Gleichzeitig hat die teilweise Durchdringung des Leiters eine weitere Verringerung der Streuinduktivität dieses Stabes zur Folge. Beide Effekte sind umso größer, je
höher die Frequenz, je besser die Leitfähigkeit des Stabmaterials und je größer die radia-
len Abmessungen des Stabes sind. Bei 50-Hz-Maschinen mit Käfigstäben aus Kupfer ist
ab einer kritischen Leiterhöhe von etwa 1 cm bei Stillstand ($s = 1$) bereits mit merkbarer
Stromverdrängung zu rechnen, bei solchen aus Aluminium wegen der geringeren elektrischen Leitfähigkeit des Stabmaterials erst ab einer Leiterhöhe von 1,3 cm [2]. Die nicht
in Eisen eingebetteten Käfigringe zeigen dagegen bei den betrachteten Frequenzen keine
ausgeprägten Stromverdrängungseffekte.

Abbildung 6.3 zeigt typische Drehmoment-Schlupf-Kennlinien von Asynchronmaschinen. Kennlinie a charakterisiert Maschinen mit Schleifring- und Käfigläufer ohne ausge-
prägtes Stromverdrängungsverhalten. Bei hohen Rechteck- oder Trapezstäben verschiebt
sich durch die scheinbare Widerstandserhöhung und Streuinduktivitätsverminderung in-

Abb. 6.3 Typische Drehmoment-Schlupf-Kennlinien
von Asynchronmaschinen.
a Schleifringläufer und Käfigläufer ohne Stromverdrängung,
b Käfigläufer mit Einfachkäfig
und merkbarer Stromver-
drängung, *c* Käfigläufer mit
Mehrfachkäfig

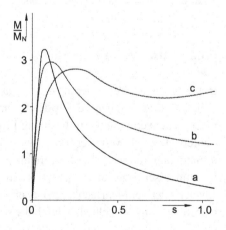

folge der Stromverdrängung der Kipppunkt zu höheren Schlupfwerten, gleichzeitig fällt die Kennlinie zu höheren Schlupfwerten hin langsamer ab (Kennlinie b in Abb. 6.3). Dieser Effekt wird durch die Streuwegsättigung bei hohen Läuferströmen noch verstärkt. Noch ausgeprägter ist dieses Verhalten bei Maschinen mit Mehrfachkäfigen, bei denen sich zwischen Kipppunkt und Anlaufpunkt sogar ein lokales Drehmomentminimum, das sogenannte Sattelmoment, ausbilden kann (Kennlinie c in Abb. 6.3).

Bei der Berechnung stationärer Arbeitspunkte wird die Widerstandserhöhung für die Käfigstäbe infolge Stromverdrängung allgemein durch das Widerstandsverhältnis

$$k_r(s) = \frac{R_S(s)}{R_{S0}} \geq 1 \qquad (6.1)$$

und die Streuinduktivitätsverminderung durch das Streureaktanzverhältnis

$$k_x(s) = \frac{X_{\sigma S}(s)}{X_{\sigma S0}} = \frac{L_{\sigma S}(s)}{L_{\sigma S0}} \leq 1 \qquad (6.2)$$

gekennzeichnet; R_{S0} und $L_{\sigma S0}$ sind dabei die Stabwerte ohne Stromverdrängung, also für die Frequenz $f = 0$. Sowohl der Widerstand als auch die Streuinduktivität der Rotorstränge setzen sich damit aus einem schlupfunabhängigen Ringanteil (Index R) und einem der Stromverdrängung unterliegenden Stabanteil (Index S) zusammen:

$$R_2(s) = R_{2R} + R_{2S}(s) \quad \text{und} \quad L_{\sigma 2}(s) = L_{\sigma 2R} + L_{\sigma 2S}(s). \qquad (6.3)$$

Für die Simulation dynamischer Vorgänge eignet sich diese Darstellung jedoch nicht. Außerdem werden die Streuinduktivitäten der Rotorkreise in ihrer Größe ja nicht allein durch die Stromverdrängung in den Läuferstäben, sondern auch vom Sättigungszustand der Streuwege mitbestimmt, beide Effekte wirken gleichzeitig und lassen sich nicht eindeutig trennen. Um trotzdem wenigstens näherungsweise den Effekt der Stromverdrängung berücksichtigen zu können, arbeitet man mit stromverdrängungsfreien Kettenleiter-Ersatzanordnungen für die nicht feldfreien Käfigstäbe. Oft genügt es, zwei Maschen einer solchen Kettenleiteranordnung zu betrachten, was als Näherung einem Doppelkäfig mit stromverdrängungsfreien Stäben und gemeinsamen Stirnringen entspricht. Zur Beschreibung dieser Näherungsanordnung eignet sich dann das in den vorstehenden Kapiteln dargestellte mathematische Modell mit je zwei Rotorkreisen in Längs- und Querachse, so dass sich die nachfolgenden Betrachtungen auf diesen Ansatz beschränken.

6.1.3 Sättigungsverhalten

Um die Magnetisierungsblindleistung gering zu halten, werden Asynchronmaschinen mit einem möglichst kleinen Luftspalt ausgeführt, der dann aber auch weniger linearisierend wirkt als der deutlich größere bei Synchronmaschinen. Bei konstanter Klemmenspannung und Motorbetrieb sinkt die Hauptfeldsättigung mit der Belastung als Folge der Ständer-Spannungsabfälle, die Sättigung im Bereich des Hauptflusses ist also im Leerlauf am höchsten. Zu beachten ist, dass bei Belastung nun auch über den Rotor ein Drehfeld mit Schlupffrequenz hinweg streicht, so dass auch das Läufermaterial einer Wechselmagnetisierung ausgesetzt ist. Eine eindeutige Remanenz kann dadurch weder der Quer- noch der Längsachse zugewiesen werden. Auf die Nachbildung der Hysteresekurven für den Ständer- und den Läuferabschnitt wird weiterhin verzichtet.

Bei großen Strömen, also insbesondere bei Betriebszuständen mit großem Schlupf, werden die Streuwege sowohl im Ständer als auch im Rotor mehr oder weniger deutlich gesättigt. Deshalb wäre es sinnvoll, auch für die Streuflussverkettungen statt mit konstanten Induktivitäten mit Magnetisierungskennlinien zu rechnen. Da jedoch meist keine gesicherten Informationen zur Sättigungsabhängigkeit der Streuflussverkettungen in Ständer und Rotor vorliegen, berücksichtigt man die Sättigung der Streuwege summarisch nur bei einem der Streuflüsse, meist dem Ständerstreufluss, oder vernachlässigt sie vollständig.

Die Magnetisierungskurven der Haupt- und Streuflüsse können mit den Ansätzen aus Kap. 4 beschrieben werden, wobei nun jedoch für gleichartige Flüsse in beiden Achsen identische Kennlinien gelten. Als Folge unterschiedlicher Ströme in der Längs- und Querachsenwicklungen eines Wicklungssystems ergeben sich jedoch unterschiedliche Flussverkettungen, unterschiedliche Sättigungszustände und auch unterschiedliche Induktivitäten für beide Achsen. Für die Hauptflussverkettungen sollte auf die elliptische Korrektur nicht verzichtet werden, und auch bei gleichartigen sättigungsbeeinflussten Streuflussverkettungen ist die elliptische Korrektur zu empfehlen.

6.2 Das dynamische Modell der Drehstrom-Asynchronmaschine

6.2.1 Drehstrom-Asynchronmaschine mit Doppelkäfigläufer

Das in Kap. 2 abgeleitete und in Kap. 4 um die Berücksichtigung der Sättigung erweiterte mathematische Grundschwingungsmodell der Drehstrommaschine lässt sich direkt auf die Drehstrom-Asynchronmaschine mit stromverdrängungsfreiem Doppelkäfig übertragen. Wegen der Rotationssymmetrie sowohl im Ständer als auch im Rotor gelten in Längs- und Querachse jeweils gleiche Parameter bzw. Kennlinien, die nun mit den Indizes 1 für Ständer, 2 für den luftspaltseitigen oberen Käfig und 3 für den inneren, unteren Käfig gekennzeichnet werden. Bei unterschiedlicher Aussteuerung in beiden Achsen unterscheiden sich nicht nur die Flussverkettungen, sondern wegen der unterschiedlichen Sättigung auch die gleichartigen Induktivitäten.

Analog zum Polsystem der Synchronmaschine wird unterstellt, dass die Wicklungssysteme 2 und 3 elektrisch nicht gekoppelt sind, beim Doppelkäfig also getrennte Stirnringe vorliegen. Wie später gezeigt wird, können mit diesem Modell durch modifizierte Parameter aber auch Doppelkäfigläufer mit gemeinsamen Stirnringen hinreichend genau nachgebildet werden, jedoch ohne explizite Berechnung deren Ringstromanteile.

Analog zu den Gln. 4.48 bis 4.52 erhält man folgendes Gleichungssystem:

$$
\begin{bmatrix} u_{1d} \\ u_{1q} \\ u_{10} \end{bmatrix} = r_1 \begin{bmatrix} i_{1d} \\ i_{1q} \\ i_{10} \end{bmatrix} + T_0 \frac{d}{dt} \begin{bmatrix} \psi_{1d} \\ \psi_{1q} \\ \psi_{10} \end{bmatrix} + \omega \begin{bmatrix} -\psi_{1q} \\ \psi_{1d} \\ 0 \end{bmatrix}, \tag{6.4}
$$

$$
0 = r_2 i_{2d} + T_0 \frac{d\psi_{2d}}{dt}, \quad 0 = r_2 i_{2q} + T_0 \frac{d\psi_{2q}}{dt}, \tag{6.5}
$$

$$
0 = r_3 i_{3d} + T_0 \frac{d\psi_{3d}}{dt}, \quad 0 = r_3 i_{3q} + T_0 \frac{d\psi_{3q}}{dt}, \tag{6.6}
$$

$$
m_\delta = \psi_{1d} i_{1q} - \psi_{1q} i_{1d}, \tag{6.7}
$$

$$
T_m \frac{d\omega}{dt} = m_\delta + m_A, \quad \frac{d\vartheta_m}{dt} = \Omega_0 \omega, \quad \vartheta = z_p \vartheta_m. \tag{6.8}
$$

Wegen des rotationssymmetrischen Aufbaus im Stator und Rotor sind viele der nachfolgenden Beziehungen für die Längs- und die Querachse gleich gebildet, so dass diese wieder nur einmal und statt mit den Indizes d bzw. q mit dem allgemeinen Achsenindex x aufgeführt werden. Die Beziehungen für die Flussverkettungen lauten damit analog zu den Gln. 4.53 bis 4.56

$$
\psi_{1x} = \psi_h(i_{hx}) + \psi_{\sigma 1}(i_{1x}) \quad \text{sowie} \quad \psi_{10} = \psi_{10}(i_{10}) \tag{6.9}
$$

$$
\psi_{2x} = \psi_h(i_{hx}) + \psi_{\sigma 2}(i_{2x}, i_{3x}), \tag{6.10}
$$

$$
\psi_{3x} = \psi_h(i_{hx}) + \psi_{\sigma 3}(i_{2x}, i_{3x}) \tag{6.11}
$$

mit dem Magnetisierungsstrom der jeweiligen Achse

$$
i_{hx} = i_{1x} + i_{2x} + i_{3x}. \tag{6.12}
$$

Zur Berechnung der Magnetisierungsströme aus den Hauptflussverkettungen von Längs- und Querachse wird für beide Achsen die gleiche Sättigungskennlinie

$$
i_{hx}(\psi_{hx}) = \frac{\psi_{hx}}{l_{h0}} + \text{sign}(\psi_{hx}) \begin{cases} 0 & \text{für } |\psi_{hx}| \leq \psi_{h1}, \\ a_h(|\psi_{hx}| - \psi_{h1})^{b_h} & \text{für } |\psi_{hx}| > \psi_{h1} \end{cases} \tag{6.13}
$$

ohne Remanenzanteil verwendet. Der zu einem i_{hx}-Wert gehörige ψ_{hx}-Wert lässt sich im nichtlinearen Kennlinienteil mit der Iterationsbeziehung

$$
\psi_{hx,\nu+1} = \psi_{h1} + \frac{\psi_{hx,\nu} - \psi_{h1} + l_{h0}(b_h - 1)a_h(|\psi_{hx,\nu}| - \psi_{h1})^{b_h}}{1 + l_{h0} b_h a_h(|\psi_{hx,\nu}| - \psi_{h1})^{b_h - 1}}, \quad \nu = 0, 1, 2, \ldots \tag{6.14}
$$

und der Anfangsnäherung

$$\psi_{hx,0} = l_{h0}i_{hx} > \psi_{h1} \tag{6.15}$$

bestimmen. Die dynamische Hauptinduktivität folgt aus Gl. 6.13 zu

$$l_{hx}(\psi_{hx}) = \begin{cases} l_{h0} & \text{für } |\psi_{hx}| \le \psi_{h1}, \\ \dfrac{l_{h0}}{1 + l_{h0}b_h a_h(|\psi_{hx}| - \psi_{h1})^{b_h - 1}} & \text{für } |\psi_{hx}| > \psi_{h1} \end{cases} \tag{6.16}$$

Für die Streuflussverkettungen liegen normalerweise keine gesicherten konkreten Erkenntnisse über das arbeitspunktabhängige Sättigungsverhalten vor, so dass deshalb wie bei der Synchronmaschine meist mit konstanten Streuinduktivitäten gerechnet wird. Als Folge des rotationssymmetrischen Aufbaus von Ständer und Rotor gelten für gleichartige Streuflüsse in beiden Achsen gleiche Streuinduktivitäten. Die Streuflussverkettungen lauten dann analog zu den Gln. 4.61 bis 4.63

$$\psi_{\sigma 1}(i_{1x}) = l_{\sigma 1}i_{1x}, \tag{6.17}$$

$$\psi_{\sigma 2x}(i_{2x}, i_{3x}) = (l_{\sigma 23} + l_{\sigma 2})i_{2x} + l_{\sigma 23}i_{3x}, \tag{6.18}$$

$$\psi_{\sigma 3x}(i_{2x}, i_{3x}) = l_{\sigma 23}i_{2x} + (l_{\sigma 23} + l_{\sigma 3})i_{3x}. \tag{6.19}$$

Werden hingegen auch für die Streuflüsse nichtlineare Sättigungskennlinien, z. B. mit einem Ansatz analog zu Gl. 6.13, verwendet, unterscheiden sich im nichtlinearen Kennliniengebiet bei unterschiedlichen Arbeitspunkten, also unterschiedlichen Strömen, trotz gleicher Kennlinien für beide Achsen die gleichartigen Streuflüsse und dynamischen Induktivitäten von Längs- und Querachse wertmäßig, und selbst bei konstanten Streuinduktivitäten stimmen die gleichartigen Streuflussverkettungen beider Achsen nur bei gleichen Strömen wertmäßig überein. Deshalb ist überall dort, wo Sättigung berücksichtigt werden soll, auch bei der Asynchronmaschine zwischen den Haupt- und Streuinduktivitäten von Längs- und Querachse zu unterscheiden. Die unterschiedlichen gleichartigen Streuinduktivitäten sind dann für beide Achsen wie die Hauptinduktivitäten in Abhängigkeit vom Arbeitspunkt nach einem Ansatz analog zu Gl. 6.16 zu bestimmen und achsenbezogen zu benennen als l_{hx}, $l_{\sigma 1x}$, $l_{\sigma 2x}$, $l_{\sigma 23x}$, $l_{\sigma 3x}$ mit x für d bzw. q.

Die erhöhte Sättigung im Überlagerungsgebiet von Längs- und Querhauptfeld kann wieder näherungsweise durch das Verfahren der elliptischen Korrektur (Abschn. 4.4) berücksichtigt werden. Wegen der gleichen Magnetisierungskennlinien in Längs- und Querachse ist die Korrekturkurve in Abb. 4.7 nun jedoch ein Kreis, wodurch sich die Beziehungen deutlich vereinfachen. Mit dem resultierenden Magnetisierungsstrom

$$i_h = \sqrt{i_{hd}^2 + i_{hq}^2} \tag{6.20}$$

erhält man sogleich den arbeitspunktabhängigen Sättigungskoeffizienten zu

$$s_{dq} = \frac{\sqrt{\psi_h(i_{hd})^2 + \psi_h(i_{hq})^2}}{\psi_h(i_h)}, \tag{6.21}$$

mit dem die Flussverkettungs- und Induktivitätswerte

$$\psi_{hx}^{*} = \psi_h(i_{hx})/s_{dq}, \tag{6.22}$$

$$l_{hx}^{*} = l_{hx}(i_{hx})/s_{dq} \tag{6.23}$$

berechnet werden; sie treten anschließend an die Stelle der bisherigen Werte $\psi_h(i_{hx})$ und $l_{hx}(i_{hx})$. In gleicher Weise lässt sich diese Korrektur auch auf die Streuflüsse anwenden, wenn für diese ebenfalls nichtlineare Magnetisierungskennlinien verwendet werden.

Die in Abschn. 2.9 und 4.5 abgeleiteten Beziehungen für die effektive Berechnung behalten auch für die sättigungsbehaftete Drehstrom-Asynchronmaschine voll ihre Gültigkeit. Für die Flussverkettungen und dynamischen Induktivitäten sind die nach Maßgabe ihrer Magnetisierungskennlinien bestimmten und ggf. elliptisch korrigierten Werte einzusetzen. Bei arbeitspunktunabhängigen Induktivitäten kann der zusätzliche Achsenindex x bzw. d und q entfallen, da ihre Werte dann in beiden Achsen gleich sind.

Für die Strangspannungen ergibt sich das Gleichungssystem

$$\begin{bmatrix} u_{1d} \\ u_{1q} \\ u_{10} \end{bmatrix} = \begin{bmatrix} l_{1d}'' & 0 & 0 \\ 0 & l_{1q}'' & 0 \\ 0 & 0 & l_{10} \end{bmatrix} T_0 \frac{d}{dt} \begin{bmatrix} i_{1d} \\ i_{1q} \\ i_{10} \end{bmatrix} + \begin{bmatrix} e_{1d} + (a_{2d}e_{2d} + a_{3d}e_{3d})/a_{11d} \\ e_{1q} + (a_{2q}e_{2q} + a_{3q}e_{3q})/a_{11q} \\ r_1 i_{10} \end{bmatrix} \tag{6.24}$$

mit den variablen Abkürzungen

$$e_{1d} = r_1 i_{1d} - \omega\psi_{1q} \quad \text{mit} \quad \psi_{1q} = \psi_h(i_{hq}) + \psi_{\sigma 1}(i_{1q}), \tag{6.25}$$

$$e_{1q} = r_1 i_{1q} + \omega\psi_{1d} \quad \text{mit} \quad \psi_{1d} = \psi_h(i_{hd}) + \psi_{\sigma 1}(i_{1d}), \tag{6.26}$$

$$e_{2x} = r_2 i_{2x}, \tag{6.27}$$

$$e_{3x} = r_3 i_{3x}, \tag{6.28}$$

und den sättigungsabhängigen Abkürzungen

$$a_{1x} = l_{hx}\left[l_{\sigma 2x}l_{\sigma 3x} + (l_{\sigma 1x} + l_{\sigma 23x})(l_{\sigma 2x} + l_{\sigma 3x})\right] + l_{\sigma 1x}\left[l_{\sigma 2x}l_{\sigma 3x} + l_{\sigma 23x}(l_{\sigma 2x} + l_{\sigma 3x})\right], \tag{6.29}$$

$$a_{11x} = (l_{hx} + l_{\sigma 23x})(l_{\sigma 2x} + l_{\sigma 3x}) + l_{\sigma 2x}l_{\sigma 3x}, \tag{6.30}$$

$$a_{2x} = -l_{hx}l_{\sigma 3x} \quad \text{und} \quad a_{3x} = -l_{hx}l_{\sigma 2x} \tag{6.31}$$

sowie der subtransienten Längs- bzw. Querinduktivität der Ankerwicklung

$$l_{1x}'' = \frac{a_{1x}}{a_{11x}} = l_{\sigma 1x} + l_{hx}\frac{l_{\sigma 23x}(l_{\sigma 2x} + l_{\sigma 3x}) + l_{\sigma 2x}l_{\sigma 3x}}{(l_{hx} + l_{\sigma 23x})(l_{\sigma 2x} + l_{\sigma 3x}) + l_{\sigma 2x}l_{\sigma 3x}} = l_{1x} - \frac{l_{hx}^2(l_{\sigma 2x} + l_{\sigma 3x})}{l_{2x}l_{3x} - l_{\sigma 23x}^2}. \tag{6.32}$$

Die Zustandsgrößen der Rotorkreise erhält man aus den Beziehungen

$$\frac{di_{2x}}{dt} = -\frac{1}{l_{2x}''T_0}\left[e_{2x} + \frac{a_{2x}(e_{1x}-u_{1x})-a_{23x}e_{3x}}{a_{22x}}\right]$$

$$\frac{di_{3x}}{dt} = -\frac{1}{l_{3x}''T_0}\left[e_{3x} + \frac{a_{3x}(e_{1x}-u_{1x})-a_{23x}e_{2x}}{a_{33x}}\right]. \tag{6.33}$$

Es gelten die Abkürzungen wie für Gl. 6.24. sowie die sättigungsabhängigen Abkürzungen

$$a_{22x} = l_{1x}(l_{\sigma23x}+l_{\sigma3x}) + l_{hx}l_{\sigma1x}, \; l_{2x}'' = \frac{a_{1x}}{a_{22x}} = l_{\sigma2x} + l_{\sigma3x}\frac{a_{23x}}{a_{22x}}, \tag{6.34}$$

$$a_{33x} = l_{1x}(l_{\sigma23x}+l_{\sigma2x}) + l_{hx}l_{\sigma1x}, \; l_{3x}'' = \frac{a_{1x}}{a_{33x}} = l_{\sigma3x} + l_{\sigma2x}\frac{a_{23x}}{a_{33x}}, \tag{6.35}$$

$$a_{23x} = l_{1x}l_{\sigma23x} + l_{hx}l_{\sigma1x}. \tag{6.36}$$

Für den Netzanschluss folgen analog zu den Gln. 4.94 bis 4.97 die Beziehungen

$$\begin{bmatrix} u_{1a} \\ u_{1b} \\ u_{1c} \end{bmatrix} = (\mathbf{l}''_+ + \mathbf{l}''_\vartheta)T_0\frac{d}{dt}\begin{bmatrix} i_{1a} \\ i_{1b} \\ i_{1c} \end{bmatrix} + \begin{bmatrix} u_{ha} \\ u_{hb} \\ u_{hc} \end{bmatrix} \tag{6.37}$$

mit der von ϑ unabhängigen Induktivitätsmatrix

$$\mathbf{l}''_+ = \frac{1}{3}\begin{bmatrix} (l_{1d}''+l_{1q}'')+l_{10} & -\frac{l_{1d}''+l_{1q}''}{2}+l_{10} & -\frac{l_{1d}''+l_{1q}''}{2}+l_{10} \\ -\frac{l_{1d}''+l_{1q}''}{2}+l_{10} & (l_{1d}''+l_{1q}'')+l_{10} & -\frac{l_{1d}''+l_{1q}''}{2}+l_{10} \\ -\frac{l_{1d}''+l_{1q}''}{2}+l_{10} & -\frac{l_{1d}''+l_{1q}''}{2}+l_{10} & (l_{1d}''+l_{1q}'')+l_{10} \end{bmatrix}, \tag{6.38}$$

der von ϑ abhängigen Induktivitätsmatrix

$$\mathbf{l}''_\vartheta(\vartheta) = \frac{(l_{1d}''-l_{1q}'')}{3}\begin{bmatrix} \cos(2\vartheta) & \cos\left(2\vartheta-\frac{2\pi}{3}\right) & \cos\left(2\vartheta+\frac{2\pi}{3}\right) \\ \cos\left(2\vartheta-\frac{2\pi}{3}\right) & \cos\left(2\vartheta+\frac{2\pi}{3}\right) & \cos(2\vartheta) \\ \cos\left(2\vartheta+\frac{2\pi}{3}\right) & \cos(2\vartheta) & \cos\left(2\vartheta-\frac{2\pi}{3}\right) \end{bmatrix} \tag{6.39}$$

und den aus den Achsengrößen gebildeten Hauptfeldspannungen

$$\begin{bmatrix} u_{ha} \\ u_{hb} \\ u_{hc} \end{bmatrix} = \mathbf{C}_{dq}^{-1}\begin{bmatrix} r_1i_{1d}-\omega(\psi_{1q}-l_{1d}''i_{1q})+(a_{2d}e_{2d}+a_{3d}e_{3d})/a_{11d} \\ r_1i_{1q}+\omega(\psi_{1d}-l_{1q}''i_{1d})+(a_{2q}e_{2q}+a_{3q}e_{3q})/a_{11q} \\ r_1i_{10} \end{bmatrix}. \tag{6.40}$$

Setzt man in diesen Beziehungen $e_{3x}=0$ und $l_{\sigma23x}=0$ und führt außerdem bei den parameterabhängigen Abkürzungen den Grenzübergang $(r_3, l_{\sigma3x})\rightarrow\infty$ durch, erhält man analoge Beziehungen für Drehstrom-Asynchronmaschinen mit Einfachkäfigläufer.

6.2.2   Drehstrom-Asynchronmaschine mit Schleifringläufer

Drehstrom-Asynchronmaschinen mit Schleifringläufer haben im Rotor keinen kurzgeschlossenen Käfig, sondern nur eine von außen über Schleifringe zugängliche dreisträngig-symmetrische Rotorwicklung, die nun mit dem Index 2 gekennzeichnet wird; ein
System 3 ist nicht vorhanden. Wird die Schleifringläuferwicklung wie die Ständerwicklung unter Zugrundelegung der Wicklungsachse von Rotorstrang a als d-Achse in ein
zweiachsiges Ersatzsystem überführt, erhält man eine Anordnung, die dem vollständig
rotationssymmetrischen Vollpolläufer einer Synchronmaschine ohne Dämpferkäfig, dafür aber mit gleichartigen Erregerwicklungen in beiden Achsen entspricht, und auch die
Bezugsgrößen und die Umrechnungen zwischen Ständer- und Rotorwicklungen in Achsendarstellung aus Kap. 2 können beibehalten werden. Als Übersetzungsverhältnis erhält
man

$$\ddot{u}_{12} = \frac{(w\xi_1)_1}{(w\xi_1)_2\,\xi_{\text{schr}}} \tag{6.41}$$

mit der effektiven Läuferstrang-Windungszahl $(w\xi_1)_2$. Erfolgt die Transformation der
Läufer- auf die Ständerseite jedoch direkt mit den Läufer-Stranggrößen und dem Übersetzungsverhältnis $\ddot{u}_{12}$, entfallen die aus der Strang-Achsen-Transformation nur der
Ständerwicklung entstandenen Faktoren $3/2$, so dass bei der Umrechnung der Strang- in
bezogene Achsenparameter und des Läuferstrom-Bezugswertes der Faktor $3/2$ ebenfalls
entfällt:

$$r_2/\text{p.u.} = \ddot{u}_{12}^2 \frac{R_2/\varOmega}{Z_0/\varOmega}, \quad x_{\sigma 2}/\text{p.u.} = \ddot{u}_{12}^2 \frac{X_{\sigma 2}/\varOmega}{Z_0/\varOmega} \quad \text{und} \quad I_{20} = \ddot{u}_{12} I_0. \tag{6.42}$$

Im d-q-0-System erhält man damit analog zu den Gln. 6.4 und 6.5 für die Ständer- und
Rotorwicklungen folgende Spannungsgleichungen

$$\begin{bmatrix} u_{1d} \\ u_{1q} \\ u_{10} \end{bmatrix} = r_1 \begin{bmatrix} i_{1d} \\ i_{1q} \\ i_{10} \end{bmatrix} + T_0 \frac{\mathrm{d}}{\mathrm{d}t} \begin{bmatrix} \psi_{1d} \\ \psi_{1q} \\ \psi_{10} \end{bmatrix} + \omega \begin{bmatrix} -\psi_{1q} \\ \psi_{1d} \\ 0 \end{bmatrix} \tag{6.43}$$

und

$$\begin{bmatrix} u_{2d} \\ u_{2q} \\ u_{20} \end{bmatrix} = r_2 \begin{bmatrix} i_{2d} \\ i_{2q} \\ i_{20} \end{bmatrix} + T_0 \frac{\mathrm{d}}{\mathrm{d}t} \begin{bmatrix} \psi_{2d} \\ \psi_{2q} \\ \psi_{20} \end{bmatrix}. \tag{6.44}$$

mit den Flussverkettungen

$$\psi_{1x} = \psi_{hx}(i_{hx}) + \psi_{\sigma 1x}(i_{1x}) \quad \text{und} \quad \psi_{10} = \psi_{10}(i_{10}), \tag{6.45}$$

$$\psi_{2x} = \psi_{hx}(i_{hx}) + \psi_{\sigma 2x}(i_{2x}) \quad \text{und} \quad \psi_{20} = \psi_{20}(i_{20}) \tag{6.46}$$

sowie dem achsenbezogenen Magnetisierungsstrom

$$i_{hx} = i_{1x} + i_{2x}. \tag{6.47}$$

Die d-q-0-Rotorgrößen sind übrigens identisch mit denen eines an den Läuferstrang a gebundenen α-β-0-Systems. Das erleichtert wesentlich die Anbindung eines strangbezogenen Netzwerkes, z. B. eines Umrichters, an die Läuferklemmen.

Die Drehmomentbeziehung

$$m_\delta = \psi_{1d} i_{1q} - \psi_{1q} i_{1d} \tag{6.48}$$

und die Bewegungsrelationen

$$T_m \frac{d\omega}{dt} = m_\delta + m_A, \quad \frac{d\vartheta_m}{dt} = \Omega_0 \omega, \quad \vartheta = z_p \vartheta_m \tag{6.49}$$

bleiben gegenüber den Gln. 6.7 und 6.8 unverändert.

Die Sättigung auf den Haupt- und Streuwegen lässt sich wie bei der Asynchronmaschine mit Doppelkäfigläufer nach den Beziehungen (Gln. 6.13 bis 6.16 und 6.20 bis 6.23) mit je einem inversen Ansatz für die Haupt- und die Streuflussverkettung von Ständer- und Rotorwicklung berücksichtigen. Statt der für beide Achsen wertgleichen Haupt- und Streuinduktivitäten sind dann natürlich auch die arbeitspunktabhängigen dynamischen Werte zu verwenden.

Benutzt man wieder die Ströme als Zustandsgrößen, erhält man unter Verwendung der ggf. sättigungsabhängigen dynamischen Haupt- und Streuinduktivitäten l_{hx}, $l_{\sigma ax}$ und $l_{\sigma fx}$ analog zu den Gln. 4.94 und 6.37 die für den Netzanschluss aufbereiteten Spannungsgleichungen der Ankerwicklung zu

$$\begin{bmatrix} u_{1a} \\ u_{1b} \\ u_{1c} \end{bmatrix} = (\mathbf{l'}_+ + \mathbf{l'}_\vartheta) T_0 \frac{d}{dt} \begin{bmatrix} i_{1a} \\ i_{1b} \\ i_{1c} \end{bmatrix} + \begin{bmatrix} u_{ha} \\ u_{hb} \\ u_{hc} \end{bmatrix} \tag{6.50}$$

mit der von ϑ unabhängigen Induktivitätsmatrix

$$\mathbf{l'}_+ = \frac{1}{3} \begin{bmatrix} (l'_{1d} + l'_{1q}) + l_{10} & -\frac{l'_{1d}+l'_{1q}}{2} + l_{10} & -\frac{l'_{1d}+l'_{1q}}{2} + l_{10} \\ -\frac{l'_{1d}+l'_{1q}}{2} + l_{10} & (l'_{1d} + l'_{1q}) + l_{10} & -\frac{l'_{1d}+l'_{1q}}{2} + l_{10} \\ -\frac{l'_{1d}+l'_{1q}}{2} + l_{10} & -\frac{l'_{1d}+l'_{1q}}{2} + l_{10} & (l'_{1d} + l'_{1q}) + l_{10} \end{bmatrix}, \tag{6.51}$$

der von ϑ abhängigen Induktivitätsmatrix

$$\mathbf{l'}_\vartheta(\vartheta) = \frac{(l'_{1d} - l'_{1q})}{3} \begin{bmatrix} \cos(2\vartheta) & \cos\left(2\vartheta - \frac{2\pi}{3}\right) & \cos\left(2\vartheta + \frac{2\pi}{3}\right) \\ \cos\left(2\vartheta - \frac{2\pi}{3}\right) & \cos\left(2\vartheta + \frac{2\pi}{3}\right) & \cos(2\vartheta) \\ \cos\left(2\vartheta + \frac{2\pi}{3}\right) & \cos(2\vartheta) & \cos\left(2\vartheta - \frac{2\pi}{3}\right) \end{bmatrix} \tag{6.52}$$

und den aus den Achsengrößen gebildeten Hauptfeldspannungen

$$
\begin{bmatrix} u_{\text{ha}} \\ u_{\text{hb}} \\ u_{\text{hc}} \end{bmatrix} = \mathbf{C}_{\text{dq}}^{-1} \begin{bmatrix} r_1 i_{1\text{d}} - \omega\left(\psi_{1\text{q}} - l'_{1\text{d}} i_{1\text{q}}\right) - (r_2 i_{2\text{d}} - u_{2\text{d}}) l_{\text{hd}}/l_{2\text{d}} \\ r_1 i_{1\text{q}} + \omega\left(\psi_{1\text{d}} - l'_{1\text{q}} i_{1\text{d}}\right) - (r_2 i_{2\text{q}} - u_{2\text{q}}) l_{\text{hq}}/l_{2\text{q}} \\ r_1 i_{10} \end{bmatrix}.
\tag{6.53}
$$

Da nur ein Rotorsystem vorhanden ist, treten an die Stelle der subtransienten Ankerinduktivitäten nun die transienten Induktivitäten

$$
l'_{1\text{x}} = l_{\sigma 1\text{x}} + l_{\text{hx}} \frac{l_{\sigma 2\text{x}}}{l_{\text{hx}} + l_{\sigma 2\text{x}}} = l_{1\text{x}} - \frac{l_{\text{hx}}^2}{l_{2\text{x}}}.
\tag{6.54}
$$

Analog bildet man die Spannungsgleichungen für die Läuferwicklungen. Aus Gl. 6.33 erhält man

$$
\begin{bmatrix} u_{2\text{d}} \\ u_{2\text{q}} \\ u_{20} \end{bmatrix} = \begin{bmatrix} l'_{2\text{q}} & 0 & 0 \\ 0 & l'_{2\text{q}} & 0 \\ 0 & 0 & l_{20} \end{bmatrix} T_0 \frac{\text{d}}{\text{d}t} \begin{bmatrix} i_{2\text{d}} \\ i_{2\text{q}} \\ i_{20} \end{bmatrix} + \begin{bmatrix} r_2 i_{2\text{d}} - (r_1 i_{1\text{d}} - \omega\psi_{1\text{q}} - u_{1\text{d}}) l_{\text{hd}}/l_{1\text{d}} \\ r_2 i_{2\text{q}} - (r_1 i_{1\text{q}} + \omega\psi_{1\text{d}} - u_{1\text{q}}) l_{\text{hq}}/l_{1\text{q}} \\ r_2 i_{20} \end{bmatrix}.
\tag{6.55}
$$

mit den transienten Rotorinduktivitäten

$$
l'_{2\text{x}} = l_{\sigma 2\text{x}} + l_{\text{hx}} \frac{l_{\sigma 1\text{x}}}{l_{\text{hx}} + l_{\sigma 1\text{x}}} = l_{2\text{x}} - \frac{l_{\text{hx}}^2}{l_{1\text{x}}}.
\tag{6.56}
$$

Bei Asynchronmaschinen mit Einfachkäfig und solchen mit ggf. hinter symmetrischen Zusatzimpedanzen kurzgeschlossenen Schleifringläuferwicklungen sind die Läuferspannungen $u_{2\text{x}} = 0$ zu setzen; symmetrische Zusatzimpedanzen im Läuferkreis werden dabei dem Widerstand bzw. der Streureaktanz der Läuferwicklung zugeschlagen.

Die d-q-Läuferspannungen und -ströme entsprechen den α-β-Komponenten der sekundären Strangspannungen und -ströme. Ist die Läuferwicklung an ein sekundäres Netz angeschlossen, bestimmt dieses die Läuferspannungen. Liegen die sekundären Anschlussspannungen in α-β-Komponenten vor, können sie direkt eingegeben werden. Sind die sekundären Anschlussspannungen als Stranggrößen gegeben, sind diese unter Verwendung der Transformationsmatrix $\mathbf{C}_{\alpha\beta}$ nach Gl. 2.22 und in α-β-Komponenten und die achsenbezogenen Rotorströme mit der inversen Matrix $\mathbf{C}_{\alpha\beta}^{-1}$ nach Gl. 2.23 in Strangströme zu transformieren.

6.3 Das quasistationäre Modell der Drehstrom-Asynchronmaschine

6.3.1 Stranggrößen-Modell der Drehstrom-Asynchronmaschine mit Schleifring- oder Einfachkäfigläufer

Als stationär wird ein Betriebszustand bezeichnet, bei dem alle elektromagnetischen und mechanischen Übergangsvorgänge abgeklungen sind. Bei Wechselgrößen bezieht sich diese Aussage nur auf deren Amplitude, Frequenz und Phasenlage, weshalb diese Betrachtungsweise dann besser quasistationär genannt wird. Als quasistationär bezeichnet man auch Untersuchungen, bei denen ein Teilsystem mit deutlich kleineren Zeitkonstanten, etwa die elektromagnetischen Beziehungen der Asynchronmaschine, als eingeschwungen (stationär) und ein anderes Teilsystem mit um Größenordnungen größeren Zeitkonstanten, etwa die Bewegungsgleichung bei großer Trägheitszeitkonstante, dynamisch betrachtet wird.

Zum quasistationären Modell der Drehstrom-Asynchronmaschine kommt man, wenn im dynamischen Modell nach Abschn. 6.2 alle Differentialquotienten auf null gesetzt werden; man erhält ein nichtlineares Gleichungssystem in d-q-0-Komponenten zur Berechnung stationärer Zustände und quasistationärer Arbeitspunktverschiebungen.

Besonders einfach und anschaulich wird das quasistationäre Modell jedoch, wenn auf Stranggrößen im Ständer und Läufer übergegangen wird. Dafür werden auch die Rotorkäfige eines Käfigläufers in äquivalente dreisträngig-symmetrische Wicklungen überführt. Als effektive Windungszahl je Strang erhält man für einen Käfig mit in N_2 Nuten gleichmäßig am Umfang verteilten Stäben, von denen jeder eine halbe Windung darstellt,

$$(w\xi_1)_2 = \frac{N_2}{6}.$$ (6.57)

Alle Rotorgrößen werden mit dem Übersetzungsverhältnis

$$\ddot{u}_{12} = \frac{(w\xi_1)_1}{(w\xi_1)_2\xi_{\text{schr}}}$$ (6.58)

auf die Ständerseite umgerechnet und hier auch üblicherweise mit „'" gekennzeichnet, da eine Verwechslung mit transienten und subtransienten Größen beim quasistationären Modell nicht gegeben ist. Außerdem wird hier auf die einheitenbehaftete komplexe Darstellung unter Verwendung von Strang-Effektivwerten für Spannungen und Ströme übergegangen, um den Vergleich mit gemessenen Spannungen und Strömen zu erleichtern.

Wird in die dreisträngig-symmetrische Ständerwicklung mit der Polpaarzahl z_{p} einer Drehstrom-Asynchronmaschine ein Drehstromsystem mit der Ständerkreisfrequenz

$$\omega_1 = 2\pi f_1$$ (6.59)

eingespeist, erzeugt es im Luftspalt ein Drehfeld mit der synchronen Winkelgeschwindigkeit ω_0 bzw. Drehzahl n_0 und

$$\omega_0 = 2\pi n_0 = \frac{\omega_1}{z_{\text{p}}}.$$ (6.60)

Das Drehfeld bewegt sich über den mit der Drehzahl n bzw. mechanischen Winkelgeschwindigkeit

$$\omega_{\text{m}} = 2\pi n$$ (6.61)

rotierenden Rotor mit der Differenzdrehzahl $(n_0 - n)$ hinweg und erzeugt dabei in der ebenfalls $2z_p$-polig dreisträngig-symmetrisch angenommenen Läuferwicklung eine Strangspannung U_{h2} mit der sekundären Kreisfrequenz

$$\omega_2 = 2\pi f_2 = \frac{n_0 - n}{n_0}\omega_1 = s\omega_1. \tag{6.62}$$

ω_2 und f_2 werden dabei negativ, wenn sich der Rotor schneller dreht als das Drehfeld. Der Schlupf

$$s = 1 - \frac{n}{n_0} = \frac{f_2}{f_1} \tag{6.63}$$

hat für das quasistationäre Verhalten der Drehstrom-Asynchronmaschine eine zentrale Bedeutung.

Üblich ist es schließlich, beim quasistationären Modell statt mit Induktivitäten mit den Reaktanzen zu arbeiten. Sie werden für die primäre Nennkreisfrequenz angegeben, also z. B.

$$X_{\sigma 1} = \omega_{1N}L_{\sigma 1} \quad \text{und} \quad X_{\sigma 2} = \omega_{1N}L_{\sigma 2}. \tag{6.64}$$

Weicht die Ständerfrequenz von der Nennfrequenz, meist 50 oder 60 Hz, ab, muss das durch das Frequenzverhältnis

$$\gamma = \frac{f_1}{f_{1N}} \tag{6.65}$$

berücksichtigt werden.

Bei den Wicklungswiderständen wird zwischen dem Kalt- und dem Warmwert unterschieden. Der Kaltwert wird meist für 25 °C angegeben. Allgemein ist jedoch der Warmwert von Interesse, der bei normalem Betrieb um bis zu 50 % größer sein kann und sich für die aktuelle Wicklungstemperatur ϑ_x aus dem Kaltwert durch Multiplikation mit dem Erwärmungsfaktor

$$\delta_x(\vartheta_x) = \frac{k_\alpha + \vartheta_x}{k_\alpha + 25} \quad \text{mit} \quad \vartheta_x = \vartheta_K + \theta_x \tag{6.66}$$

berechnen lässt zu

$$R_x = \delta_x R_{x,25}. \tag{6.67}$$

x steht hier für den Wicklungsindex 1 oder 2, k_α für den Kehrwert des Widerstands-Temperaturkoeffizienten bei 0 °C (235 K für Kupfer, 225 K für Aluminium), ϑ_x in °C für die mittlere Wicklungstemperatur und θ_x in K für die mittlere Wicklungsübertemperatur bezüglich der Kühlmitteltemperatur ϑ_K (meist $\vartheta_K = 40$ °C). Sind die Warmwerte nicht bekannt, werden geschätzte Werte angesetzt.

Für jeden Strang der in Sternschaltung vorausgesetzten Ständer- und Läuferwicklung gelten die Spannungsgleichungen

$$\underline{U}_1 = R_1\underline{I}_1 + \mathrm{j}\gamma X_{\sigma 1}\underline{I}_1 + \underline{U}_{h1} \quad \text{mit} \quad \underline{U}_{h1} = \mathrm{j}\gamma X_{h1}\underline{I}_\mu \tag{6.68}$$

Abb. 6.4 Einsträngiges Ersatzschaltbild der Drehstrom-Asynchronmaschine mit Schleifringläufer

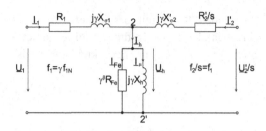

und

$$\underline{U}'_2 = R'_2 \underline{I}'_2 + \mathrm{j}s\gamma X'_{\sigma 2}\underline{I}'_2 + s\underline{U}'_{\mathrm{h}20} \quad \text{mit} \quad \underline{U}'_{\mathrm{h}2} = \mathrm{j}s\gamma X'_{\mathrm{h}2}\underline{I}_\mu = s\underline{U}'_{\mathrm{h}20}. \tag{6.69}$$

$U_{\mathrm{h}20}$ ist die bei Rotorstillstand $n = 0$ bzw. $s = 1$ an den offenen Läuferklemmen messbare sekundäre Leerlauf- oder Stillstandsstrangspannung. Die auf die Ständer- oder Primärseite bezogenen Läufer- oder Sekundärgrößen erhält man mit dem Übersetzungsverhältnis nach Gl. 6.58 zu

$$\underline{U}'_{\mathrm{h}20} = \underline{U}_{\mathrm{h}20}\ddot{u}_{12}, \quad \underline{U}'_2 = \underline{U}_2\ddot{u}_{12}, \quad \underline{I}'_2 = \underline{I}_2\frac{1}{\ddot{u}_{12}},$$

$$X_{\mathrm{h}} = X_{\mathrm{h}1} = X'_{\mathrm{h}2} = X_{\mathrm{h}2}\ddot{u}_{12}^2, \quad X'_{\sigma 2} = X_{\sigma 2}\ddot{u}_{12}^2, \quad R'_2 = R_2\ddot{u}_{12}^2. \tag{6.70}$$

Teilt man die Spannungsgleichungen des Läufers Gl. 6.69 durch den Schlupf ($s \neq 0$), lassen sich die Spannungsgleichungen von Ständer und Läufer über die Hauptfeldspannung

$$\underline{U}_{\mathrm{h}} = \underline{U}_{\mathrm{h}1} = \frac{\underline{U}'_{\mathrm{h}2}}{s} = \underline{U}'_{\mathrm{h}20} \tag{6.71}$$

koppeln und als Ersatzschaltbild (Abb. 6.4) darstellen.

Zusätzlich eingeführt wurde ein der Hauptreaktanz X_{h} parallel geschalteter Eisenverluste-Ersatzwiderstand R_{Fe}, mit dem sich quasistationär auch die durch das Drehfeld im Ständer hervorgerufenen Ummagnetisierungs- oder Eisenverluste näherungsweise summarisch berücksichtigen lassen. Die Frequenzabhängigkeit des Eisenverluste-Ersatzwiderstandes kann durch den Ausdruck

$$R_{\mathrm{Fe}}(f_1) = \gamma^\beta R_{\mathrm{Fe}}(f_{1\mathrm{N}}) \quad \text{mit} \quad R_{\mathrm{Fe}} = \frac{3U_{\mathrm{h}}^2}{P_{\mathrm{vFe}}} \tag{6.72}$$

beschrieben werden. Der Exponent β in Gl. 6.72 charakterisiert den Anteil der Hystereseverluste an den Ummagnetisierungsverlusten ($\beta = 0$: nur Wirbelstromverluste, $\beta = 1$: nur Hystereseverluste) und ist vorzugeben (z. B. $\beta = 0{,}5$). Die Temperaturabhängigkeit der Eisenverluste wird nicht berücksichtigt. Die Eisenverluste im Läufer sind bei kleinem Schlupf normalerweise sehr klein und werden vernachlässigt.

Damit erhält man für den Strom im Querzweig und die Hauptfeldspannung die Beziehungen

$$\underline{I}_{\mathrm{h}} = \underline{I}_\mu + \underline{I}_{\mathrm{Fe}} = \underline{I}_1 + \underline{I}'_2 \quad \text{und} \quad \underline{U}_{\mathrm{h}} = \underline{U}_{\mathrm{h}1} = \underline{U}'_{\mathrm{h}20} = \mathrm{j}\gamma X_{\mathrm{h}}\underline{I}_\mu = \gamma^\beta R_{\mathrm{Fe}}\underline{I}_{\mathrm{Fe}}. \tag{6.73}$$

Grundsätzlich kann an den Läuferklemmen eine beliebige aktive oder passive Außenbeschaltung angeschlossen werden. Wird eine aktive Spannungsquelle, eine Hintermaschine (Maschinenkaskade) oder ein Stromrichter (Stromrichterkaskade), angeschlossen, bestimmt diese Läuferspannung weitgehend das Verhalten der Asynchronmaschine [3–9].

Im hier betrachteten Normalbetrieb der Drehstrom-Asynchronmaschine ist die Läuferwicklung kurzgeschlossen, es gilt also wie beim Einfachkäfig $U_2 = 0$. Eine über die Schleifringe angeschlossene passive dreisträngig-symmetrische Außenbeschaltung mit Zusatzwiderstand R_{2z} und/oder Zusatzreaktanz X_{2z} wird, um weiterhin mit $U_2 = 0$ rechnen zu können, durch eine additive Erweiterung der sekundären Wicklungsparameter R_2 und $X_{\sigma 2}$ berücksichtigt:

$$R_2 := R_2 + R_{2z} \quad \text{und} \quad X_{\sigma 2} := X_{\sigma 2} + X_{2z}. \tag{6.74}$$

Bei $s = 0$ wird seitens der Ständerwicklung in der Läuferwicklung keine (Grundschwingungs-)Spannung induziert, die direkt oder über eine passive Außenbeschaltung kurzgeschlossene Läuferwicklung ist dann strom- und deshalb wirkungslos.

Für genauere Untersuchungen zum quasistationären Verhalten von Drehstrom-Asynchronmaschinen sollte die magnetische Sättigung sowohl im Bereich des Hauptflusses als auch auf den Streuwegen wenigstens näherungsweise berücksichtigt werden. Zur Charakterisierung des Sättigungsverhaltens im Bereich des Hauptflusses eignen sich die inversen Magnetisierungskennlinien (Sättigungskennlinien)

$$I_\mu(U_h) = \frac{U_h}{\gamma X_{h0}} + \begin{cases} 0 & \text{für } \frac{1}{\gamma} U_h \leq U_{h1}, \\ A_h \left(\frac{1}{\gamma} U_h - U_{h1} \right)^{b_h} & \text{für } \frac{1}{\gamma} U_h > U_{h1} \end{cases} \tag{6.75}$$

und

$$I_{Fe}(U_h) = \frac{U_h}{\gamma^\beta R_{Fe0}} + \begin{cases} 0 & \text{für } \gamma^{-\beta} U_h \leq U_{Fe1}, \\ A_{Fe}(\gamma^{-\beta} U_h - U_{Fe1})^{b_{Fe}} & \text{für } \gamma^{-\beta} U_h > U_{Fe1}. \end{cases} \tag{6.76}$$

Die Parameter der inversen Magnetisierungskennlinie X_{h0}, A_h, b_h und U_{h1} bzw. R_{Fe0}, A_{Fe}, b_{Fe} und U_{Fe1} gelten dabei für $\gamma = 1$, da Reaktanzen und Magnetisierungskennlinien grundsätzlich für Nennfrequenz anzugeben sind.

Die gesättigten Werte für die Hauptreaktanz und den Eisenverluste-Ersatzwiderstand erhält man wegen der Wechseldurchflutung als sogenannte statische Werte zu

$$X_h(U_h) = \frac{U_h}{\gamma I_\mu(U_h)} \quad \text{und} \quad R_{Fe}(U_h) = \frac{U_h}{\gamma^\beta I_{Fe}(U_h)}. \tag{6.77}$$

Für die Streureaktanzen kann prinzipiell analog verfahren werden. Meist wird jedoch bei den Streureaktanzen mit konstanten Werten gerechnet, da keine eindeutigen, den einzelnen Streureaktanzen zuzuordnende Informationen zu ihrem Sättigungsverhalten vorliegen. Als Kompromiss bietet sich an, das gesamte Sättigungsverhalten auf den Streuwegen, das in der gekrümmten Kurzschluss-Kennlinie zum Ausdruck kommt, allein der Ständerstreureaktanz $X_{\sigma 1}$ zuzuordnen und mit der Ständerstreufeldspannung

$$U_\sigma(I_1) = \gamma X_{\sigma 1}(I_1)I_1 \tag{6.78}$$

durch die Sättigungskennlinie

$$I_1 = \frac{U_\sigma(I_1)}{\gamma X_{\sigma 10}} + \begin{cases} 0 & \text{für } \frac{1}{\gamma}U_\sigma \le U_{\sigma 1}, \\ A_\sigma\left(\frac{1}{\gamma}U_\sigma - U_{\sigma 1}\right)^{b_\sigma} & \text{für } \frac{1}{\gamma}U_\sigma > U_{\sigma 1} \end{cases} \tag{6.79}$$

zu charakterisieren. Die gesättigte Streureaktanz erhält man mit U_σ zum aktuellen I_1-Wert aus der Sättigungskennlinie zu

$$X_{\sigma 1}(I_1) = \frac{U_\sigma(I_1)}{\gamma I_1}. \tag{6.80}$$

Die Rotorstreureaktanzen werden dann als sättigungsunabhängig angesehen. Das bedeutet natürlich einen Eingriff in die Streufeldverteilung von Ständer und Rotor, was aber meist hingenommen werden kann, da für das quasistationäre Verhalten sowieso die Gesamtstreuung maßgebend ist.

Die Leistungsbilanz für eine Drehstrom-Asynchronmaschine mit Schleifringläufer oder Einfachkäfig lautet für den stationären Betrieb

$$P_1 = P_{v1} + P_{vFe} + P_\delta, \quad P_\delta = 2\pi n_0 M_\delta = P_m + P_{v2} \quad \text{und}$$
$$P_m = 2\pi n_0 M_\delta = (1-s)P_\delta \tag{6.81}$$

mit den Verlustleistungen im Ständer und Läufer

$$P_{v1} = 3R_1 I_1^2, \quad P_{vFe} = 3\gamma^\beta R_{Fe} I_{Fe}^2 \quad \text{und} \quad P_{v2} = 3R_2 I_2^2 = 3R_2' I_2'^2. \tag{6.82}$$

Aus der Luftspaltleistung berechnet man das Luftspaltdrehmoment zu

$$M_\delta = \frac{P_{v2}}{2\pi n_0 s}. \tag{6.83}$$

Auch die nicht exakt berechenbaren Zusatzverluste P_{vz}, eine Folge höherer Harmonischer in den Strömen und Feldern sowie parasitärer Ströme im Rotor, lassen sich im quasistationären Modell summarisch berücksichtigen; sie wirken überwiegend bremsend und werden deshalb wie die Verluste aus Luft- und Lagerreibung bei der Berechnung des Nutzmomentes einbezogen über die Ansätze

$$P_{vz} = 2\pi n M_{vz} \quad \text{mit} \quad M_{vz}(n, I_1) = -a_z\left(\frac{|n|}{n_0}\right)^{b_z}\left(\frac{|I_1|}{I_{1N}}\right)^2 \text{sign}(n) \tag{6.84}$$

und

$$P_{\mathrm{vr}} = 2\pi n M_{\mathrm{vr}} \quad \text{mit} \quad M_{\mathrm{vr}}(n) = -\left[a_{\mathrm{r}} \left(\frac{|n|}{n_0} \right)^{b_{\mathrm{r}}} + c_{\mathrm{r}} \left(\frac{|n|}{n_0} \right)^{d_{\mathrm{r}}} \right] \mathrm{sign}(n). \qquad (6.85)$$

Das an der Welle nutzbare Drehmoment M ergibt sich dann zu

$$M = M_\delta + M_{\mathrm{vr}} + M_{\mathrm{vz}}. \qquad (6.86)$$

Nach dem Verbraucher-Zählpfeilsystem werden antreibende Drehmomente positiv und bremsende negativ angesetzt.

Mit dem quasistationären Modell lassen sich auch langsame Anlauf- und Bremsvorgänge untersuchen, wenn die elektromagnetischen Zeitkonstanten der Drehstrom-Asynchronmaschine klein sind im Verhältnis zur Dauer des betrachteten mechanischen Übergangsvorganges. Die sekundliche Drehzahl erhält man aus der Bewegungsgleichung

$$\frac{\mathrm{d}n}{\mathrm{d}t} = \frac{1}{2\pi J} \sum_\nu M_\nu = \frac{1}{2\pi J} (M + M_{\mathrm{A}}) \qquad (6.87)$$

mit dem Antriebs- oder Arbeitsmaschinen-Drehmoment M_{A}. Der für die Berechnung der elektromagnetischen Größen erforderlichen Schlupf s folgt dann zu

$$s = 1 - \frac{n}{n_0}. \qquad (6.88)$$

6.3.2 Modellerweiterung für Drehstrom-Asynchronmaschinen mit Doppelkäfig oder in Doppelkäfig-Näherung

Bisher wurde von einer stromverdrängungsfreien Läuferwicklung ausgegangen. Bei merkbarer Stromverdrängung in den Stäben treten an die Stelle der stromverdrängungsfreien Parameter R_2 und $X_{\sigma 2}$ nach den Gln. 6.1 bis 6.3 die nun schlupfabhängigen Läufer-Ersatzgrößen

$$R_2^*(s) \geq R_2' \quad \text{und} \quad X_{\sigma 2}^*(s) \leq X_{\sigma 2}'. \qquad (6.89)$$

Um trotzdem mit schlupfunabhängigen Läuferparametern arbeiten zu können, wird auf mehrmaschige Ersatzanordnungen (Kettenleiter-Ersatzschaltbilder) übergegangen. Einen bezüglich Nachbildungsgenauigkeit und Handhabbarkeit sinnvollen Kompromiss stellt die zweimaschige Ersatzanordnung dar. Abbildung 6.5a zeigt den an der Hauptreaktanz von Abb. 6.4 rechts bei 2–2' ansetzenden Ersatzschaltbildteil eines Doppelkäfigs mit stromverdrängungsfreien Stäben und gemeinsamen Stirnringen. R_{23}' und $X_{\sigma 23}'$ charakterisieren dabei die Stirnringe bzw. die gemeinsame Streuung von Ober- und Unterkäfig, R_2' und $X_{\sigma 2}'$ die Oberkäfigstäbe und R_3' und $X_{\sigma 3}'$ die Unterkäfigstäbe.

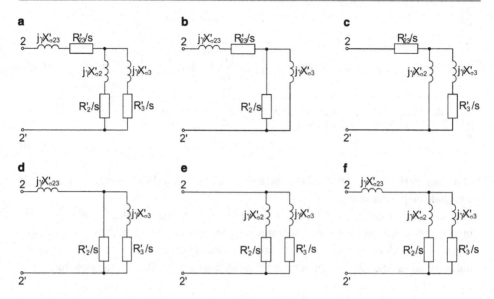

Abb. 6.5 Ersatzschaltbilder für Doppelkäfig-Varianten **a** bis **f**

Für die Anordnung in Abb. 6.5a mit je drei schlupfunabhängigen Widerständen und Reaktanzen erhält man die schlupfabhängigen Läufer-Ersatzgrößen der Doppelkäfig-Näherung zu

$$R_2^*(s) = A + C \left(1 - \frac{1}{1 + (s\gamma\tau)^2} \right) \quad \text{und} \quad X_{\sigma2}^*(s) = B + C \frac{\tau}{1 + (s\gamma\tau)^2} \quad (6.90)$$

mit den nur vier schlupfunabhängigen Doppelkäfig-Hilfsgrößen

$$A = R_{23}' + \frac{R_2' R_3'}{R_2' + R_3'} \qquad\qquad B = X_{\sigma23}' + \frac{X_{\sigma2}' X_{\sigma3}'}{X_{\sigma2}' + X_{\sigma3}'}$$

$$C = \frac{(R_2' X_{\sigma3}' - R_3' X_{\sigma2}')^2}{(R_2' + R_3')(X_{\sigma2}' + X_{\sigma3}')^2} \quad \tau = \frac{X_{\sigma2}' + X_{\sigma3}'}{R_2' + R_3'}. \qquad\qquad (6.91)$$

Die Doppelkäfig-Hilfsgrößen B und C lassen sich auch mit Hilfe der auf $1/\omega_N$ bezogenen Streufeldzeitkonstanten der beiden Rotorkäfige

$$\tau_2 = \frac{X_{\sigma2}'}{R_2'} \quad \text{und} \quad \tau_3 = \frac{X_{\sigma3}'}{R_3'} \qquad\qquad (6.92)$$

ausdrücken:

$$B = X_{\sigma23}' + \frac{R_2' R_3'}{R_2' + R_3'} \frac{\tau_2 \tau_3}{\tau} \quad \text{und} \quad C = -\frac{R_2' R_3'}{R_2' + R_3'} \frac{(\tau - \tau_2)(\tau - \tau_3)}{\tau^2}. \qquad (6.93)$$

Tab. 6.2 Algorithmen zur Bestimmung reduzierter Doppelkäfig-Varianten nach Abb. 6.5

	Abb. 6.5b	Abb. 6.5c	Abb. 6.5d	Abb. 6.5e, f
R'_{23}	A	A	0 (vorgegeben)	0 (vorgegeben)
$X'_{\sigma 23}$	B	0 (vorgegeben)	B	$X'_{\sigma 23}$ (vorgegeben)
R'_2	C	0 (vorgegeben)	$A + C$	$\dfrac{A\tau_2^2 - (B - X'_{\sigma 23})\tau}{\tau_2(\tau_2 - \tau)}$
$X'_{\sigma 2}$	0 (vorgegeben)	$B + C\tau$	0 (vorgegeben)	$R'_2\tau_2$
R'_3	0 (vorgegeben)	$\dfrac{X'^2_{\sigma 2}}{C\tau^2}$	$\dfrac{AR'_2}{C}$	$\dfrac{R'_2 A}{R'_2 - A}$
$X'_{\sigma 3}$	$R'_2\tau$	$\dfrac{BX'_{\sigma 2}}{C\tau}$	$(R'_2 + R'_3)\tau$	$\dfrac{X'_{\sigma 2}(B - X'_{\sigma 23})}{X'_{\sigma 2} - (B - X'_{\sigma 23})}$

Aus den Gln. 6.90 und 6.91 erkennt man, dass der Doppelkäfig bzw. die Doppelkäfig-Näherung bei entsprechend angepassten Parameterbelegungen durch nur je zwei Widerstände und Reaktanzen charakterisiert werden kann, also eines der zu Abb. 6.5a äquivalenten reduzierten Ersatzschaltungen Abb. 6.5b–e. Das Ersatzschaltbild Abb. 6.5a ist damit um je einen Widerstand und eine Streureaktanz überbestimmt.

Bei Doppelkäfigen mit gemeinsamen Stirnringen ist der obere, luftspaltseitige Käfig fast vollständig mit dem unteren Käfig verkettet [1], seine nur ihm zugeordnete Streureaktanz $X'_{\sigma 2}$ ist daher normalerweise vernachlässigbar klein (Abb. 6.5d). Abbildung 6.5e charakterisiert einen Doppelkäfig mit getrennten Stirnringen ohne gemeinsame Streuung der beiden Käfige. Soll wie bei der Drehstrom-Synchronmaschine die gemeinsame Streuung der beiden Rotorkreise mit getrennten Stirnringen ausgewiesen werden, kommt man zur Ersatzschaltung Abb. 6.5f. Welches dieser Ersatzschaltbilder – natürlich bei entsprechend angepassten Parameterbelegungen – verwendet wird, ist wahlfrei und hat keine Auswirkungen auf das damit berechnete quasistationäre Betriebsverhalten auf der Ständerseite und im Luftspalt (Leistungsfluss, Drehmoment usw.), beeinflusst wird dadurch nur die meist nicht interessierende Stromaufteilung und Streuflussverteilung im Läufer.

Bei vorgegebenen Parametern eines Doppelkäfigs mit gemeinsamen Stirnringen (Abb. 6.5a) ergeben sich die Ersatzparameter der reduzierten Ersatzschaltungen (Abb. 6.5b–f) mit den nach Gl. 6.90 berechneten Doppelkäfig-Hilfsgrößen A, B, C und τ dann nach den Beziehungen in Tab. 6.2. Dem dynamischen Modell der Drehstrom-Asynchronmaschine mit Doppelkäfigläufer nach Abschn. 6.2 entsprechen die Ersatzschaltungen nach Abb. 6.5d ($X'_{\sigma 2} = 0$), Abb. 6.5e ($X'_{\sigma 23} = 0$) und 6.5f ($X'_{\sigma 23} \neq 0$). Wegen der einfacheren Parameterberechnung ist die Variante nach Abb. 6.5d zu bevorzugen.

Um die Parameter der beiden letztgenannten Varianten berechnen zu können, benötigt man zusätzlich zu den Beziehungen (Gl. 6.91) eine der auf $1/\omega_N$ bezogenen Streufeldzeitkonstanten der gesuchten reduzierten Anordnung, etwa τ_2. Sie ergibt sich als Lösung einer aus Gl. 6.91 mit den Gln. 6.92 und 6.93 abgeleiteten quadratischen Gleichung zu

$$\tau_{2(3)} = \frac{(A+C)\tau + (B - X'_{\sigma 23})}{2A} \left[1 \underset{(-)}{+} \sqrt{1 - \frac{4A(B - X'_{\sigma 23})\tau}{[(A+C)\tau + (B - X'_{\sigma 23})]^2}} \right].$$
(6.94)

In den Modellgleichungen (Gln. 6.67 bis 6.82) sind nun lediglich R'_2 und $X'_{\sigma 2}$ durch die nach den Gln. 6.90 mit 6.91 modifizierten, nun schlupfabhängigen Werte $R_2^*(s)$ und $X_{\sigma 2}^*(s)$ zu ersetzen. Für den Rotorstrom durch $R_2^*(s)$ und $X_{\sigma 2}^*(s)$ tritt dann I_2^* anstelle von I'_2.

6.3.3 Arbeitspunkt- und Kennlinienberechnung

Bei der Berechnung einzelner stationärer Arbeitspunkte oder stationärer Betriebskennlinien mit dem Stranggrößen-Modell geht man von vorgegebenen Werten für die Anschlussbedingungen, charakterisiert durch die Klemmenstrangspannung U_1 und die Netzfrequenz f_1, sowie der Belastung, also für das meist drehzahlabhängige Drehmoment der angekuppelten Antriebs- oder Arbeitsmaschine $M_A(n)$, aus. Von Interesse sind der Strom I_1 in der Ständerwicklung und bei Schleifringläufer-Maschinen auch in der Läuferwicklung I_2 mit ihrer Phasenlage zur Ständerspannung U_1, die sich einstellenden Werte für das Luftspaltmoment M_δ oder das an der Welle verfügbare Nutzmoment M und die Drehzahl n bzw. der Schlupf s. Eine allgemeine, geschlossene Lösung ist unter Berücksichtigung der magnetischen Sättigung nicht möglich. Deshalb erfolgt die Berechnung iterativ – vorerst ohne Berücksichtigung der drehzahlvariablen Belastungsfunktion $M_A(n)$ – mit dem Schlupf s als iterativ zu verändernde Hilfsgröße, über den dann in einer äußeren Iterationsschleife eine Anpassung an die Belastung vorgenommen wird.

Bei der Berechnung von Betriebskennlinien über einen großen Schlupfbereich, etwa zwischen Leerlauf und Stillstand, wird zweckmäßigerweise vom Warmzustand der Maschine ausgegangen. Meist wird dabei für die Wicklungen in Ständer und Läufer eine einheitliche Temperatur, etwa die mittlere Bemessungstemperatur der Ständerwicklung, zugrunde gelegt, wenn keine genaueren Informationen über die Temperaturverteilung in der Maschine vorliegen.

Die Arbeitspunktberechnung erfolgt auf der Grundlage des Zeigerdiagramms (Abb. 6.6) und beginnt mit der Vorgabe von U_1 und f_1, aller Widerstände, der Anfangsnäherungen für alle Reaktanzen sowie für den Schlupf s. Als Anfangsnäherungen für die Reaktanzen werden, falls keine besseren Werte bekannt sind, die ungesättigten Werte verwendet.

Soll eine Maschine mit Doppelkäfig oder in Doppelkäfig-Näherung betrachtet werden, sind die sekundären Ersatzgrößen $R_2^*(s)$ und $X_{\sigma 2}^*(s)$ mit Gl. 6.91 nach 6.90 zu bestimmen. Mit diesen an Stelle von sonst R'_2 und $X'_{\sigma 2}$ berechnet man die Ersatzimpedanz hinter der

Abb. 6.6 Zeigerdiagramm

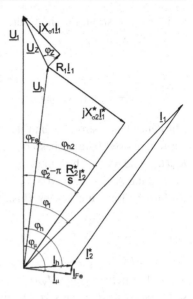

Ständerstreureaktanz

$$\underline{Z}_{h2} = \cfrac{1}{\cfrac{1}{\gamma^\beta R_{Fe}} + \cfrac{1}{j\gamma X_h} + \cfrac{1}{\cfrac{R_2^*(s)}{s} + j\gamma X_{\sigma 2}^*(s)}} = Z_{h2}e^{j\varphi_{h2}} \quad \text{mit} \quad \varphi_{h2} = \arctan\frac{\text{Im}\{\underline{Z}_{h2}\}}{\text{Re}\{\underline{Z}_{h2}\}}$$

(6.95)

und weiter die Eingangsimpedanz zu

$$\underline{Z}_E = Z_E e^{j\varphi_E} = R_1 + j\gamma X_{\sigma 1} + \underline{Z}_{h2}.$$

(6.96)

Damit erhält man mit $\underline{U}_1 = U_1$ den Ständerstrom zu

$$\underline{I}_1 = \frac{U_1}{\underline{Z}_E} = \frac{U_1}{Z_E}e^{-j\varphi_E} = I_1 e^{-j\varphi_1} \quad \text{mit} \quad \varphi_1 = \varphi_E = \arctan\frac{\text{Im}\{\underline{Z}_E\}}{\text{Re}\{\underline{Z}_E\}}$$

(6.97)

und die Hauptfeldspannung zu

$$\underline{U}_h = \underline{U}_{Fe} = U_1\frac{\underline{Z}_{h2}}{\underline{Z}_E} = U_1\frac{Z_{h2}}{Z_E}e^{j(\varphi_{h2}-\varphi_E)} = U_h e^{-j\varphi_{Fe}} \quad \text{mit} \quad \varphi_{Fe} = \varphi_E - \varphi_{h2}.$$

(6.98)

Mit der Hauptfeldspannung folgen der Strom durch den Eisenverluste-Ersatzwiderstand

$$\underline{I}_{Fe} = \frac{\underline{U}_h}{\gamma^\beta R_{Fe}} = \frac{U_h}{\gamma^\beta R_{Fe}}e^{-j\varphi_{Fe}} = I_{Fe}e^{-j\varphi_{Fe}},$$

(6.99)

der Magnetisierungsstrom

$$\underline{I}_\mu = \frac{\underline{U}_h}{j\gamma X_h} = \frac{U_h}{\gamma X_h}e^{-j(\varphi_{Fe}+\frac{\pi}{2})} = I_\mu e^{-j\varphi_\mu} \quad \text{mit} \quad \varphi_\mu = \varphi_{Fe} + \frac{\pi}{2}$$

(6.100)

und der Rotorstrom durch R_2' und $X_{\sigma 2}'$ bzw. die an ihre Stelle tretenden Ersatzgrößen $R_2^*(s)$ und $X_{\sigma 2}^*(s)$

$$\underline{I}_2^* = -\frac{U_h}{\frac{R_2^*(s)}{s} + \mathrm{j}\gamma X_{\sigma 2}^*(s)} = I_2^* \mathrm{e}^{-\mathrm{j}\varphi_2^*} \quad \text{mit} \quad \varphi_2^* = \varphi_{Fe} + \arctan\left(\frac{s\gamma X_{\sigma 2}^*(s)}{R_2^*(s)}\right) - \pi.$$

(6.101)

Mit dem Ständerstrom I_1 und der Hauptfeldspannung U_h lassen sich nun in einer ersten Iterationsschleife verbesserte Werte für die sättigungsabhängigen Parameter $X_h(U_h)$, $R_{Fe}(U_h)$ und $X_{\sigma 1}(I_1)$ bestimmen.

Sind die Änderungen von X_h, R_{Fe} und $X_{\sigma 1}$ hinreichend klein, erfolgt die Berechnung der Stromwärme- und Eisenverluste $P_{v1}(I_1)$, $P_{v2}(I_2)$ und $P_{vFe}(I_{Fe})$, des Luftspaltmomentes

$$M_\delta = z_p \frac{P_{v2}}{\omega_1 s} = \frac{3z_p}{\omega_{1N}} \frac{R_2^*}{\gamma s} I_2^{*2},$$

(6.102)

der Verlustdrehmomente $M_{vz}(n, I_1)$ und $M_{vr}(n)$ und Verlustleistungen $P_{vz}(n, I_1)$ und $P_{vr}(n)$ sowie des Nutzmomentes M. Damit ist dann die Berechnung des Arbeitspunktes für den vorgegebenen Schlupf s abgeschlossen.

Bei einer Kennlinienberechnung beginnt man zweckmäßigerweise mit dem Leerlaufpunkt $s=0$ und wiederholt die Rechnung fortlaufend mit um eine vorgegebene Schlupfschrittweite Δs erhöhtem Schlupfwert bis zum vorgegebenen Endschlupf, etwa $s=1$. Der Abgleich mit der Drehmomentfunktion $M_A(n)$ einer Antriebs- oder Arbeitsmaschine entspricht dagegen einer Nullpunktsuche an der Fehlfunktion $f(s) = M(s) + M_A(n) = 0$. Bewährt hat sich dafür das Intervallschachtelungsverfahren, bei dem das Schlupfintervall um einen ersten Näherungswert halbiert und mit der Intervallhälfte, in dem sich der Vorzeichenwechsel der Fehlfunktion befindet, das Verfahren fortgesetzt wird. Das Intervallschachtelungsverfahren lässt sich auch gut anwenden für die Suche des lokalen Maximums oder Minimums einer Funktion, etwa des Kippmomentes oder eines Sattelmomentes.

6.3.4 Bezugsgrößen für das quasistationäre Stranggrößen-Modell

Wie beim dynamischen Modell kann auch beim quasistationären Stranggrößen-Modell auf bezogene Größen übergegangen werden. Beim Bezugssystem wählt man dann jedoch im Gegensatz zu den dynamischen Modellen (Abschn. 2.7) für die Spannungen und Ströme statt der Amplituden- hier nun Effektivwerte:

$U_0 = U_N/\sqrt{3}$ für alle Spannungen,

$I_0 = I_N$ für alle Ströme,

$Z_0 = U_0/I_0$ für alle Widerstände und Reaktanzen,

$S_0 = 3U_0 I_0$ für alle Leistungsanteile,

$\Omega_0 = \omega_N/z_p = 2\pi f_N/z_p$ für die Rotor-Winkelgeschwindigkeit,

$M_0 = S_0/\Omega_0$ für alle Drehmomentanteile.

Bezogene Größen werden wieder durch Kleinbuchstaben gekennzeichnet, auf die besondere Kennzeichnung „'" für die Umrechnung auf die Ständerseite wird auch hier meist verzichtet. Für die Wicklungswiderstände werden die Warmwerte verwendet. Die Widerstandswerte und ungesättigten Reaktanzen bzw. Induktivitäten stimmen mit denen aus Abschn. 6.2 überein. Als gesättigte Reaktanzen werden beim quasistationären Modell jedoch die statischen Werte nach Gln. 6.77 und 6.80 verwendet, beim dynamischen Modell dagegen die nach Gl. 6.16 berechneten dynamischen Induktivitäten. Die Ersatzschaltbilder Abb. 6.4 und 6.5, die Modellgleichungen (Gln. 6.64 bis 6.94) und die Umrechnungsbeziehungen in Tab. 6.2 gelten analog auch für bezogene Größen. Bei den auf die Nennwerte bezogenen Sättigungskennlinien des quasistationären Modells sind auch die Kennlinienparameter dann als Per-Unit-Werte anzugeben, also die auf Z_0 bezogenen Werte $x_{\sigma 10}$, x_{h0} und r_{Fe0} von $X_{\sigma 10}$, X_{h0} und R_{Fe0}, die auf U_0 bezogenen Werte $u_{\sigma 1}$, u_{h1} und u_{Fe1} von $U_{\sigma 1}$, U_{h1} und U_{Fe1} sowie die bezogenen Koeffizienten

$$a_\sigma = A_\sigma \frac{U_0^{b_\sigma}}{I_0}, \ a_h = A_h \frac{U_0^{b_h}}{I_0} \quad \text{und} \quad a_{Fe} = A_{Fe} \frac{U_0^{b_{Fe}}}{I_0} \tag{6.103}$$

anstelle von A_σ, A_h und A_{Fe}; die Exponenten b_σ, b_h und b_{Fe} bleiben wertmäßig gleich.

Die für das quasistationäre Modell bestimmten und auf die Nennwerte bezogenen Sättigungskennlinien $i_1 = f(u_\sigma)$ und $i_\mu = f(u_h)$ können auch für das dynamische Modell als inverse Magnetisierungskennlinien $i_1 = f(\psi_\sigma)$ und $i_h = f(\psi_h)$ verwendet werden, jedoch sind anstelle der bezogenen Reaktanzen die wertgleichen bezogenen ungesättigten Induktivitäten und anstelle der Spannungen die entsprechenden Flussverkettungen zu setzen. Da beim dynamischen Modell die Eisenverluste und damit die i_{Fe}-u_h-Kennlinie unberücksichtigt bleiben, tritt außerdem i_h anstelle von i_μ.

Literatur

1. Müller, G., Ponick, B.: Theorie elektrischer Maschinen, 6. Aufl. Wiley-VCH, Weinheim (2009)

2. Müller, G., Ponick, B.: Grundlagen elektrischer Maschinen, 9. Aufl. Wiley-VCH, Weinheim (2006)

3. Vogel, J., et al.: Elektrische Antriebstechnik, 6. Aufl. Hüthig Verlag, Heidelberg (1998)

4. Schröder, D.: Elektrische Antriebe. Springer, Berlin u. a. (2001). 4 Bde

5. Brosch, P.F.: Moderne Stromrichterantriebe, 4. Aufl. Vogel Buchverlag, Würzburg (2002)

6. Brosch, P.F.: Praxis der Drehstromantriebe. Vogel Buchverlag, Würzburg (2002)

7. Budig, P.-K.: Stromrichtergespeiste Drehstromantriebe. VDE-Verlag, Berlin u. a. (2001)

8. Bühler, H.: Einführung in die Theorie geregelter Drehstromantriebe. Birkhäuser, Basel (1977). 2 Bde

9. Späth, H.: Elektrische Maschinen und Stromrichter, 3. Aufl. Braun, Karlsruhe (1991)

Kennwertbestimmung an Drehstrom-Asynchronmaschinen

7

Zusammenfassung

Die Modellparameter und Sättigungskennlinien der Drehstrom-Asynchronmaschine lassen sich aus den Messwerten stationärer Betriebspunkte und quasistationär aufgenommener Betriebskennlinien bestimmen. Die Läufertemperatur sollte bei diesen Versuchen möglichst konstant sein (betriebswarme Maschine).

Der Kurzschlussversuch (Prüfung mit festgebremstem Läufer) liefert eine Sättigungskennlinie für die Streuwege, der Leerlaufversuch (Maschine mechanisch unbelastet) eine solche für die Bereiche des Hauptflusses. Aus den Messwerten einer Lastprüfung, durchgeführt von Leerlauf ($s \approx 0$) bis Stillstand ($s = 1,0$) mit Hilfe einer steuerbaren Belastungsmaschine bei stark verminderter Klemmenspannung, um eine zu hohe Läufererwärmung zu vermeiden, lassen sich zum jeweiligen Schlupf Läuferwiderstand und -streureaktanz bestimmen. Aus vorzugsweise drei bis acht dieser schlupfabhängigen Wertepaare erhält man durch zweifache lineare Regression die vier Modellparameter des Doppelkäfigs bzw. der Doppelkäfignäherung.

Unter Vernachlässigung der Sättigungsabhängigkeit lassen sich die Modellparameter einer Drehstrom-Asynchronmaschine in Doppelkäfignäherung auch allein aus den Betriebsdaten von Leerlauf-, Nennlast- und Anlaufpunkt berechnen.

7.1 Modellparameter der Drehstrom-Asynchronmaschine

Die Modellparameter der Drehstrom-Asynchronmaschine werden vorteilhaft ebenfalls als bezogene Größen verwendet, um sie leichter vergleichen zu können. Statt der bezogenen Induktivitäten werden meist die bei $\omega = 1$ wertgleichen bezogenen Reaktanzen angegeben. Benötigt werden die Modellparameter nach Tab. 7.1.

Die Modellparameter entsprechen denen der Drehstrom-Synchronmaschine einer Achse nach Tab. 3.1, denn wegen des rotationssymmetrischen Aufbaus stimmen gleichartige

© Springer Fachmedien Wiesbaden 2015

H. Mrugowsky, *Drehstrommaschinen im Inselbetrieb*, DOI 10.1007/978-3-658-08990-0_7

Tab. 7.1 Modellparameter der Drehstrom-Asynchronmaschine

	Parameter-Bezeichnung (in p.u. bzw. s)	Parameter	Wertebereich
1	Widerstand der Ankerwicklung	r_1	0,1 … 0,01
2	Widerstand eines oberen (luftspaltseitigen) Käfigs bzw. Widerstand der Schleifringläuferwicklung	r_2	0,2 … 0,01
3	Widerstand eines unteren (inneren) Käfigs	r_3	–
4	Hauptinduktivität bzw. -reaktanz	l_h, x_h	1,3 … 5
5	Streuinduktivität bzw. -reaktanz der Ankerwicklung	$l_{\sigma 1}, x_{\sigma 1}$	0,2 … 0,04
6	Nullinduktivität bzw. -reaktanz der Ankerwicklung	l_{10}, x_{10}	–
7	Gemeinsame Rotorstreuinduktivität bzw. -reaktanz	$l_{\sigma 23}, x_{\sigma 23}$	–
8	Streuinduktivität bzw. -reaktanz des oberen Käfigs bzw. einer Schleifringläuferwicklung	$l_{\sigma 2}, x_{\sigma 2}$	0,25 … 0,07
9	Streuinduktivität bzw. -reaktanz des unteren Käfigs	$l_{\sigma 3}, x_{\sigma 3}$	–
10	Übersetzungsverhältnis Ankerwicklung – Schleifringläuferwicklung	$ü_{12}$	–
11	Parameter der Sättigungskennlinie $i_h = f(\psi_h)$	$l_{h0}, a_h, b_h, \psi_{h1}$	
12	Elektromechanische Zeitkonstante oder Trägheitskonstante in s	$T_m = 2H$	0,1 … 1

ungesättigte Parameter in Längs- und Querachse überein. Die Per-Unit-Parameter charakterisieren beim quasistationären Modell die Größen eines Stranges. Sie sind weitgehend wertgleich mit denen des dynamischen Modells, allerdings sind gesättigte Reaktanzen hier nicht dynamische, sondern Wechselstromreaktanzen, also statische Werte. Hinzugefügt wurden die Parameter der Sättigungskennlinie für den Bereich des Hauptflusses. Für Streufeldkennlinien wurden keine Parameter aufgenommen; sie werden, falls überhaupt verfügbar, analog zu denen der Hauptfeldkennlinie benötigt.

In der vierten Spalte von Tab. 7.1 sind für die Modellparameter von Schleifringläufermaschinen grob Wertebereiche angegeben, bei der bezogenen Hauptinduktivität(-reaktanz) mit der Leistung ansteigend, bei den anderen Parametern abfallend. Für hochpolige Maschinen liegen die Hauptreaktanz an der unteren, die Läuferparameter r_2 und $x_{\sigma 2}$ mehr an der oberen Bereichsgrenze. Bei Käfigläufermaschinen gelten die angegebenen Bereiche für die Läuferparameter $r_2^*(s) = r_2(s)$ und $x_{\sigma 2}^*(s) = x_{\sigma 2}(s)$ nahe Leerlauf, also ohne merkbare Stromverdrängung.

7.2　Prüfverfahren zur Kennwertbestimmung

In DIN EN 60034-28 (VDE 0530-28) [1] sind die „Prüfverfahren zur Bestimmung der Größen in Ersatzschaltbildern dreiphasiger Niederspannungs-Kurzschlussläufer-Induktionsmotoren" für die verbreiteten Baugrößen 56 bis 400 mit den Anforderungen an die Messtechnik, die Versuchsdurchführung und die Auswertung ausführlich beschrieben. Als Hauptzweck der Norm wird die „Unterstützung bei der Modellierung umrichtergespeister

Tab. 7.2 Prüfverfahren zur Kennwertbestimmung an Drehstrom-Asynchronmaschinen

	Prüfverfahren	Messwerte (Primärdaten)	Versuchsbedingungen
1	Strom-Spannungs-Messung	$U_=, I_=, \vartheta_K$	$n = 0;\ \vartheta_1 = \vartheta_K;\ I_= \leq 0{,}1 I_N$
2	Prüfung mit festgebremstem Läufer	$U, I_1, f_1, P_1, \vartheta_1$	$n = 0;\ 0{,}1 \leq I_1 \leq 1{,}5 I_N$
2a	Nur Schleifringläufermaschine: Läuferwicklung offen, Stillstand	U_{20}	$n = 0;\ U = U_N$
3	Lastprüfung bei $U = U_N$	$U, I_1, f_1, P_1, n, M, P, \vartheta_1$	$U = U_N;\ I_0 \leq I_1 \leq 1{,}5 I_N$
3a	Lastprüfung bei verminderter Spannung	$U, I_1, f_1, P_1, n, M, P, \vartheta_1$	$U = 0{,}5 U_N;\ s = 0 \dots 1;$ $I_1 \leq 1{,}5 I_N$
4	Leerlaufprüfung motorisch, ungekuppelt	$U, I_{10}, f_1, P_1, \vartheta_1$	$s \approx 0;\ 1{,}1 U_N \geq U \geq 0{,}2 U_N;$ $1{,}5 I_N \geq I_{10} \geq I_{1\,min}$
5	Auslaufversuch ($n = 1{,}1 n_0 \to 0$)	$n(t)$	$n = n(t)$, schreibend

Motoren" bezeichnet, eine Verwendung der Ergebnisse „zur genauen Bestimmung des Betriebsverhaltens" der Maschinen wegen der Vereinfachungen bei den zugrunde liegenden Modellansätzen jedoch als unzulässig erklärt [1]. Durch nachfolgend erläuterte Modifizierungen und Ergänzungen zu den Prüfverfahren (Tab. 7.2) und Auswertemethoden gewinnt man dennoch meist recht brauchbare Modellparameter für Simulationszwecke. Die beschriebenen Prüf- und Auswerteverfahren gelten natürlich auch für generatorisch genutzte Maschinen, z. B. für asynchrone Windkraftanlagen.

An der noch kalten Maschine ($\vartheta_1 = \vartheta_K$) wird der Wicklungswiderstand der in Sternschaltung vorausgesetzten Ständerwicklung und bei Schleifringläufermaschinen auch der Schleifringläuferwicklung durch drei Gleichstrom-Gleichspannungs-Messungen zwischen jeweils zwei Anschlussklemmen bzw. Schleifringen bestimmt. Bei den nachfolgenden Versuchen lässt sich der Wicklungswiderstand und damit dann die mittlere Wicklungstemperatur für jeden eingestellten Prüfpunkt prinzipiell in gleicher Weise ermitteln (Widerstandsverfahren), jedoch stört die dafür zwischenzeitlich erforderliche Umschaltung der Messanordnung den Prüfablauf erheblich. Zu empfehlen ist daher die kontinuierliche Bestimmung der Wicklungstemperatur $\vartheta_1(t)$ entweder mit Hilfe von Messfühlern, die mit der Wicklung eingebaut wurden, oder über den Wicklungswiderstand (Widerstandsverfahren) durch Überlagerung eines kleinen Messgleichstromes nach IEC 60279 [2]. Erfolgt die kontinuierliche Messung mit Hilfe von Messfühlern, ist eine Angleichung an die mittlere Wicklungstemperatur durch den Vergleich mit den nach dem Widerstandsverfahren an der kalten und nochmals an der betriebswarmen Maschine ermittelten Werten vorzunehmen.

Die Prüfung mit festgebremstem Läufer ($s = 1$) wird auch als Kurzschlussversuch bezeichnet. An die Ständerwicklung der betriebswarmen Maschine wird ein Drehspannungssystem mit Nennfrequenz $f_1 = f_N$ gelegt. Durch Änderung der Klemmenspannung U sind Ständerstromwerte von $1{,}5 I_N$ bis $0{,}1 I_N$ in mindestens 10 möglichst gleichmäßigen Stufen, darunter auch bei Bemessungsstrom I_N, einzustellen und die angegebenen Messwerte aufzuzeichnen. Um eine unzulässig hohe Läufererwärmung zu vermeiden, sind Messpunkteinstellung und -dokumentation zügig vorzunehmen und insbesondere zwischen den ersten Messpunkten ggf. Abkühlungspausen einzufügen. Bei einer Schleifringläufermaschine wird auch der Läuferstrom gemessen und abschließend an den Ständerklemmen die Bemessungsspannung $U = U_N$ angelegt und an der offenen Läuferwicklung die verkettete Stillstandsspannung $\sqrt{3}U_{20}$ bestimmt.

Die Lastprüfungen sind an der betriebswarmen Maschine durchzuführen. Als Belastungsmaschine kommt eine einstellbare Bremse oder besser eine über einen Stromrichter ins Netz zurückspeisende Gleichstrom- oder Drehstrommaschine zum Einsatz. Zur Bestimmung des Drehmomentes und der mechanischen Leistung sollte eine Drehmoment-Messwelle zum Einsatz kommen. Besonders bei Maschinen mit kleinem Nennschlupf ist die Drehzahlmessung im Nenndrehzahlbereich auf mindestens fünf signifikante Ziffern vorzunehmen, um den Schlupf hinreichend genau erfassen zu können. Die mittlere Wicklungstemperatur ist zu überwachen, um eine Schädigung der Wicklung zu vermeiden.

Bei Bemessungsspannung sind etwa 10 Betriebspunkte zwischen Leerlauf und Überlast aufzunehmen, davon einer möglichst beim Bemessungsstrom. Bei verminderter, jedoch möglichst konstanter Klemmenspannung sind ebenfalls mindestens 10 Betriebspunkte gleichmäßig verteilt zwischen Leerlauf und Stillstand einzustellen und zu protokollieren.

Für die Leerlaufprüfung wird die Prüflingsmaschine von der Belastungsmaschine, der mechanischen Bremse (Fixierung) und allen anderen zusätzliche Reibung verursachenden Bauteilen getrennt, um bei $f_1 = f_N$ einen möglichst kleinen Schlupf $s \approx 0$ zu sichern. Begonnen wird mit einer solchen Spannung $U \geq 1{,}1U_N$, dass sich der Strom zu $I_1 = 1{,}5I_N$ einstellt. Die Spannung wird dann in 10 bis 15 gleichmäßigen Stufen bis $U = 0{,}2U_N$ abgesenkt, wenn nicht bereits vorher der minimal sinnvolle Ständerstrom $I_{1\,min}$ erreicht wurde, bei dem eine weitere Absenkung der Klemmenspannung wieder zu einem Ansteigen des Ständerstromes führt. Ein Messpunkt sollte bei $U = U_N$, ein weiterer bei $I_1 = I_N$ liegen. Die Messungen sind auch hier möglichst zügig vorzunehmen, um größere Temperaturänderungen in der Maschine zwischen den Messpunkten zu vermeiden.

Abschließend erfolgt der Auslaufversuch. Dafür wird die betriebswarme, ungekuppelte Maschine mit einem Stromrichter auf $n \approx 1{,}1n_0$ (n_0: Drehzahl bei der Leerlaufprüfung) gebracht und abgeschaltet. Aufgezeichnet wird die Drehzahl bis zum Stillstand.

7.3 Auswertung der Versuche

7.3.1 Bestimmung des Wicklungswiderstandes und der mittleren Wicklungstemperatur

Vorausgesetzt wird eine in Stern geschaltete Wicklung, deren Temperatur um nicht mehr als 2 K von der Kühlmitteltemperatur (Umgebungstemperatur) abweicht. Aus den zwischen zwei Außenleitern gemessenen Werten von Gleichspannung $U_=$ und Gleichstrom $I_=$

folgt der Widerstand einer Strangwicklung jeweils zu

$$R_\vartheta = \frac{U_=}{2I_=}.$$ (7.1)

Bei Schleifringläuferwicklungen sind die Messungen direkt an den Wicklungsanschlüssen auf den Schleifringen vorzunehmen. Zu verwenden ist der Mittelwert aus den Messungen an den drei möglichen Außenleiterkombinationen. Dieser Widerstand ist mit der gemessenen Temperatur des Kühlmittels ϑ_K auf die Referenztemperatur 25 °C umzurechnen:

$$R_{25} = R_\vartheta \frac{k_\alpha + 25}{k_\alpha + \vartheta_K}.$$ (7.2)

Bei einer Kupferwicklung ist $k_\alpha = 235\,\text{K}$, bei einer Aluminiumwicklung $k_\alpha = 225\,\text{K}$.

Unter Verwendung des Referenzwiderstandes der Ständerwicklung bei 25 °C bestimmt man bei den nachfolgenden Versuchen die aktuelle mittlere Wicklungstemperatur zu

$$\vartheta_1 = \frac{R_\vartheta}{R_{25}}(k_\alpha + 25) - k_\alpha$$ (7.3)

und die aktuelle mittlere Wicklungsübertemperatur zu

$$\theta_1 = \vartheta_1 - \vartheta_K.$$ (7.4)

7.3.2 Auswertung der Prüfung mit festgebremstem Läufer

Das Ziel dieser Prüfung bei $s = 1$ ist die Bestimmung der Streureaktanzen der Ständer- und der Läuferstrangwicklung sowie deren Sättigungsabhängigkeit. Bestimmt wird dafür zu jedem Messpunkt die Strang-Eingangsimpedanz

$$\underline{Z}_E = R_E + jX_E = R_1 + jX_{\sigma 1} + R_{Fe} \| jX_h \| \left(\frac{R_2^*(s)}{s} + jX_{\sigma 2}^*(s) \right)$$ (7.5)

mit

$$Z_E = \frac{U_1}{I_1} = \frac{U}{I_1 \sqrt{3}}, \quad \cos\varphi_1 = \frac{P_1}{3U_1 I_1}, \quad R_E = Z_E \cos\varphi_1, \quad X_E = Z_E \sin\varphi_1.$$ (7.6)

Da für Käfig- und kurzgeschlossene Schleifringläuferwicklungen stets R_2^*, $X_{\sigma 2}^* < X_h < R_{Fe}$ ist, gilt beim Schlupf $s = 1$ in meist guter Näherung

$$X_E \approx \gamma(X_{\sigma 1} + X_{\sigma 2,s=1}^*).$$ (7.7)

X_E sinkt mit steigendem Strom infolge der Streuwegsättigung. Außerdem tritt bei $s = 1$ insbesondere bei größeren Käfigläufern in den Läuferstäben meist schon deutliche Stromverdrängung auf, so dass die Läuferstreuinduktivitäten kleiner sind als bei der Frequenz null. Da sich diese Effekte nicht trennen lassen, wird der Läuferstreureaktanz bei $s = 1$ ein fester Wert und der Ständerstreureaktanz der gesamte Sättigungseinfluss zugewiesen. Ist ein Streureaktanzverhältnis

$$k_\sigma = \frac{X_{\sigma 1}}{X_{\sigma 2}^*} \tag{7.8}$$

vorgegeben, wird damit die Läuferstreureaktanz aus der Eingangsreaktanz etwa bei Bemessungsstrom festgelegt zu

$$\gamma X_{\sigma 2, s=1}^* = \frac{1}{1 + k_\sigma} X_E; \tag{7.9}$$

anderenfalls wird $X_{\sigma 2, s=1}^*$ mit $k_\sigma = 1$ aus dem ersten, dem kleinsten X_E-Wert bestimmt. Die sättigungsabhängige Ständerstreureaktanz folgt dann für jeden Messpunkt zu

$$\gamma X_{\sigma 1}(I_1) = X_E(I_1) - \gamma X_{\sigma 2, s=1}^* \tag{7.10}$$

und die Sättigungscharakteristik der Ständerstreureaktanz punktweise zu

$$U_\sigma(I_1) = I_1 \gamma X_{\sigma 1}(I_1). \tag{7.11}$$

Die für Nennfrequenz gültigen Parameter $X_{\sigma 10}, A_\sigma, b_\sigma$ und $U_{\sigma 1}$ der Sättigungskennlinie

$$I_1 = \frac{U_\sigma}{\gamma X_{\sigma 10}} + \begin{cases} 0 & \text{für } \frac{1}{\gamma} U_\sigma \leq U_{\sigma 1}, \\ A_\sigma \left(\frac{1}{\gamma} U_\sigma - U_{\sigma 1} \right)^{b_\sigma} & \text{für } \frac{1}{\gamma} U_\sigma > U_{\sigma 1} \end{cases} \tag{7.12}$$

erhält man durch zweimalige lineare Regression. Für γ wird dabei das Frequenzverhältnis des Messpunktes eingesetzt. Zuerst bestimmt man die Anfangsgerade durch den Koordinatenursprung als gesetzten Kennlinienpunkt und die ersten beiden Messpunkte und gewinnt so einen ersten $X_{\sigma 10}$-Wert. Einen zweiten $X_{\sigma 10}$-Wert erhält man nach Hinzunahme des nächsten Messpunktes usw. Sobald die Reststreuung die vorherigen Werte dauerhaft überschreitet, wird diese erste Regression mit dem $X_{\sigma 10}$-Wert der niedrigsten Reststreuung beendet. Anschließend berechnet man mit allen Messpunkten durch eine zweite lineare Regression mit dem Ansatz

$$\ln \left(I_1 - \frac{U_\sigma}{\gamma X_{\sigma 10}} \right) = \ln A_\sigma + b_\sigma \ln \left(\frac{1}{\gamma} U_\sigma - U_{\sigma 1} \right) \tag{7.13}$$

die Kennlinienparameter A_σ und b_σ, wobei durch Variation des Parameters $U_{\sigma 1}$, ausgehend vom obersten Messpunkt der ersten Regression, die Parameterkombination mit der geringsten Reststreuung gesucht wird. Die Kennlinienparameter der Per-Unit-Darstellung erhält man nach Abschn. 6.3.4.

Unter Verwendung der nach den Gln. 7.11 und 7.12 vom Ständerstrom I_1 abhängigen, gesättigten Ständerstreureaktanz $X_{\sigma 1}$ ergibt sich die sättigungsunabhängige, jedoch ggf. schlupfabhängige Läuferstreureaktanz $X_{\sigma 2}^*$ später aus den Messwerten der Lastprüfung.

Bei einer Schleifringläufermaschine wird dann bei offener Läuferwicklung das Übersetzungsverhältnis zwischen der Ständer- und der Läuferwicklung $\ddot{u}_{12}$ als das Verhältnis der Klemmenspannungen bei $U = U_N$ bestimmt zu

$$\ddot{u}_{12} = \frac{U_N}{\sqrt{3} U_{20}}. \tag{7.14}$$

7.3.3 Auswertung der Leerlaufprüfung

Die Auswertung der Leerlaufprüfung beginnt mit der Verlusttrennung, also der punktweisen Bestimmung der so genannten konstanten Verluste P_{vk}, indem von der aufgenommenen Leistung P_1 die für die aktuelle Temperatur bestimmten Stromwärmeverluste der Ständerwicklung abgezogen werden:

$$P_{vk} = P_1 - 3 I_1^2 R_1(\vartheta_1). \tag{7.15}$$

Extrapoliert man diese über U^2 aufgetragenen konstanten Verluste P_{vk} für die Messwerte mit $U \leq 0{,}5 U_N$ bis $U = 0$, erhält man als Schnittpunkt mit der Leistungsachse die Lüftungs- und Reibungsverluste $P_{vr,s\,=\,0}$ bei der Leerlaufdrehzahl n_0. Die Eisenverluste folgen dann punktweise für jeden Strangspannungswert U_1 zu

$$P_{vFe}(U_1) = P_{vk}(U_1) - P_{vr,s=0}. \tag{7.16}$$

Anschließend wird zu jedem Messpunkt aus der nach Abschn. 7.3.2 bereits bekannten Sättigungskennlinie mit dem aktuellen Leerlaufstrom I_1 die Ständerstreureaktanz für Nennfrequenz

$$X_{\sigma 1}(I_1) = \frac{U_{\sigma}(I_1)}{I_1} \tag{7.17}$$

sowie mit

$$U_Z(I_1) = I_1 \sqrt{R_1^2(\vartheta_1) + \gamma^2 X_{\sigma 1}^2(I_1)} \quad \text{und} \quad \varphi_Z = \arctan\left(\frac{\gamma X_{\sigma 1}(I_1)}{R_1(\vartheta_1)}\right) \tag{7.18}$$

auf der Grundlage des Zeigerdiagramms (Abb. 6.6) unter Berücksichtigung von $I_2^* = 0$ die aktuelle Hauptfeldspannung berechnet:

$$U_h(I_1) = \sqrt{U_1^2 + U_Z^2 - 2 U_1 U_Z \cos(\varphi_1 - \varphi_Z)}. \tag{7.19}$$

Damit erhält man den auf die Nennfrequenz bezogenen Eisenverluste-Ersatzwiderstand

$$R_{\mathrm{Fe}}(U_{\mathrm{h}}) = \gamma^{-\beta} \frac{3 U_{\mathrm{h}}^2 (I_1)}{P_{\mathrm{vFe}}(U_1)}, \tag{7.20}$$

den fiktiven Eisenverluste-Strom

$$I_{\mathrm{Fe}}(U_{\mathrm{h}}) = \frac{\gamma^{-\beta} U_{\mathrm{h}}}{R_{\mathrm{Fe}}(U_{\mathrm{h}})} \tag{7.21}$$

und dessen Phasenlage bezüglich der Leerlauf-Strangspannung

$$\varphi_{\mathrm{Fe}} = \arctan \frac{U_{\mathrm{Z}} \sin(\varphi_{\mathrm{Z}} - \varphi_1)}{U_1 - U_{\mathrm{Z}} \cos(\varphi_{\mathrm{Z}} - \varphi_1)}. \tag{7.22}$$

φ_{Fe} charakterisiert gleichzeitig auch die Phasenlage der Hauptfeldspannung.
  Der Magnetisierungsstrom folgt schließlich aus dem Leerlaufstrom I_1 zu

$$I_{\mu}(U_{\mathrm{h}}) = \sqrt{I_1^2 - I_{\mathrm{Fe}}^2} \tag{7.23}$$

und die auf Nennfrequenz umgerechnete Hauptreaktanz zu

$$X_{\mathrm{h}}(U_{\mathrm{h}}) = \frac{U_{\mathrm{h}}}{\gamma I_{\mu}(U_{\mathrm{h}})}. \tag{7.24}$$

Die Berechnung der Sättigungskennlinien für R_{Fe} und X_{h} erfolgt wie bei der Streureaktanz, die Umrechnung der Kennlinienparameter in Per-Unit-Werte nach Abschn. 6.3.4.

7.3.4   Auswertung der Lastprüfung

Zuerst wird wie bei der Auswertung der Leerlaufprüfung für jeden Messpunkt unter Verwendung des aktuellen Ständerwicklungswiderstandes $R_1(\vartheta_1)$ und der aus der Streu-reaktanz-Sättigungskennlinie für I_1 ermittelten Ständerstreureaktanz $X_{\sigma1}(I_1)$ nach den Gln. 7.18 und 7.19 die Hauptfeldspannung U_{h} berechnet. Mit U_{h} folgen dann aus den in Abschn. 7.3.3 bestimmten Sättigungskennlinien $I_{\mu}(U_{\mathrm{h}})$ und $I_{\mathrm{Fe}}(U_{\mathrm{h}})$ sowie nach Gl. 7.22 φ_{Fe}. Mit diesen Größen erhält man den Querstrom I_{h} mit seiner Phasenlage bezüglich der Eingangsspannung $\underline{U}_1$

$$I_{\mathrm{h}} = \sqrt{I_{\mu}^2 + I_{\mathrm{Fe}}^2} \quad \text{und} \quad \varphi_{\mathrm{h}} = \varphi_{\mathrm{Fe}} + \arctan \left(\frac{I_{\mu}(U_{\mathrm{h}})}{I_{\mathrm{Fe}}(U_{\mathrm{h}})} \right), \tag{7.25}$$

den Rotorstrom mit seiner Phasenlage

$$I_2^* = \sqrt{I_1^2 + I_h^2 - 2I_1 I_h \cos(\varphi_h - \varphi_1)}$$

$$\varphi_2^* = \varphi_1 - \arctan\left(\frac{I_h \sin(\varphi_h - \varphi_1)}{I_1 - I_h \cos(\varphi_h - \varphi_1)}\right) + \pi \tag{7.26}$$

sowie die schlupfabhängigen Läuferparameter

$$R_{2w}^*(s) = -\frac{sU_h}{I_2^*}\cos(\varphi_2^* - \varphi_{Fe}) \quad \text{und} \quad X_{\sigma 2}^*(s) = -\frac{U_h}{\gamma I_2^*}\sin(\varphi_2^* - \varphi_{Fe}). \tag{7.27}$$

Mit „*" wurde kenntlich gemacht, dass es sich um die auf die Ständerseite bezogenen, schlupfabhängigen Ersatzgrößen eines kurzgeschlossenen Schleifringläufers oder eines Einfachkäfigs handelt. Alle Winkel der Ströme und Spannungen sind wie bei I_1 gegenüber der Klemmenspannung U_1 nacheilend positiv gerechnet (Abb. 6.6). $R_{2w}^*(s)$ ist der Warmwert, der noch auf die Referenztemperatur 25 °C umzurechnen ist:

$$R_2^*(s) = \frac{R_{2w}^*(s)}{\delta_2(\vartheta_2)}. \tag{7.28}$$

Ist die für die Umrechnung des Läuferwiderstandes benötigte Läufertemperatur ϑ_2 nicht verfügbar, wird dafür als Näherung die mittlere Ständerwicklungstemperatur ϑ_1 eingesetzt. $X_{\sigma 2}^*(s)$ ist bereits für Nennfrequenz angegeben.

In gleicher Weise lassen sich die schlupfabhängigen Läuferparameter zu jedem anderen Betriebszustand berechnen, also auch für Stillstand. Die nach Gl. 7.27 berechneten $X_{\sigma 2}^*$-Werte werden dann über den bei gleichem Schlupf bestimmten R_2^*-Werten aufgetragen. Ergeben sich dabei für sehr unterschiedliche Schlupfwerte, z. B. $s_1 = s_N$ und $s_2 = 1$, etwa gleichgroße R_2^*- bzw. $X_{\sigma 2}^*$-Werte, kann ein stromverdrängungsfreier Schleifring- oder Einfachkäfigläufer mit

$$R_2' = R_2^*(s_N) \quad \text{und} \quad X_{\sigma 2}' = X_{\sigma 2}^*(s_N) \tag{7.29}$$

zugrunde gelegt werden. Steigt $R_2^*(s)$ und fällt $X_{\sigma 2}^*(s)$ gleichzeitig signifikant mit dem Schlupf s, ist das jedoch ein Hinweis auf merkbare Stromverdrängung im Läufer.

7.3.5 Berechnung der Parameter einer Doppelkäfig-Näherung

Nach [1] lässt sich eine Kontrolle auf Stromverdrängung in den Läuferstäben auch vereinfacht unter Annahme von Rechteckstäben mit der geschätzten Stabhöhe

$$h = \left[0{,}21 - \frac{2z_p}{100}\right]\frac{H}{1000} \tag{7.30}$$

und der so genannten reduzierten Leiterhöhe

$$\xi = h\sqrt{4\pi^2 s f_1 \gamma_S 10^{-7}} \tag{7.31}$$

mit Hilfe des Induktivitätsminderungsfaktors

$$k_i = \frac{3}{2\xi}\frac{\sinh(2\xi) - \sin(2\xi)}{\cosh(2\xi) - \cos(2\xi)} \tag{7.32}$$

vornehmen. H steht dabei für die Baugröße, also die Achshöhe der Maschine im mm, γ_S für die elektrische Leitfähigkeit des Stabmaterials in S/m, s für den Schlupf und f_1 für die Ständerfrequenz in Hz. Ergibt sich mit $s = 1$ für k_i dabei ein Wert deutlich unter Eins, ist das ein Hinweis auf merkbare Stromverdrängung beim Anlauf. Dann kann es sinnvoll sein, statt mit schlupfabhängigen Läuferparametern $R_2^*(s)$ und $X_{\sigma 2}^*(s)$ zu rechnen, auf eine Doppelkäfig-Näherung mit schlupfunabhängigen Parametern überzugehen. Um dafür Läuferparameter aus unterschiedlichen Betriebspunkten besser vergleichen zu können, wird ihnen ein auf Referenztemperatur und Nennfrequenz umgerechneter Schlupf

$$s_\nu^* = \frac{\gamma}{\delta_2(\vartheta_2)}s_\nu \tag{7.33}$$

zugeordnet. Mit diesem auf die Referenzwerte umgerechneten Schlupf gilt für jeden Betriebspunkt ν nach Abschn. 7.3.2 und Gl. 6.90

$$R_2^*(s_\nu^*) = A + C\left(1 - \frac{1}{1 + (s_\nu^*\tau)^2}\right) \quad \text{und} \quad X_{\sigma 2}^*(s_\nu^*) = B + C\frac{\tau}{1 + (s_\nu^*\tau)^2} \tag{7.34}$$

und damit

$$X_{\sigma 2}^*(s_\nu^*) = D - \tau R_2^*(s_\nu^*) \quad \text{mit} \quad D = B + (A + C)\tau. \tag{7.35}$$

Mit den Daten von $n \geq 2$ Betriebspunkten mit unterschiedlichem Schlupfwert s_ν^* können danach die Doppelkäfig-Hilfsgröße τ und die Hilfsgröße D durch lineare Regression bestimmt werden. Mit dem dann bekannten Wert für τ bildet man zu jedem Betriebspunkt die Hilfsvariable

$$e(s_\nu^*) = \frac{\tau}{1 + (s_\nu^*\tau)^2} \tag{7.36}$$

und erhält damit aus Gl. 7.34 eine zweite Regressionsgleichung

$$X_{\sigma 2}^*(s_\nu^*) = B + Ce(s_\nu^*), \tag{7.37}$$

aus der in gleicher Weise B und C sowie schließlich

$$A = \frac{D - B}{\tau} - C \tag{7.38}$$

berechnet werden können. Mit den Doppelkäfig-Hilfsgrößen A, B, C und τ ergeben sich die Doppelkäfig-Parameter für die gewählte Doppelkäfig-Variante schließlich nach Tab. 6.2.

7.3.6 Auswertung des Auslaufversuches

Damit beim Erreichen der Leerlaufdrehzahl n_0 die elektromagnetischen Übergangsvorgänge abgeklungen sind, wird der Auslaufversuch bei etwa 1,1facher Leerlaufdrehzahl durch Abschaltung von der Einspeisung gestartet. Die Bewegungsgleichung für den Auslaufversuch lautet für die dann feldfreie, ungekuppelte Maschine mit $M_\delta = M_{vz} = M_A = 0$

$$2\pi J \frac{dn}{dt} = M_{vr}(n). \tag{7.39}$$

Das Massenträgheitsmoment J und damit die elektromechanische Zeitkonstante T_m lassen sich mit den bei der Leerlaufprüfung für $n \approx n_0$ bestimmten Reibungsverlusten $P_{vr}(n_0)$ aus dem negativen Anstieg der Auslaufkurve bei der Leerlaufdrehzahl n_0 bestimmen:

$$J = -\frac{P_{vr}(n_0)}{4\pi^2 n_0 \left.\frac{dn}{dt}\right|_{n=n_0}} \quad \text{und} \quad T_m = 2H = J\frac{\Omega_0^2}{S_0}. \tag{7.40}$$

Das Reibungsmoment in Abhängigkeit von der Drehzahl n erhält man mit dem dann bekannten Massenträgheitsmoment J und dem negativen Anstieg der Auslaufkurve für jeden Messpunkt zu

$$M_{vr}(n) = 2\pi J \left.\frac{dn}{dt}\right|_n. \tag{7.41}$$

7.4 Vereinfachte Parameterbestimmung unter Verwendung von Katalogdaten

Für viele Untersuchungen ist es ausreichend, die Drehstrom-Asynchronmaschine linear, also ohne Berücksichtigung der vom Betriebszustand abhängigen magnetischen Sättigung zu betrachten. Die dafür benötigten bezogenen Modellparameter lassen sich aus allgemein zugänglichen Katalogdaten, ggf. ergänzt durch einige wenige leicht am Einsatzort der Maschine durchführbare Messungen, ermitteln.

In den Herstellerkatalogen werden meist folgende für die Parameterberechnung relevanten Daten ausgewiesen:

P_N Nennleistung in kW,
U_N Leiter-Leiter-Nennspannung in V ($\pm 5\,\%$),
I_N Nennstrom in A,
f_N Nennfrequenz in Hz ($\pm 2\,\%$),
n_N Nenndrehzahl in min^{-1} ($\pm 20\,\%$ für den Schlupf s),
z_p Polpaarzahl (meist in der Typ-Bezeichnung),
η_N Nennwirkungsgrad [$-0{,}15(1-\eta)$ für $P_N \leq 50\,\text{kW}$, $-0{,}1(1-\eta)$ für $P_N > 50\,\text{kW}$],
$\cos\varphi_N$ Nennleistungsfaktor [$-(1-\cos\varphi)/6$],

M_A/M_N relatives Anlaufmoment (-15% bis $+25\%$),
I_A/I_N relativer Anlaufstrom ($+20\%$),
M_k/M_N relatives Kippmoment (-10%),
J Massenträgheitsmoment in kgm^2 ($\pm 10\%$).

Die bei der Nennspannung und der Nennfrequenz in Klammern angegebenen Toleranzen kennzeichnen den Betriebsbereich, in dem die bei den anderen Daten angegebenen Toleranzen zulässig sind. Wegen dieser zulässigen Toleranzen können die an einer konkreten Maschine bei Nennspannung und Nennfrequenz für den Bemessungspunkt, also bei Nennleistung, gemessenen Werte deutlich von den im Katalog ausgewiesenen Nenndaten abweichen.

Ohne explizite Berücksichtigung der Ummagnetisierungsverluste lassen sich die für die Simulation des Betriebsverhaltens einer Drehstrom-Asynchronmaschine nach Abschn. 6.2 benötigten Modellparameter aus den Daten für den Leerlauf-, den Nennlast- und den Anlaufpunkt berechnen. Aus den Katalogdaten erhält man sofort folgende bezogenen Primärdaten:

$$i_N = 1, \quad \cos\varphi_N, \quad s_N = 1 - \frac{z_p n_N}{60 f_N} \quad \text{und} \quad i_A = \frac{I_A}{I_N}. \tag{7.42}$$

Zusätzlich zu den Katalogdaten benötigt man für Nennspannung den auf Nennstrom I_N bezogenen Leerlaufstrom I_0 und den Anlaufleistungsfaktor $\cos\varphi_A$, also

$$i_0 = \frac{I_0}{I_N} \quad \text{und} \quad cos\varphi_A. \tag{7.43}$$

Können der Leerlaufstrom und der Anlaufleistungsfaktor nicht messtechnisch ermittelt werden, sind Anfangsnäherungen zu schätzen.

Für die vereinfachte Parameterbestimmung wird die Ersatzschaltung nach Abb. 7.1 zugrunde gelegt.

Abb. 7.1 Ersatzschaltbild zur vereinfachten Parameterbestimmung

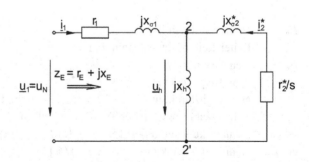

Die Eingangsimpedanz ergibt sich nach Abb. 7.1 allgemein zu

$$\underline{z}_E = r_E + \mathrm{j}x_E = \left(r_1 + \frac{r_2^*}{s} \frac{s^2 x_h^2}{r_2^{*2} + s^2 x_2^{*2}} \right) + \mathrm{j}\left(x_1 - x_2^* \frac{s^2 x_h^2}{r_2^{*2} + s^2 x_2^{*2}} \right) \tag{7.44}$$

mit

$$x_1 = x_{\sigma 1} + x_h \quad \text{und} \quad x_2^* = x_{\sigma 2}^*(s) + x_h. \tag{7.45}$$

Andererseits erhält man aus den Daten für den Nennlastpunkt mit $u = u_N = 1$ die bezogenen Werte von Eingangsimpedanz, -widerstand und -reaktanz

$$z_N = \frac{u_N}{i_N} = 1, \quad r_N = z_N \cos\varphi_N \quad \text{und} \quad x_N = \sqrt{z_N^2 - r_N^2} \tag{7.46}$$

sowie analog für den Anlaufpunkt bei $s = 1$ mit der Anfangsnäherung für den Anlaufleistungsfaktor

$$z_A = \frac{u_N}{i_A}, \quad r_A = z_A \cos\varphi_A \quad \text{und} \quad x_A = \sqrt{z_A^2 - r_A^2}, \tag{7.47}$$

jeweils gekennzeichnet durch den Index des Betriebspunktes.

Ist der Warmwert des Ankerwiderstandes nicht bekannt, wird er aus dem Nennwirkungsgrad abgeschätzt zu

$$r_1 = 0{,}25(1 - \eta_N). \tag{7.48}$$

Die Ankerstreureaktanz bestimmt man, wenn kein Wert vorgegeben ist, aus der Anlaufreaktanz zu

$$x_{\sigma 1} = 0{,}5 x_A. \tag{7.49}$$

Aus der Anfangsnäherung des relativen Leerlaufstromes erhält man unter Vernachlässigung des Ankerwiderstandes die Ankerreaktanz

$$x_1 = \frac{u_N}{i_0} \tag{7.50}$$

und somit die Hauptreaktanz zu

$$x_h = x_1 - x_{\sigma 1}. \tag{7.51}$$

Die schlupfabhängigen Werte von Rotorwiderstand $r_2^*(s)$ und -streureaktanz $x_{\sigma 2}^*(s)$ für den Nennlast- und den Anlaufpunkt folgen aus der nach diesen Größen aufgelösten Gl. 7.44 zu

$$r_2^*(s_N) = \frac{s_N(r_N - r_1)x_h^2}{(r_N - r_1)^2 + (x_1 - x_N)^2}, \quad x_{\sigma 2}^*(s_N) = \frac{(x_1 - x_N)x_h^2}{(r_N - r_1)^2 + (x_1 - x_N)^2} - x_h, \tag{7.52}$$

$$r_2^*(s_A) = \frac{(r_A - r_1)x_h^2}{(r_A - r_1)^2 + (x_1 - x_A)^2}, \quad x_{\sigma 2}^*(s_A) = \frac{(x_1 - x_A)x_h^2}{(r_A - r_1)^2 + (x_1 - x_A)^2} - x_h. \tag{7.53}$$

Gilt $r_2^*(s_A) > r_2^*(s_N)$ und $x_{\sigma 2}^*(s_A) < x_{\sigma 2}^*(s_N)$, ist das ein Hinweis auf merkbare Strom-verdrängung im Anlaufpunkt, so dass die Anwendung der Doppelkäfig-Näherung nach einer der Varianten in Abb. 6.5 sinnvoll erscheint. Sind diese Bedingungen nicht beide gleichzeitig erfüllt, empfiehlt es sich, für Untersuchungen oberhalb des Kipppunktes einen Einfachkäfig mit den Läuferdaten des Nennlastpunktes nach Gl. 7.52, für Anlaufvorgänge jedoch die des Anlaufpunktes nach Gl. 7.53 zugrunde zu legen.

Die Doppelkäfigparameter erhält man analog zu Abschn. 7.3.5, hier jedoch vereinfachend ohne Schlupfkorrektur, mit

$$\tau = \frac{x_{\sigma 2}^*(s_N) - x_{\sigma 2}^*(s_A)}{r_2^*(s_A) - r_2^*(s_N)}, \tag{7.54}$$

den schlupfabhängigen Hilfsvariablen

$$e(s_N) = \frac{\tau}{1 + (s_N \tau)^2} \quad \text{und} \quad e(s_A) = \frac{\tau}{1 + (s_A \tau)^2} \tag{7.55}$$

nach Gl. 7.36 sowie den übrigen Doppelkäfig-Hilfsgrößen

$$D = x_{\sigma 2}^*(s_N) + \tau r_2^*(s_N) \quad \text{und} \quad C = \frac{x_{\sigma 2}^*(s_N) - x_{\sigma 2}^*(s_A)}{e(s_N) - e(s_A)}$$

$$B = x_{\sigma 2}^*(s_N) - Ce(s_N) \quad \text{und} \quad A = \frac{D - B}{\tau} - C \tag{7.56}$$

nach den Algorithmen der Tab. 6.2. Für die Doppelkäfig-Variante nach Abb. 6.5d mit den gesetzten Parametern $r_{23} = 0$ und $x_{\sigma 2} = 0$ beispielsweise folgen die verbleibenden Modellparameter der Rotorwicklungen dann zu

$$r_2 = A + C, \quad r_3 = \frac{A}{C} r_2, \quad x_{\sigma 23} = B, \quad x_{\sigma 3} = (r_2 + r_3)\tau. \tag{7.57}$$

Der Formelsatz zur Berechnung der Doppelkäfigparameter reagiert empfindlich auf un-passende Eingangsdaten, indem $r_2^*(s_N)$, $r_2^*(s_A)$, $x_{\sigma 2}^*(s_N)$ und/oder $x_{\sigma 2}^*(s_A)$ negativ werden. Abhilfe schafft dann eine vorsichtige Variation, vorzugsweise eine Verkleinerung, der ja anfangs geschätzten Werte des relativen Leerlaufstromes i_0 und des Anlaufleistungsfaktors $\cos\varphi_A$. Beide Größen können meist auch erfolgreich benutzt werden, um die Modell-parameter so anzupassen, dass durch das parametrierte Modell ansatzbedingt nicht nur die vorgegebenen Stromwerte der drei Betriebspunkte sowie deren Leistungsfaktoren er-füllt werden, sondern zusätzlich auch die relativen Katalogwerte für das Anlauf- und das Kippmoment. Durch eine Vergrößerung des relativen Anlaufstromes i_0 lässt sich in gewis-sen Grenzen das Kippmoment m_k erhöhen, eine Vergrößerung des Anlaufleistungsfaktors $\cos\varphi_A$ bewirkt eine Vergrößerung des Anlaufmomentes m_A.

Das Luftspaltmoment für den Nennpunkt ergibt sich nach der aus der Leistungsbilanz folgenden zugeschnittenen Größengleichung in bezogener Form

$$m_{\delta N}(s_N) = \frac{S_N \cos\varphi_N - 3R_1 I_N^2}{\Omega_0 M_0} = \cos\varphi_N - r_1. \tag{7.58}$$

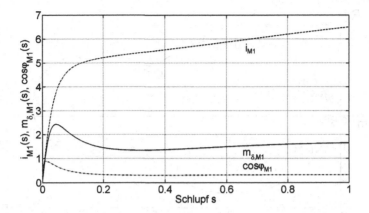

Abb. 7.2 Betriebskennlinien des 250-kW-Drehstrom-Asynchronmotor M1, berechnet mit den nach dem vereinfachten Verfahren ermittelten Modellparametern (vgl. Abschn. 11.2)

Für einen beliebigen Betriebspunkt folgt das Luftspaltmoment m_δ in Abhängigkeit vom Schlupf s aus der Rotor-Verlustleistung zu

$$m_\delta(s) = \begin{cases} 0 & \text{für } s = 0, \\ \dfrac{r_2^*(s)i_2^{*2}}{\omega_0 s} & \text{für } s \neq 0 \end{cases} \qquad (7.59)$$

mit dem aus Abb. 7.1 abgeleiteten Läuferstrom-Quadrat

$$i_2^{*2} = si_1^2 d(s) \quad \text{mit} \quad d(s) = \frac{sx_h^2}{r_2^{*2} + s^2 x_2^{*2}}. \qquad (7.60)$$

Die schlupfabhängigen Läufergrößen berechnet man mit den vorher bestimmten Hilfsgrößen A, B, C und τ analog zu Gl. 7.34:

$$r_2^*(s) = A + C - g(s) \quad \text{und} \quad x_{\sigma 2}^*(s) = B + \tau g(s) \quad \text{mit} \quad g(s) = \frac{C}{1 + (s\tau)^2}. \qquad (7.61)$$

Den Ständerstrom und den Leistungsfaktor erhält man mit $u_N = 1$ aus den Eingangsgrößen

$$r_E(s) = r_1 + r_2^*(s)d(s), \quad x_E(s) = x_1 - sx_2^*d(s), \quad z_E(s) = \sqrt{r_E^2(s) + x_E^2(s)} \qquad (7.62)$$

zu

$$i_1(s) = \frac{1}{z_E(s)} \quad \text{und} \quad \cos\varphi = \frac{r_E(s)}{z_E(s)}. \qquad (7.63)$$

Damit geht Gl. 7.59 mit $\omega_0 = 1$ für s $\neq 0$ über in die Beziehung

$$m_\delta(s) = r_2^*(s)d(s)i_1^2. \qquad (7.64)$$

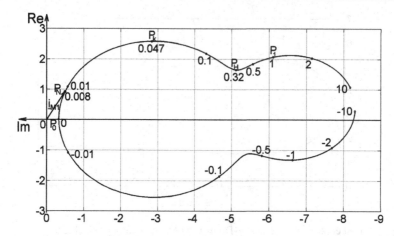

Abb. 7.3 Ortskurve des Ständerstromes i_{M1} im Schlupfbereich $-10 \leq s \leq +10$, berechnet mit den ermittelten Modellparametern (P_0, P_N, P_k, P_H, P_1: Leerlauf-, Nennlast-, Kipp-, Sattel- und Anlaufpunkt)

Nach diesem Algorithmus ergibt sich das Anlaufmoment für $s_A = 1$ direkt, während man zur Bestimmung des Kippmomentes eine Maximumsuche durchführen muss, um den Kippschlupf zu bestimmen. Als Rechenverfahren eignet sich wdafür das Intervallschachtelungsverfahren (vgl. Abschn. 6.3.3). Die für den Vergleich mit den Katalogwerten erforderlichen relativen Werte vom Anlauf- und vom Kippmoment erhält man dann durch Bezug auf das nach Gl. 7.58 bestimmte Nennmoment.

Als Beispiel wurde für eine 250-kW-Drehstrom-Asynchronmaschine M1 eine vereinfachte Parameterbestimmung nach Katalogdaten aus [3] durchgeführt und in Abschn. 11.2 dokumentiert. Durch vorsichtige Variation der angenommenen Vorgabewerte für den Leerlaufstrom i_0 konnte das relative Kippmoment und durch vorsichtige Variation des Anlauf-cos φ_A das relative Anlaufmoment an die Katalogwerte (vgl. Tab. 11.5) angepasst werden. Die mit den ermittelten Modellparametern berechneten Betriebskennlinien (Abb. 7.2) und die Ortskurve des Ankerstromes (Abb. 7.3) verdeutlichen gut die Eigenschaften der parametrierten Maschine und ermöglichen so auch eine Kontrolle der Parameterbestimmung.

Literatur

1. DIN EN 60034-28 (VDE 0530-28): Drehende elektrische Maschinen – Prüfverfahren zur Bestimmung der Größen in Ersatzschaltbildern dreiphasiger Niederspannungs-Kurzschlussläufer-Induktionsmotoren.

2. IEC 60279: Measurement of the winding resistance of an a.c. machine during operation at alternating voltage.

3. Siemens: Niederspannungsmotoren – Käfigläufermotoren 0,06 kW bis 1000 kW. Katalog M 11. 2002/2003. Siemens AG, Erlangen (2003)

Das Inselnetz als Mehrmaschinen-System 8

Zusammenfassung

Unter einem Inselnetz wird ein räumlich begrenztes, nur von einem Kraftwerk oder sogar nur einem Generator gespeistes Drehstrom-Elektroenergiesystem mit nur einer Hauptspannungsebene verstanden. Es ist ein reines Strahlennetz, ausgeführt als Vierleitersystem mit geerdetem Sternpunkt. Zentraler Anschlusspunkt für alle leistungsstarken Drehstrommaschinen, wichtigen Drehstromverbraucher und summarisch die übrige Netzbelastung ist das Sammelschienen-System, an dem die Anschlussspannungen gegenüber dem Massepotential für alle angeschlossenen Teilsysteme gleich und die Summe aller Strangströme null ist. Wegen der starken Auswirkungen leistungsstarker Maschinen und Verbraucher bei Übergangsvorgängen auf die Sammelschienenspannungen und die Frequenz wird das Inselnetz als Mehrmaschinen-System interpretiert. Bei n explizit berücksichtigten Drehstrommaschinen und einer dreisträngigen Ersatzimpedanz für die übrige Netzbelastung besteht das Gleichungssystem zur Kopplung der Teilsysteme aus $3(n + 1)$ Spannungsgleichungen, in denen als Unbekannte neben den 3 Sammelschienenspannungen und den 3n Differentialquotienten der Strangströme der betrachteten Maschinen nur Größen (Zustandsgrößen und andere Variable) auftreten, die über separat zu lösende Differentialgleichungen oder andere Beziehungen bereits bekannt sind.

8.1 Besonderheiten der Inselnetzen und des Inselbetriebes

Unter einem Inselnetze wird ein Drehstrom-Elektroenergiesystem verstanden, das räumlich eng begrenzt ist und nur von einem Kraftwerk oder sogar nur einem Generator gespeist wird. Auch transformatorische Kopplungen mit anderen Netzen bestehen nicht, so dass die Kraftwerksleistung allein durch die eingeschalteten Verbraucher des Inselnetzes bestimmt wird. Es ist ein reines Strahlennetz und vorzugsweise mit geerdetem Sternpunkt

© Springer Fachmedien Wiesbaden 2015   167

H. Mrugowsky, *Drehstrommaschinen im Inselbetrieb*, DOI 10.1007/978-3-658-08990-0_8

als Vierleitersystem ausgeführt, um mit der Strangspannung eine weitere Spannungsebene zur Verfügung zu haben. Wechselstromverbraucher können dann also zwischen einem Außen- und dem Mittelpunktleiter mit der Strangspannung oder zwischen zwei Außenleitern mit der Leiter-Leiter-Spannung betrieben werden.

Zentrale Einspeisestelle ist ein Sammelschienen-System, an das alle Generatoren und die leistungsstarken sowie alle wichtigen Verbraucher direkt angeschlossen sind. Als leistungsstark soll ein Verbraucher angesehen werden, dessen Bemessungsleistung 10 % der eingeschalteten Kraftwerksleistung übersteigt. Leistungsschwächere Verbraucher, zu denen insbesondere die Wechselstromverbraucher (Beleuchtungsanlagen, Haushaltsgeräte, elektronische Geräte, usw.) gehören, werden vorzugsweise zu Gruppen zusammengefasst und über Unterverteilungen versorgt. Zur Vermeidung unzulässiger Unsymmetrien im Netz werden dabei die Wechselstromanschlüsse bereits in den Unterverteilungen möglichst gleichmäßig auf die drei Stränge verteilt.

Für leistungsstarke elektrische Maschinen ist der Betrieb im Inselnetz mit einigen Besonderheiten verbunden. Starke Leistungsschwankungen im Inselnetz, hervorgerufen beispielsweise durch das Einschalten eines leistungsstarken Verbrauchers, können wegen der begrenzten Kraftwerksleistung nur durch Rückgriff auf die in den bewegten Drehmassen der Generatoren und ihrer Antriebsmaschinen gespeicherte bzw. speicherbare kinetische Energie ausgeglichen werden. Das ist mit oft deutlichen Drehzahlschwankungen an den Generatoren und über die Frequenzänderungen im Netz auch mit Drehzahlschwankungen aller in Betrieb befindlichen motorischen Antriebe verbunden; die motorischen Antriebe wirken dabei mit ihrer mechanischen Trägheit dann vielfach frequenzstabilisierend. Deshalb muss bei Untersuchungen im Inselnetz neben den Drehstrommaschinen auch das Drehzahl-Drehmoment-Verhalten der Antriebs- und Arbeitsmaschinen berücksichtigt werden. Hinzu kommen die bei Übergangsvorgängen auftretenden Spannungsschwankungen im Netz, hervorgerufen durch die Spannungsabfälle bis zum Sammelschienen-System und die endliche Regelgeschwindigkeit der Spannungs- und Blindleistungsregelung der Synchronmaschinen. Da diese Frequenz- und Spannungsschwankungen im Inselnetz aus dem Zusammenspiel aller, insbesondere wiederum der leistungsstarken angeschlossenen Betriebsmittel einschließlich ihrer Antriebs- und Arbeitsmaschinen entstehen, sind für eine hinreichend genaue Nachbildung eines Schaltvorganges an einem leistungsstarken Betriebsmittel die Rückwirkungen der anderen auf diesen Vorgang zu berücksichtigen.

8.2   Vorgehensweise bei der Inselnetz-Modellierung

Auch bei einem noch so kleinen Inselnetz, bei dem alle Komponenten bekannt sind, wird man für die Untersuchung eines konkreten Übergangsvorganges, etwa der Synchronisation von Synchrongeneratoren, eines Asynchronmotor-Anlaufs, einer Lastschaltung oder eines Kurzschlusses, Vereinfachungen vornehmen, um den Nachbildungsaufwand in Grenzen zu halten. Im Zentrum steht dabei meist das Sammelschienen-System des Kraftwerkes, an dem alle Generatoren und Verbraucher sternförmig angeschlossen sind.

Angestrebt wird ein Minimalmodell, mit dem der interessierende Übergangsvorgang hinreichend genau nachgebildet werden kann. Anlagenbezogen werden deshalb nur die für den zu untersuchenden Vorgang wesentlichen elektrischen und mechanischen Teilsysteme betrachtet und alle übrigen eingeschalteten Komponenten zu Ersatzgrößen zusammengefasst. Das betrifft insbesondere die vielen passiven Kleinverbraucher (Beleuchtung, Heizung, elektronische Geräte u. ä.), die meist durch eine ohmsch-induktive Ersatzimpedanz, und die nicht explizit interessierenden motorischen Antriebe im Netz, die durch einen Ersatzmotor berücksichtigt werden können. Das Inselnetz vereinfacht sich dadurch zu einem Zwei- oder Dreimaschinen-System mit ohmsch-induktiver Grundlast. Natürlich sind solche Vereinfachungen anschließend auf mögliche Auswirkungen auf das Simulationsergebnis kritisch zu hinterfragen.

Für die Motorparameter des Ersatzantriebes orientiert man sich an denen des leistungsstärksten der nicht explizit berücksichtigten Asynchronmaschinen und extrapoliert die Leistung und das Ersatz-Lastdrehmoment auf die motorische Netzbelastung. Sollen ν Einzelantriebe zu einem Ersatzmotor zusammengefasst werden, erhält man als Ersatzscheinleistung

$$S_{\text{ersN}} = \sum_\nu S_{\text{N}\nu} \tag{8.1}$$

und als mechanische Ersatz-Trägheitszeitkonstante aus den Trägheitszeitkonstanten der ν Einzelantriebe

$$T_{\text{m,ers}} = \frac{1}{S_{\text{ersN}}} \sum_\nu T_{\text{m},\nu} S_{\text{N}\nu}. \tag{8.2}$$

Sind einzelne elektromechanische Trägheitszeitkonstanten nicht bekannt, so bleiben sie bei der Bestimmung des gewichteten Mittelwertes unberücksichtigt, da sich ihre Werte meist, von speziellen Ausnahmen wie etwa Zentrifugen abgesehen, nur wenig unterscheiden. Das bezogene Lastmoment des Ersatzmotors berechnet man aus der aktuellen Wirkleistung der ν für den Ersatzmotor berücksichtigten Antriebe mit der mittleren bezogenen Winkelgeschwindigkeit des leistungsstärksten Antriebes als Ersatz-Winkelgeschwindigkeit ω_{ers} zu

$$m_{\text{ers}} = \frac{1}{\omega_{\text{ers}} S_{\text{ers}}} \sum_\nu P_\nu. \tag{8.3}$$

Bei der Drehzahlabhängigkeit oder anderen relevanten Eigenschaften des Lastdrehmomentes orientiert man sich wieder an denen des leistungsstärksten einbezogenen Antriebes.

Die restliche Netzbelastung (Beleuchtung, Heizung, Kleinstantriebe) wird durch eine ohmsch-induktive Ersatzimpedanz berücksichtigt. Liegen keine genaueren Informationen vor, berechnet man ihre Strang-Ersatzparameter mit der verketteten Spannung an

Abb. 8.1 Prinzipschaltbild zur
Inselnetz-Modellierung

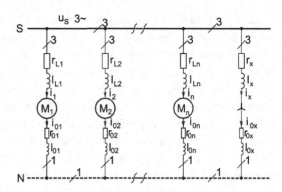

den Sammelschienen U_S aus ihrer Wirk- und Blindleistung als dreisträngig-symmetrische
Werte zu

$$R_x = \frac{U_S^2}{P_x} \quad \text{und} \quad L_x = \frac{U_S^2}{2\pi f Q_x}. \tag{8.4}$$

Bei unsymmetrischer Netzbelastung bestimmt man diese Parameter einzeln aus den
Strangwerten. Als Netzfrequenz f wird dabei die der Drehzahl des (dominierenden)
Generators entsprechende Frequenz verwendet.

Bei der Modellierung des Inselnetzes wird von der idealisierten Grundstruktur eines
Strahlennetzes nach Abb. 8.1 ausgegangen, bei dem alle Generatoren und Verbraucher an
einem zentralen Punkt, nämlich dem Sammelschienen-System S des Kraftwerkes angeschlossen sind. Das Sammelschienen-System besteht aus den drei Schienen L1, L2 und
L3 sowie einer Nullschiene N mit Null- oder Massepotential. Die Sammelschienen werden als impedanzlos angesehen. Die Strangspannungen an den Sammelschienen $u_{a,S}$, $u_{b,S}$
und $u_{c,S}$ sind bezogene Größen, Bezugsgröße ist die der ersten elektrischen Maschine M_1,
vorzugsweise eines Synchrongenerators.

An den Sammelschienen sind über Vorimpedanzen die Ankerstränge der n explizit berücksichtigten elektrischen Maschinen sowie die durch Ersatzwiderstände r_x und -indukti-
vitäten l_x nachgebildete restliche Inselnetzbelastung angeschlossen. Die Zuleitungswider-
stände r_{Lv} und -induktivitäten l_{Lv} sind der jeweiligen elektrischen Maschine v ($1 \leq v \leq n$)
zugeordnet, auf deren Bezugsgrößen bezogen und charakterisieren die Zuleitungskabel
einschließlich der relevanten Anteile eingefügter Messgeräte und Kontaktstellen. Sie dienen außerdem zur Nachbildung idealer Schalter, indem sie bei geschlossenem Schalter auf
die Kabelwerte und bei offenem Schalter auf sehr hohe Werte in der Größenordnung der
Isolationswiderstände gesetzt werden. Für die Ersatzwiderstände r_x und -induktivitäten
l_x der restlichen Inselnetzbelastung werden als Bezugsgrößen die der ersten elektrischen
Maschine verwendet. Die Sternpunkte der in Sternschaltung vorausgesetzten elektrischen
Maschinen und der Ersatzbelastung sind über Nullwiderstände r_{0v} bzw. r_{0x} und Nullinduktivitäten l_{0v} bzw. l_{0x} mit der Nullschiene verbunden.

Fasst man die Zuleitungs- und Nullwiderstände und die Zuleitungs- und Nullinduktivitäten der elektrischen Maschine ν jeweils zu einer Matrix

$$\mathbf{r}_\nu = \begin{bmatrix} r_{\mathrm{La}\nu} + r_{0\nu} & r_{0\nu} & r_{0\nu} \\ r_{0\nu} & r_{\mathrm{Lb}\nu} + r_{0\nu} & r_{0\nu} \\ r_{0\nu} & r_{0\nu} & r_{\mathrm{Lc}\nu} + r_{0\nu} \end{bmatrix} \quad \text{und}$$

$$\mathbf{l}_\nu = \begin{bmatrix} l_{\mathrm{La}\nu} + l_{0\nu} & l_{0\nu} & l_{0\nu} \\ l_{0\nu} & l_{\mathrm{Lb}\nu} + l_{0\nu} & l_{0\nu} \\ l_{0\nu} & l_{0\nu} & l_{\mathrm{Lc}\nu} + l_{0\nu} \end{bmatrix} \tag{8.5}$$

zusammen, folgt mit den Spannungen an den Klemmen der Maschine ν nach Gln. 4.94 bis 4.97 bzw. für Drehstrom-Asynchronmaschinen nach Gln. 6.37 bis 6.40 oder Gln. 6.50 bis 6.53

$$\mathbf{u}_\nu = \begin{bmatrix} u_{\mathrm{a}} \\ u_{\mathrm{b}} \\ u_{\mathrm{c}} \end{bmatrix}_\nu = (\mathbf{l}''_+ + \mathbf{l}''_\vartheta)_\nu \, T_{0\nu} \frac{\mathrm{d}\mathbf{i}_\nu}{\mathrm{d}t} + \mathbf{u}_{\mathrm{h}\nu} \quad \text{mit} \quad \mathbf{i}_\nu = \begin{bmatrix} i_{\mathrm{a}} \\ i_{\mathrm{b}} \\ i_{\mathrm{c}} \end{bmatrix}_\nu \quad \text{und} \quad \mathbf{u}_{\mathrm{h}\nu} = \begin{bmatrix} u_{\mathrm{ha}} \\ u_{\mathrm{hb}} \\ u_{\mathrm{hc}} \end{bmatrix}_\nu \tag{8.6}$$

und für die Spannungen an den Sammelschienen

$$\mathbf{u}_{\mathrm{S}} = \frac{U_{0\nu}}{U_{01}} \left[\left(\mathbf{r}_\nu + \mathbf{l}_\nu T_{0\nu} \frac{\mathrm{d}}{\mathrm{d}t} \right) \mathbf{i}_\nu + \mathbf{u}_\nu \right]. \tag{8.7}$$

Aufgelöst nach den Sammelschienen-Strangspannungen und den Strangstrom-Differentialquotienten erhält man

$$\frac{U_{01}}{U_{0\nu}} \mathbf{u}_{\mathrm{S}} - [\mathbf{l}_\nu + (\mathbf{l}''_+ + \mathbf{l}''_\vartheta)_\nu] T_{0\nu} \frac{\mathrm{d}\mathbf{i}_\nu}{\mathrm{d}t} = \mathbf{r}_\nu \mathbf{i}_\nu + \mathbf{u}_{\mathrm{h}\nu}. \tag{8.8}$$

Für die restliche Inselnetzbelastung ergibt sich, da als Bezugsgrößen die der Maschine M_1 gewählt wurden, mit

$$\mathbf{r}_{\mathrm{x}} = \begin{bmatrix} r_{\mathrm{ax}} + r_{0\mathrm{x}} & r_{0\mathrm{x}} & r_{0\mathrm{x}} \\ r_{0\mathrm{x}} & r_{\mathrm{bx}} + r_{0\mathrm{x}} & r_{0\mathrm{x}} \\ r_{0\mathrm{x}} & r_{0\mathrm{x}} & r_{\mathrm{cx}} + r_{0\mathrm{x}} \end{bmatrix} \quad \text{und}$$

$$\mathbf{l}_{\mathrm{x}} = \begin{bmatrix} l_{\mathrm{ax}} + l_{0\mathrm{x}} & l_{0\mathrm{x}} & l_{0\mathrm{x}} \\ l_{0\mathrm{x}} & l_{\mathrm{bx}} + l_{0\mathrm{x}} & l_{0\mathrm{x}} \\ l_{0\mathrm{x}} & l_{0\mathrm{x}} & l_{\mathrm{cx}} + l_{0\mathrm{x}} \end{bmatrix} \tag{8.9}$$

für die Spannung an den Sammelschienen

$$\mathbf{u}_{\mathrm{S}} = \left(\mathbf{r}_{\mathrm{x}} + \mathbf{l}_{\mathrm{x}} T_{01} \frac{\mathrm{d}}{\mathrm{d}t} \right) \mathbf{i}_{\mathrm{x}}. \tag{8.10}$$

Unter Berücksichtigung des zugrunde gelegten Verbraucher-Zählpfeilsystems und der Maschinen-Bezugsströme $I_{0\nu}$ liefert der Knotenpunktsatz für die Ströme die Beziehung

$$\sum_{\nu=1}^{n} \frac{I_{0\nu}}{I_{01}} \mathbf{i}_\nu + \mathbf{i}_x = 0, \tag{8.11}$$

so dass sich die Spannungsgleichungen für die Ersatzbelastung umformen lassen zu

$$\mathbf{u}_S + \mathbf{l}_x T_{01} \sum_{\nu=1}^{n} \frac{I_{0\nu}}{I_{01}} \frac{\mathrm{d}\mathbf{i}_\nu}{\mathrm{d}t} = -\mathbf{r}_x \sum_{\nu=1}^{n} \frac{I_{0\nu}}{I_{01}} \mathbf{i}_\nu. \tag{8.12}$$

Mit den n Relationen nach Gl. 8.8 für die n elektrischen Maschinen und Gl. 8.12 für die Ersatzbelastung hat man durch die Verwendung der nach Abschn. 2.9 bzw. 4.5 und 6.2 aufbereiteten Ständergleichungen ein in jedem Rechenschritt zu lösendes lineares Gleichungssystem von nur $3(n+1)$ Gleichungen, aus dem sich die 3 Sammelschienen-spannungen und die $3n$ Strangstrom-Differentialquotienten der n elektrischen Maschinen ergeben. Das Gleichungssystem hat die Struktur

$$\begin{bmatrix} \mathbf{k}_1 & \mathbf{L}_{x1} & \mathbf{L}_{x2} & \cdots & \mathbf{L}_{xn} \\ \mathbf{k}_1 & \mathbf{L}_1 & \mathbf{0} & \cdots & \mathbf{0} \\ \mathbf{k}_2 & \mathbf{0} & \mathbf{L}_2 & \cdots & \mathbf{0} \\ \vdots & \vdots & \vdots & \ddots & \vdots \\ \mathbf{k}_n & \mathbf{0} & \mathbf{0} & \cdots & \mathbf{L}_n \end{bmatrix} \begin{bmatrix} \mathbf{u}_S \\ \frac{\mathrm{d}\mathbf{i}_1}{\mathrm{d}t} \\ \frac{\mathrm{d}\mathbf{i}_2}{\mathrm{d}t} \\ \vdots \\ \frac{\mathrm{d}\mathbf{i}_n}{\mathrm{d}t} \end{bmatrix} = \begin{bmatrix} \mathbf{R}_{x1} & \mathbf{R}_{x2} & \cdots & \mathbf{R}_{xn} \\ \mathbf{r}_1 & \mathbf{0} & \cdots & \mathbf{0} \\ \mathbf{0} & \mathbf{r}_2 & \cdots & \mathbf{0} \\ \vdots & \vdots & \ddots & \vdots \\ \mathbf{0} & \mathbf{0} & \cdots & \mathbf{r}_n \end{bmatrix} \begin{bmatrix} \mathbf{i}_1 \\ \mathbf{i}_2 \\ \vdots \\ \mathbf{i}_n \end{bmatrix} + \begin{bmatrix} \mathbf{0} \\ \mathbf{u}_{h1} \\ \mathbf{u}_{h2} \\ \vdots \\ \mathbf{u}_{hn} \end{bmatrix}. \tag{8.13}$$

Die Koeffizienten der Sammelschienen-Spannungen bilden Diagonalmatrizen der Form

$$\mathbf{k}_\nu = \frac{U_{0\nu}}{U_{01}} \begin{bmatrix} 1 & 0 & 0 \\ 0 & 1 & 0 \\ 0 & 0 & 1 \end{bmatrix} \quad \text{mit} \quad \nu = 1 \dots n, \tag{8.14}$$

während die Induktivitäts- und Widerstandsmatrizen aus Gl. 8.8 bzw. 8.12 folgen zu

$$\mathbf{L}_\nu = -T_{0\nu}[\mathbf{l}_\nu + (\mathbf{l}'' + \mathbf{l}''_\vartheta)_\nu] \quad \text{bzw.} \quad \mathbf{L}_{x\nu} = T_{01} \frac{I_{0\nu}}{I_{01}} \mathbf{l}_x \quad \text{und} \quad \mathbf{R}_{x\nu} = -\frac{I_{0\nu}}{I_{01}} \mathbf{r}_x. \tag{8.15}$$

Die Terme auf der rechten Seite sowie die arbeitspunktabhängigen Induktivitätsmatri-zen der linken Seite sind mit den zu jedem Zeitpunkt bekannten Zustandsgrößen und Eingangsgrößen (Erregerspannungen, Läuferspannungen bei Asynchronmaschinen mit Schleifringläufer) berechenbar, so dass damit die Strangspannungen an den Sammel-schienen und die Strangstrom-Differentialquotienten der n elektrischen Maschinen durch Lösung des Gleichungssystems Gl. 8.13 bestimmt werden können. An die Stelle der Achsenkomponenten der Ankerströme i_d, i_q und i_0 treten nun als Zustandsgrößen also die

Anker-Strangströme i_a, i_b und i_c, aus denen sich aber die Achsenkomponenten mit der Transformationsmatrix Gl. 2.18 ergeben zu

$$\begin{bmatrix} i_d \\ i_q \\ i_0 \end{bmatrix}_\nu = \mathbf{C}_{dq}(\vartheta_\nu) \begin{bmatrix} i_a \\ i_b \\ i_c \end{bmatrix}_\nu . \tag{8.16}$$

Die Rotorstrom-Differentialquotienten erhält man für jede Maschine ν getrennt aus dem Ansatz der verallgemeinerten Drehstrommaschine mit dem allgemeinen Achsenindex x entsprechend Gl. 4.80 zu

$$\begin{aligned} \frac{\mathrm{d}i_{Dx\nu}}{\mathrm{d}t} &= -\frac{1}{T_{0\nu}l''_{Dx\nu}} \left[e_{Dx\nu} + \frac{a_{Dx\nu}(e_{xx\nu} - u_{x\nu}) - a_{Dfx\nu}e_{fx\nu}}{a_{DDx\nu}} \right] \\ \frac{\mathrm{d}i_{fx\nu}}{\mathrm{d}t} &= -\frac{1}{T_{0\nu}l''_{fx\nu}} \left[e_{fx\nu} + \frac{a_{fx\nu}(e_{xx\nu} - u_{x\nu}) - a_{fDx\nu}e_{Dx\nu}}{a_{ffx\nu}} \right] \end{aligned} \tag{8.17}$$

oder analog für Drehstrom-Asynchronmaschinen mit Doppelkäfig aus Gl. 6.33. Die neben den zu jedem Zeitpunkt bekannten Zustandsgrößen benötigten Komponenten der Ankerspannung $u_{d\nu}$ und $u_{q\nu}$ der Maschine ν berechnet man aus der umgeformten Gl. 8.7 mit den nach der Lösung des Gleichungssystems Gl. 8.13 ebenfalls bekannten Sammelschienen-Spannungen und Strangstrom-Differentialquotienten zu

$$\begin{bmatrix} u_d \\ u_q \\ u_0 \end{bmatrix}_\nu = \mathbf{C}_{dq}(\vartheta_\nu)\mathbf{u}_\nu = \mathbf{C}_{dq}(\vartheta_\nu) \left[\frac{U_{01}}{U_{0\nu}}\mathbf{u}_S - (\mathbf{r}_\nu + \mathbf{l}_\nu T_{0\nu}\frac{\mathrm{d}}{\mathrm{d}t})\mathbf{i}_\nu \right]. \tag{8.18}$$

Die Verbindung zu einem frequenzstarren Netz, etwa als Landanschluss bei Schiffen im Hafen, lässt sich sehr einfach mit einer extrem vereinfachten Drehstrommaschine ν durch Gl. 8.7 berücksichtigen. Die Spannungen $\mathbf{u}_\nu$ charakterisieren darin dann das eingeprägte innere Drehspannungssystem und $\mathbf{i}_\nu$ die Strangströme dieser Quelle ν. $\mathbf{r}_\nu$ und $\mathbf{l}_\nu$ enthalten neben den Zuleitungsgrößen auch die Innenwiderstände bzw. -induktivitäten der Quelle, $U_{0\nu}$ und $I_{0\nu}$ sind deren Bezugsgrößen. In gleicher Weise können vereinfacht auch Stromrichter eingebunden werden.

Aus den Achsenkomponenten von Klemmenspannung und Ankerstrom der Maschine ν lassen sich wichtige Ausgangsgrößen berechnen. So werden zur Charakterisierung von Ankerspannung und Ankerstrom vorzugsweise deren bezogenen Beträge

$$u_\nu = \sqrt{u_{d\nu}^2 + u_{q\nu}^2} \quad \text{und} \quad i_\nu = \sqrt{i_{d\nu}^2 + i_{q\nu}^2} \tag{8.19}$$

verwendet; im stationären Betrieb stimmen sie mit den bezogenen Amplituden der drei Stranggrößen überein. Für die Phasenlage des Spannungs- und des Stromzeigers sowie den Leistungsfaktor gilt

$$\varphi_{\mathrm{u}\nu} = \arctan\left(\frac{u_{\mathrm{q}\nu}}{u_{\mathrm{d}\nu}}\right), \quad \varphi_{\mathrm{i}\nu} = \arctan\left(\frac{i_{\mathrm{q}\nu}}{i_{\mathrm{d}\nu}}\right) \quad \text{und} \quad \cos\varphi_\nu = \cos(\varphi_{\mathrm{u}\nu} - \varphi_{\mathrm{i}\nu}), \quad (8.20)$$

für die bezogene Wirk-, Blind- und Nullleistung

$$p_\nu = u_{\mathrm{d}\nu} i_{\mathrm{d}\nu} + u_{\mathrm{q}\nu} i_{\mathrm{q}\nu}, \quad q_\nu = u_{\mathrm{q}\nu} i_{\mathrm{d}\nu} - u_{\mathrm{d}\nu} i_{\mathrm{q}\nu} \quad \text{und} \quad p_{0\nu} = u_{0\nu} i_{0\nu}. \quad (8.21)$$

Bei Synchronmaschinen erhält man den Polrad- oder Lastwinkel, also den Winkel zwischen der aktuellen Klemmenspannung und der Hauptfeldspannung, zu

$$\beta_\nu = \frac{\pi}{2} - \arctan\left(\frac{u_{\mathrm{q}\nu}}{u_{\mathrm{d}\nu}}\right). \quad (8.22)$$

Schleifringläufer-Asynchronmaschinen, bei denen im Läuferkreis dreisträngig-symmetrische Zusatzwiderstände, ggf. auch Zusatzinduktivitäten, eingeschaltet sind, werden vorzugsweise wie solche mit Einfachkäfig mit um die entsprechend umgerechneten Zusatzanteile vergrößerten bezogenen Läuferwiderständen und ggf. -streuinduktivitäten behandelt; die Zusatzanteile können bei Bedarf auch zeitabhängig nachgeführt werden. Ist der Läuferkreis jedoch an ein aktives Sekundärnetz angeschlossen, etwa an einen Stromrichter, ergeben sich die Komponenten der Läuferspannung aus den Strangspannungen des Sekundärnetzes (Zusatzindex 2) zu

$$\begin{bmatrix} u_{\mathrm{d}} \\ u_{\mathrm{q}} \\ u_0 \end{bmatrix}_\nu = \begin{bmatrix} u_\alpha \\ u_\beta \\ u_0 \end{bmatrix}_{\nu 2} = \mathbf{C}_{\alpha\beta} \begin{bmatrix} u_{\mathrm{a}} \\ u_{\mathrm{b}} \\ u_{\mathrm{c}} \end{bmatrix}_{\nu 2}. \quad (8.23)$$

Können die Sekundärnetzspannungen nicht als vom Läuferstrom unabhängig angesehen werden, sind die Modellgleichungen des Sekundärnetzes in die Betrachtungen mit einzubeziehen. Als Näherung kann man die Strangwiderstände und -induktivitäten des Sekundärnetzes bis zu einem Punkt im Sekundärnetz mit einer als eingeprägt anzunehmenden inneren Spannung wie Zusatzimpedanzen den Läuferwiderständen und -streuinduktivitäten zuschlagen und dann die innere Spannung nach Gl. 8.7 berücksichtigen.

Die bei elektrisch erregten Synchronmaschinen zu jedem Zeitpunkt benötigte Erregerspannung u_{Fd} ist abhängig vom verwendeten Erregersystem und der Art der Spannungs- und Blindleistungsregelung. Sind keine genaueren Angaben zur Erstellung eines speziellen Modells verfügbar, kann auf eine der Varianten aus Kap. 5 zurückgegriffen werden.

Den elektrischen und den mechanischen Drehwinkel ϑ_ν bzw. $\vartheta_{\mathrm{m}\nu}$ sowie die bezogene Rotorwinkelgeschwindigkeit ω_ν der elektrischen Maschine ν erhält man mit dem Luftspaltmoment

$$m_{\delta\nu} = \psi_{\mathrm{d}\nu} i_{\mathrm{q}\nu} - \psi_{\mathrm{q}\nu} i_{\mathrm{d}\nu} \quad (8.24)$$

aus den Bewegungsgleichungen

$$T_{\mathrm{m}\nu}\frac{\mathrm{d}\omega_\nu}{\mathrm{d}t} = m_{\delta\nu} + m_{\mathrm{A}\nu}, \quad \frac{\mathrm{d}\vartheta_{\mathrm{m}\nu}}{\mathrm{d}t} = \Omega_{0\nu}\omega_\nu, \quad \vartheta_\nu = z_{\mathrm{p}\nu}\vartheta_{\mathrm{m}\nu}. \tag{8.25}$$

Mit $m_{\mathrm{A}\nu}$ wurde die von außen auf die Läuferdrehmasse der Maschine ν einwirkende Drehmomentsumme bezeichnet, die neben dem ggf. über eine Kupplung eingeleiteten Antriebs- bzw. Arbeitsmaschinenmoment auch das aus den Reibungsverlusten der Maschine selbst und der Kupplung resultierende Verlustmoment enthält. Bezugsgröße ist das Bezugsdrehmoment $M_{0\nu}$ der Maschine ν.

Für die wichtigsten Antriebs- und Arbeitsmaschinen und andere mechanische Komponenten sind im Kap. 10 (Anhang A) einfache Modellansätze zusammengestellt. Die mechanischen Kopplungen mit Drehstrommaschinen werden durch die zwischen den Drehmassen übertragenen Drehmomente realisiert. Die Bezugsgrößen für die Drehzahl bzw. Winkelgeschwindigkeit der mechanisch gekoppelten Teilsysteme sollten dabei so gewählt werden, dass sich im Nennbetriebszustand auch einschließlich ggf. vorhandener Getriebestufen an allen mechanisch schlupffrei gekoppelten Drehmassen die bezogene Winkelgeschwindigkeit $\omega = 1$ einstellt. Ist das nicht möglich, kann eine fiktive Getriebestufe zur Drehzahlanpassung eingeführt werden. Alle an einer Drehmasse angreifenden Drehmomente sind auf das Bezugsdrehmoment dieser Drehmasse zu beziehen, bezogene Drehmomente anderer Teilsysteme sind also entsprechend umzurechnen.

Simulationsbeispiele

9

Zusammenfassung

Das Betriebsverhalten von Drehstrom-Synchronmaschinen wird stark durch ihr Erregersystem bestimmt. Für die bürstenlose Erregung genügt meist die vereinfachte Nachbildung. Auch bei der Kompound-Erregung hat sich die vereinfachte Nachbildung bewährt; ihr Spannungsverhalten wird deutlich durch die magnetische Sättigung beeinflusst. Besondere Bedeutung kommt der richtigen Einstellung des Spannungs- und Blindleistungsreglers zu.

Wegen der begrenzten Leistung im Inselnetz sind starke Lastschaltungen nicht nur mit Spannungs- sondern auch mit oft deutlichen Frequenzänderungen verbunden. Bei einem Dieselgenerator mit aufgeladenem Dieselmotor führte eine Volllastaufschaltung aus Leerlauf im Normalfall zum Stillstand, eine Aufschaltung in zwei Stufen zu je 50% war aber problemlos möglich. Übersteigt die Nennleistung eines Asynchronmotors etwa 20% der Nennleistung der eingeschalteten Generatoren, sind bei seiner Einschaltung zusätzliche Maßnahmen sinnvoll, um den Anlassstrom und den Spannungseinbruch an den Sammelschienen zu begrenzen.

Weitere Beispielrechnungen beleuchten Synchronisationsvorgänge und Kurzschlüsse im Inselnetz und belegen so die Brauchbarkeit der verwendeten Modelle und Simulationsprogramme.

9.1 Vorbemerkungen

Mit den vorstehend erläuterten Modellen und Modellergänzungen lässt sich das Betriebsverhalten von Drehstrommaschinen mit ihren Antriebs- und Arbeitsmaschinen im Inselnetz durch Rechnersimulationen mit meist guter Treffsicherheit und Genauigkeit untersuchen. Benötigt werden dafür neben den mathematischen Modellen geeignete mathematische Lösungsmethoden zur Lösung linearer und nichtlinearer algebraischer und ge-

© Springer Fachmedien Wiesbaden 2015   177
H. Mrugowsky, *Drehstrommaschinen im Inselbetrieb*, DOI 10.1007/978-3-658-08990-0_9

wöhnlicher Differentialgleichungen, eine geeignete rechentechnische Basis (heute meist ein PC) und dafür eine geeignete Programmierumgebung (vielfach MATLAB/Simulink, jedoch auch allgemeine Programmiersprachen wie C++ oder Fortran). Außerdem müssen die Anlagencharakteristika (Modellparameter und Kennlinien) zur Beschreibung der zu untersuchenden Maschinen und des Netzes sowie die Anfangswerte zur Charakterisierung des Anfangszustandes, aus dem sich der Übergangsvorgang entwickeln soll, vorliegen. Gerade die Beschaffung und Aufbereitung hinreichend genauer charakteristischer Daten für die zu betrachtenden Maschinen und Netzkonfigurationen bereiten oft beträchtliche Schwierigkeiten, während die Anfangswerte notfalls durch eine vorgeschaltete Anlaufrechnung gewonnen werden können. Sowohl die zielstrebige Umsetzung der mathematischen Modelle in ein effektives Rechnermodell (Rechenprogramm) als auch dessen Nutzung erfordern eine gewisse Erfahrung und ein stets kritisches Herangehen, um Fehler bei der Programmerstellung und bei der Dateneingabe rechtzeitig zu erkennen und zu korrigieren sowie Fehlinterpretationen von Simulationsergebnissen zu vermeiden. Auch ein noch so gutes Simulationsprogramm kann mit fehlerhaften Eingabedaten (z. B. fehlender Dezimalpunkt!) kaum sinnvolle Ergebnisse liefern.

Die Brauchbarkeit der beschriebenen Modellansätze und -erweiterungen soll an einigen typischen Beispielen zum Betriebsverhalten von Drehstrommaschinen im Inselnetz demonstriert werden. Im Vordergrund stehen dabei die mit den Modellerweiterungen erreichbaren Effekte. Inwieweit diese eine Verbesserung der Simulationsergebnisse bringen, ist von Fall zu Fall zu prüfen. Das betrifft insbesondere die Art und den Umfang der Berücksichtigung der magnetischen Sättigung, die Nachbildung verschiedener Erregersystem-Varianten und die Anwendung des Doppelkäfigansatzes zur genäherten Berücksichtigung der Stromverdrängung in Kurzschlusskäfigen bei Asynchronmaschinen.

Die nachfolgenden Simulationsergebnisse wurden überwiegend mit in Fortran geschriebenen Rechenprogrammen gewonnen, die ursprünglich für Großrechner (CD3300, BESM 6, ESER 1055) konzipiert waren, dann aber für PC konvertiert und wesentlich, u. a. auch mit einer grafischen Ergebnisausgabe, erweitert wurden. Zur Lösung der Differentialgleichungen kamen verschiedene Runge-Kutta-Varianten mit Schrittweitensteuerung zum Einsatz, für das in jedem Integrationsschritt mehrfach zu lösende lineare Gleichungssystem der Gaußsche Algorithmus mit vollständiger Pivotierung. Mit den gleichen Modellansätzen wurden spezielle Konfigurationen auch mit Hilfe von MATLAB/Simulink untersucht, jedoch erwiesen sich die in einer Hochsprache selbst geschriebene Programme oftmals als variabler und deutlich schneller. Bei solchen nichtkommerziellen Spezialprogrammen für den eigenen Gebrauch kann man auf aufwändige Ein- und Ausgaberoutinen verzichten und für die grafische Darstellung der Simulationsergebnisse vorteilhaft auf die leistungsfähigen Grafikfunktionen kommerzieller Software, etwa von MATLAB, zurückgreifen.

9.2 Stoßkurzschluss-Vergleichsrechnung für eine bürstenlos erregte Drehstrom-Synchronmaschine

Durch die Hintereinanderschaltung von Erregermaschine, rotierendem Gleichrichter und Hauptmaschine ist die detaillierte Nachbildung der bürstenlos erregten Drehstrom-Synchronmaschine nach Abschn. 5.4 sehr aufwändig. In Abschn. 5.5 wurde dafür eine vereinfachte Nachbildung vorgestellt. Zuerst soll deshalb die Brauchbarkeit dieses vereinfachten Modellansatzes durch Vergleichsrechnungen nachgewiesen werden.

Betrachtet wird ein bürstenlos erregter Drehstrom-Synchrongenerator mit einer Bemessungsleistung von 750 kVA, dessen Daten zusammen mit denen des antreibenden Dieselmotors im Abschn. 11.1 aufgeführt sind. Die Hauptmaschine (Index H) wird bei beiden Simulationsrechnungen gleich nachgebildet mit je einer Ersatz-Dämpferwicklung in beiden Rotorachsen und der Leerlaufkennlinie zur Charakterisierung der magnetischen Sättigung im Bereich des Hauptflusses, von einer elliptischen Korrektur wurde jedoch abgesehen. Die Erregermaschine (Index E) wurde für die Rechnung 1 (detaillierte Nachbildung nach Abschn. 5.4) wie die Hauptmaschine nachgebildet, als Leerlaufkennlinie wurde jedoch vereinfachend eine Gerade angesetzt. Bei den Dioden des rotierenden Gleichrichters wurden Flusswiderstand und Flussspannung berücksichtigt. Für die vereinfachte Nachbildung nach Abschn. 5.5 (Rechnung 2) kamen die relevanten Parameter der Erregermaschine von Rechnung 1 zur Anwendung (Abschn. 11.1, Tab. 11.2). Für den untersuchten Vorgang von 1 s Dauer ergab sich mit dem detaillierten Modell (Rechnung 1) eine Rechenzeit von über 30 Sekunden, mit dem vereinfachten Modell (Rechnung 2) von deutlich unter einer Sekunde.

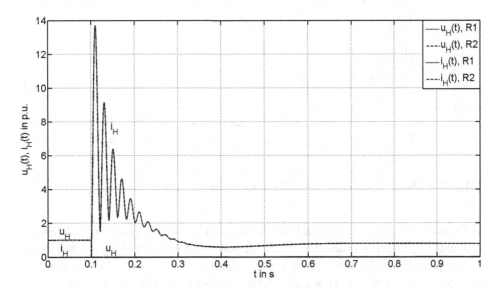

Abb. 9.1 Stoßkurzschluss-Vergleichsrechnung: Zeitverläufe $u_H(t)$ und $i_H(t)$

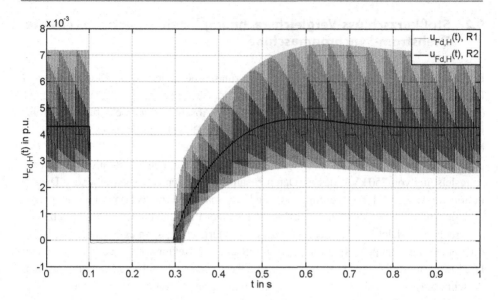

Abb. 9.2 Stoßkurzschluss-Vergleichsrechnung: Zeitverläufe $u_{Fd,H}(t)$

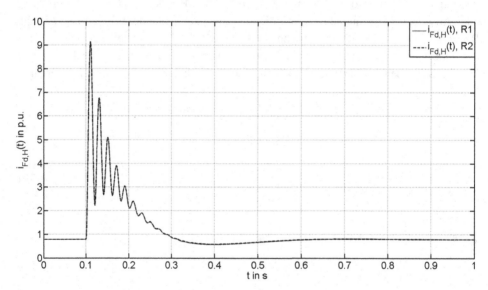

Abb. 9.3 Stoßkurzschluss-Vergleichsrechnung: Zeitverläufe $i_{Fd,H}(t)$

Für die Vergleichsrechnung wurde der Stoßkurzschluss aus Leerlauf mit der Leerlauf-spannung $u_H(-0) = 1$ bei konstanter Drehzahl ($n = 1$) und Fremderregung mit konstanter Erregerspannung an der Erregermaschine gewählt. Die Ergebnisse der beiden Simulati-onsrechnungen, Rechnung R1 mit dem detaillierten und Rechnung R2 mit dem verein-fachten Modell, sind in Abb. 9.1 bis 9.4 dargestellt. Verglichen werden von der Hauptma-

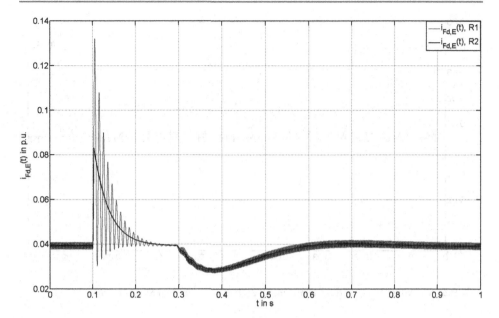

Abb. 9.4 Stoßkurzschluss-Vergleichsrechnung: Zeitverläufe $i_{Fd,E}(t)$

schine die Zeitverläufe der Klemmenspannung $u_H(t)$ und des Kurzschlussstromes $i_H(t)$ in Abb. 9.1, die Zeitverläufe der Erregerspannung $u_{Fd,H}(t)$ in Abb. 9.2 und des Erregerstromes $i_{Fd,H}(t)$ in Abb. 9.3. Die Zeitverläufe des Erregerstromes der Erregermaschine $i_{Fd,E}(t)$ sind in Abb. 9.4 dargestellt. Die Zeitverläufe $u_H(t)$, $i_H(t)$ und $i_{Fd,H}(t)$ stimmen für beide Rechnungsvarianten sehr gut überein. Bei den Zeitverläufen $u_{Fd,H}(t)$ und $i_{Fd,E}(t)$ der Rechnung R2 fehlen erwartungsgemäß die als Folge der Kommutierungen am Gleichrichter bei Rechnung R1 auftretenden Oberschwingungen, die Mittelwert-Verläufe stimmen aber ebenfalls gut überein.

Abbildung 9.5 zeigt für beide Rechnungsvarianten bei Leerlauf vor Einleitung des Kurzschlusses die Zeitverläufe von $u_{Fd,H}(t)$ und $i_{Fd,E}(t)$ sowie nur von Rechnung R1 den Zeitverlauf des Ankerstromes von Strang a der Erregermaschine $i_{a,E}(t)$ und von Rechnung R2 die Zeitverläufe des Ankerstromes $i_E(t)$ und des Gleichstromes $i_g(t)$. Die beiden letztgenannten Zeitverläufe unterscheiden sich nach Gl. 5.37 um den Grundschwingungsbeiwert g_1.

In Abb. 9.6 sind die Zeitverläufe des Gleichspannungs- und des Gleichstromverhältnisses am Gleichrichter $v_u(t)$ und $v_i(t)$ dargestellt. Man erkennt, dass infolge des starken Übergangsvorganges an der Hauptmaschine der Gleichrichter für etwa 200 ms kurzgeschlossen ist, dabei ein sehr hoher Freilaufstrom auftritt und während dieser Zeit die beiden Maschinen durch den Kurzschluss des Gleichrichters entkoppelt sind.

Abgesehen von den durch die Kommutierungsvorgänge am rotierenden Gleichrichter entstehenden Oberschwingungen in den Spannungen und Strömen der Erregereinrich-

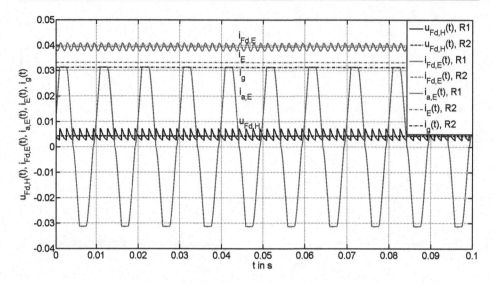

Abb. 9.5 Stoßkurzschluss-Vergleichsrechnung: Zeitverläufe vor dem Stoßkurzschluss

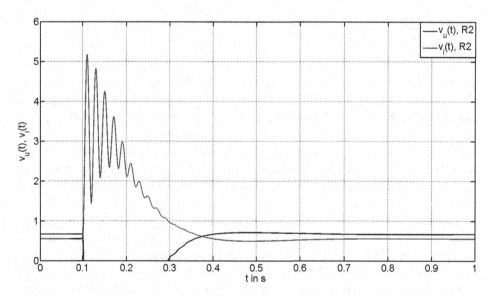

Abb. 9.6 Zeitverläufe $v_u(t)$ und $v_i(t)$ beim Stoßkurzschluss, Rechnung R2

tung stimmen die Ergebnisse der Rechnungen R1 und R2 sehr gut überein. Wegen der
wesentlich einfacheren Handhabung und der geringeren Rechenzeiten wurden daher alle
folgenden Simulationsbeispiele mit der vereinfachten Modellvariante durchgeführt.

Bei den Rechnungen R1 und R2 war die gemeinsame Streureaktanz $x_{\sigma Dfd} = 0$ gesetzt
worden, denn meist ist $x_{\sigma Dfd}$ bei den Modellparametern nicht ausgewiesen. Um den Ein-

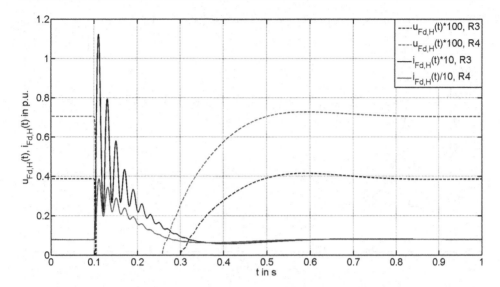

Abb. 9.7 $x_{\sigma\mathrm{Dfd}}$-Variation: Einfluss auf die Zeitverläufe $u_{\mathrm{Fd,H}}(t)$ und $i_{\mathrm{Fd,H}}(t)$

fluss der gemeinsamen Streuung der Rotorkreise in der Längsachse auf das Zeitverhalten der Drehstrom-Synchronmaschine zu verdeutlichen, wurden die Vergleichsrechnungen R3 mit $x_{\sigma\mathrm{Dfd}} = -0{,}05$ und R4 mit $x_{\sigma\mathrm{Dfd}} = +0{,}05$ durchgeführt (Abb. 9.7 und 9.8). Die dafür aus den gleichen Primärdaten wie für R1 und R2 berechneten Modellparameter sind in Tab. 11.2 (Abschn. 11.1) dokumentiert; veränderte Modellparameter ergeben sich lediglich für die Längsachsen-Rotorwicklungen der Hauptmaschine.

In Abb. 9.7 sind für beide Rechnungsvarianten von der Hauptmaschine die Zeitverläufe der Erregerspannung $u_{\mathrm{Fd,H}}$ und des Erregerstromes $i_{\mathrm{Fd,H}}$ gegenübergestellt, in Abb. 9.8 von der Erregermaschine die des Erregerstromes $i_{\mathrm{Fd,E}}$. Beim Erregerstrom der Hauptmaschine ist der stationäre Wert unabhängig von $x_{\sigma\mathrm{Dfd}}$, der Ausgleichsvorgang erfolgt jedoch wegen der besseren Kopplung der Erregerwicklung mit der Ankerwicklung bei $x_{\sigma\mathrm{Dfd}} < 0$ deutlich stärker und für $x_{\sigma\mathrm{Dfd}} > 0$ entsprechend schwächer als bei $x_{\sigma\mathrm{Dfd}} = 0$. Umgekehrt ist die Tendenz bei der Erregerspannung der Hauptmaschine $u_{\mathrm{Fd,H}}$ und auch beim Erregerstrom der Erregermaschine $i_{\mathrm{Fd,E}}$, bei denen auch die stationären Werte von $x_{\sigma\mathrm{Dfd}}$ abhängen. Die Ursache dafür ist der veränderte Wert von $r_{\mathrm{fd,H}}$, der sich bei der Berechnung der Modellparameter in Abhängigkeit von $x_{\sigma\mathrm{Dfd}}$ ergibt. Auf die Zeitverläufe von Klemmenspannung und Ankerstrom der Hauptmaschine hat $x_{\sigma\mathrm{Dfd}}$ beim Stoßkurzschluss keinen Einfluss, wenn von der gleichen Leerlaufspannung ausgegangen wird.

Die nachfolgenden Simulationsbeispiele wurde alle mit $x_{\sigma\mathrm{Dfd}} = 0$ durchgeführt.

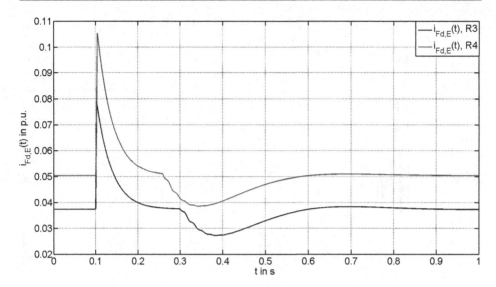

Abb. 9.8 $x_{\sigma\text{Dfd}}$-Variation: Einfluss auf den Zeitverlauf $i_{\text{Fd,E}}(t)$

9.3 Spannungsverhalten eines Konstantspannungsgenerators

Für Notstromaggregate und in kleineren Schiffsbordnetzen werden vielfach Konstant-spannungsgeneratoren verwendet, da sie besonders zuverlässig und robust sind. Sie sind selbsterregt, mit einem Kompound-Erregersystem nach Abschn. 5.6 ausgerüstet und hal-ten auch ohne Regelung von Leerlauf bis Nennstrom beim Nennleistungsfaktor (meist $\cos\varphi_{\text{N}} = -0{,}8$) enge Spannungstoleranzgrenzen von $\pm 2{,}5\,\%$ ein. Erreicht wird diese gute Spannungskonstanz durch einen entsprechend ausgelegten magnetischen Kreis mit ausge-prägtem Sättigungsverhalten und einer darauf abgestimmten Erregereinrichtung mit einer Leerlaufdrossel L_{D} zur Einstellung des Leerlaufpunktes und einem Stromtransformator mit dem Übersetzungsverhältnis $\ddot{u}_{\text{T}}$ für die Störgrößenaufschaltung. Bei der Berechnung der Strom-Spannungs-Kennlinien für einen solchen ungeregelten Konstantspannungsge-nerator werden die Unterschiede bei den in Kap. 4 behandelten Varianten zur Berücksich-tigung der magnetischen Sättigung besonders deutlich.

Abbildung 9.9 zeigt die Regelkennlinien, also den Erregerstrombedarf für Nennspan-nung ($u_{\text{H}} = 1$) bei Nenndrehzahl ($n = 1$) von Leerlauf $i_{\text{H}} = 0$ bis $i_{\text{H}} = 1{,}3$ bei $\cos\varphi = 0$, $-0{,}8$ und $-1{,}0$ induktiv (übererregt), für den Generator aus Abschn. 9.2. Betrachtet werden drei Varianten zur Nachbildung der magnetischen Sättigung im Bereich der Hauptflüsse:

V1 Leerlaufkennlinie $\psi_{\text{hd}}(i_{\text{hd}}) \approx u_0(i_{\text{Fd0}})$, keine elliptische Korrektur,
V2 Leerlaufkennlinie mit elliptischer Korrektur,
V3 Abschnittskennlinien $\psi_{\text{hd}}(i_{\text{hd}})$ und $\psi_{\text{fd}}(i_{\text{pd}})$ mit elliptischer Korrektur.

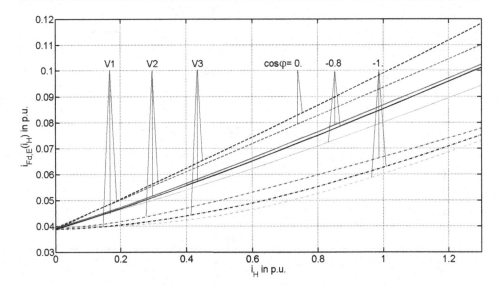

Abb. 9.9 Regelkennlinien eines ungeregelten Konstantspannungsgenerators für $u_H = 1$ und $n = 1$

Bei Verwendung der Leerlaufkennlinie ohne elliptische Korrektur (Variante V1) erhält man stets die niedrigsten Erregerströme. Überwiegt die induktive Belastungskomponente, erhält man mit Variante V3 höhere Erregerströme auch als nach Variante V2, weil mit der Belastung der zu kompensierende Erregerstreufluss gegenüber Leerlauf überproportional erhöht ist. Bei rein induktiver Belastung hat die elliptische Korrektur keine Auswirkung, die Kennlinien der Varianten V1 und V2 sind identisch und liegen unter der Kennlinie der Variante 3. Überwiegt jedoch die ohmsche Belastungskomponente, liegt die Kennlinie der Variante V3 zwischen denen der Varianten V1 und V2. Die Ursache dafür liegt einerseits in der Schwächung des Längsfeldes durch das dabei relativ starke Querfeld und andererseits in der Berechnung der ψ_{hq}-Kennlinie bei Variante V3 aus der gegenüber der Leerlaufkennlinie steileren ψ_{hd}-Kennlinie. Beides zusammen hat bei gleichem Hauptfluss eine größere Querkomponente und eine entsprechend verkleinerte Längskomponente zur Folge, so dass ein geringerer Erregerstrom für $u_H = 1$ ausreicht. Wegen der sich überdeckenden Effekte ist eine eindeutige, allgemeine Aussage, welche der Varianten V2 oder V3 genauere Ergebnisse erwarten lässt, nicht möglich. Bei mittleren Leistungsfaktorwerten stellt die Variante V2 einen guten Kompromiss zwischen Aufwand und Nachbildungsgenauigkeit dar, überwiegt jedoch die induktive Belastung, ist Variante 3 vorzuziehen, wenn ausreichend gesicherte Kennlinien verfügbar sind.

Diese Unterschiede im Erregerstrombedarf der drei Varianten zur Nachbildung der Sättigung haben bei ungeregelten Konstantspannungsgeneratoren deutlich unterschiedliche Strom-Spannungs-Kennlinien zur Folge. Berechnet man für die drei Varianten jeweils die Reaktanz x_D der Leerlaufdrossel L_D und das Stromtrafo-Übersetzungsverhältnis $\ddot{u}_T$ so, dass sich sowohl für Leerlauf bei $n = 1{,}04$ als auch unter Berücksichtigung des Drehzahl-

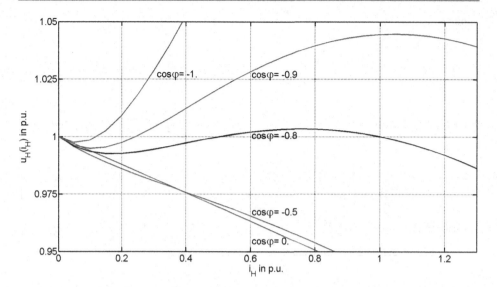

Abb. 9.10 $u_H(i_H)$-Kennlinien eines ungeregelten Konstantspannungsgenerators (V1, $\delta = 0$)

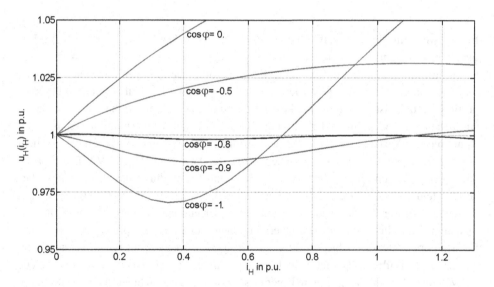

Abb. 9.11 $u_H(i_H)$-Kennlinien eines ungeregelten Konstantspannungsgenerators (V2, $\delta = 0$)

abfalls bei Belastung mit Nennlast $i_H = 1$ bei $\cos\varphi = -0,8$ und $n = 1$ die Klemmenspannung $u_H = 1$ einstellt, erhält man für die Leistungsfaktor-Werte $\cos\varphi = 0, -0,5, -0,8, -0,9$ und -1 die in Abb. 9.10, 9.11 und 9.12 dargestellten Kennlinienfelder. Von einer Winkelkorrektur (vgl. Abschn. 5.6) wurde dabei noch abgesehen ($\delta = 0$). Bei allen drei Varianten wird für den Nennleistungsfaktor die angestrebte Spannungstoleranz eingehalten, für rein

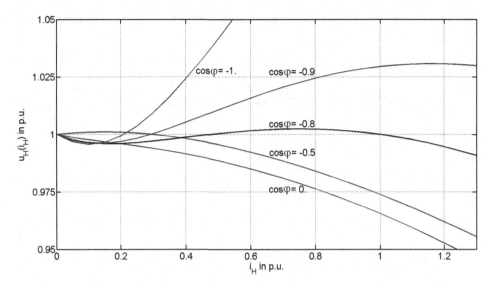

Abb. 9.12 $u_H(i_H)$-Kennlinien eines ungeregelten Konstantspannungsgenerators (V3, $\delta = 0$)

induktive oder rein ohmsche Last verlassen die Kurven aber den zulässigen Toleranz-
bereich teilweise deutlich. Berücksichtigt man jedoch die sicher vorhandenen Fehlwinkel bei der Drossel und dem Stromtransformator mit einem angenommenen Wert von
$\delta = 0{,}17$ rad, ergeben sich für Variante V2 deutlich günstigere Kennlinien (Abb. 9.13);
nun liegt nur noch die Kennlinie für $\cos\varphi = -1$ etwa ab 40 % des Nennstromes außerhalb des vorgegebenen Toleranzbandes. Man erkennt, dass bei optimaler Auslegung von
Maschine und Erregereinrichtung die Einhaltung der Toleranzgrenzen im gesamten Betriebsbereich möglich ist. Die Parameter der berechneten Kompoundierungskomponenten
sind in Tab. 11.3 (Abschn. 11.1) zusammengestellt.

Bei geregelten Konstantspannungsgeneratoren stellt man die Kompoundierungseinrichtung etwa 10 % über Nennspannung ein (Abb. 9.14, obere Kennlinienschar), das Er-
regerstromangebot ist dadurch für die geregelte Klemmenspannung zu hoch. Durch die
Regeleinrichtung wird dann der überschüssige Erregerstromanteil durch einen elektronischen Bypass an der Erregerwicklung vorbeigeleitet. Eine solche Regelung wird auch
als Absetzregelung bezeichnet. Dadurch erreicht man eine weitgehend drehzahl- und be-
lastungsunabhängige Klemmenspannung. Für eine nennleistungsproportionale Blindlastverteilung bei Parallelbetrieb mit anderen Generatoren wird vielfach zusätzlich eine sogenannte Blindstromstatik von etwa 2 ... 4 % realisiert, wodurch dann die Kennlinien
proportional zur induktiven Belastungskomponente abfallen (Abb. 9.14, untere Kennlinienschar). Um trotzdem auch bei Belastung im Spannungstoleranzbereich zu bleiben, kann
die Leerlaufspannung dann bis zur oberen Toleranzgrenze angehoben werden, im Beispiel
auf $u_{H0} = 1{,}024$.

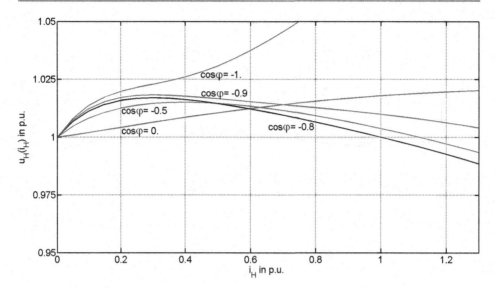

Abb. 9.13 $u_{\mathrm{H}}(i_{\mathrm{H}})$-Kennlinien eines ungeregelten Konstantspannungsgenerators (V2, $\delta = 0{,}17$ rad)

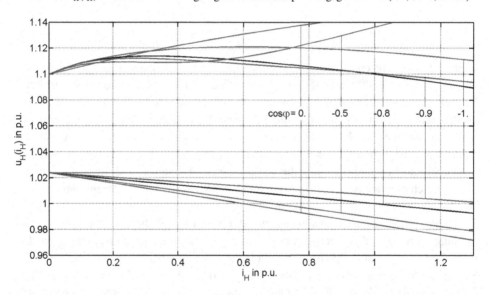

Abb. 9.14 $u_{\mathrm{H}}(i_{\mathrm{H}})$-Kennlinien eines geregelten Konstantspannungsgenerators (V2, $\delta = 0{,}17$ rad) *oben* nur Kompoundierungseinrichtung, *unten* mit Regelung, Blindstromstatik 4 %

Der maximal mögliche Dauerkurzschlussstrom beim Kurzschluss an den Klemmen des Hauptgenerators wird durch die Kompoundierungseinrichtung bestimmt. Mit der in Abb. 9.14 zugrunde gelegten Kompoundierungseinrichtung ergab sich ohne begrenzenden Eingriff der Regelung der Dauerkurzschlussstrom zu $i_{\mathrm{k,H}} = 4{,}74$ p.u.

9.4 Lastschaltungen an einem Dieselgenerator

Bei plötzlichen Belastungsänderungen im Inselnetz sind auch die Auswirkungen auf die Antriebsmaschine und deren Rückwirkungen über die Drehzahl auf den Generator von Interesse. Betrachtet wird daher ein Dieselgenerator DG, bestehend aus dem 750-kVA-Konstantspannungsgenerator aus Abschn. 9.2 und 9.3 sowie einem 700-kW-Dieselmotor mit Drehzahlregler und Motorkupplung. Der Dieselgenerator wird als Zweimassen-System nachgebildet. Die Daten des Dieselgenerators sind in Tab. 11.4 (Abschn. 11.1) aufgeführt. Für den bürstenlos erregten Generator wird die in Abschn. 9.3 bestimmte Kompoundierungseinrichtung mit Absetzregelung (Kennlinien vgl. Abb. 9.14) zugrunde gelegt. Abbildung 9.15 zeigt den Signalflussplan des für die Simulationsuntersuchungen verwendeten Spannungsreglers mit PI-Verhalten und Blindstromstatik. Als Istwert wurde der Betrag der Ankerspannung der Hauptmaschine verwendet.

Abb. 9.15 Signalflussplan des Spannungsreglers

Abb. 9.16 Dieselgenerator mit ohmsch-induktiver Belastung

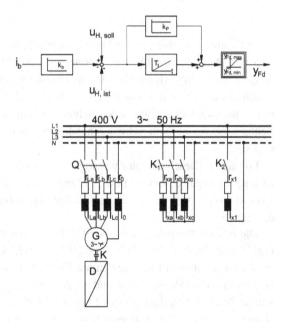

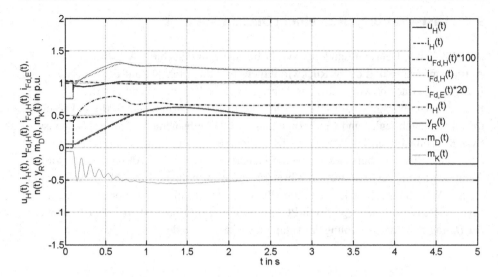

Abb. 9.17 Aufschaltung von 50 % der Nennlast auf einen unbelasteten Dieselgenerator

Der antreibende 6-Zylinder-Dieselmotor arbeitet nach dem 4-Takt-Verfahren und besitzt eine Abgasturboaufladung, wodurch die Nennleistung um etwa 40 % über der des Saugzustandes liegt (Kap. 10). Auf die Berücksichtigung der infolge der diskontinuierlichen Arbeitsweise des Dieselmotors dem mittleren Drehmoment überlagerten Drehmomentschwankungen wurde verzichtet, da ihre Auswirkungen auf den Generator bei richtiger Auslegung von Schwingungsdämpfer und Motorkupplung vernachlässigbar gering sind.

Für diesen Dieselgenerator wurden vier zeitlich aufeinander folgende charakteristische Übergangsvorgänge von 5 s bzw. 1 s Dauer untersucht. Das dafür zugrunde gelegte Beispielnetz zeigt Abb. 9.16. Die Simulationsergebnisse sind in Abb. 9.17, 9.18 und 9.19 dargestellt.

Die Aufschaltung der Nennlast erfolgte als dreisträngig-symmetrische r_x-l_x-Kombination in zwei Stufen zu je 50 % (Abb. 9.17 und 9.18), da bei der Nennlast-Aufschaltung in nur einer Stufe mit den gewählten Einstellungen ein unzulässig hoher Drehzahleinbruch von etwa 20 % entstehen und die Ausregelung mit fast 12 s unzulässig lange dauern würde. Nach der Entlastung auf Leerlauf (Abb. 9.19) wurde ein Klemmenkurzschluss eingeleitet (Abb. 9.20). Dargestellt wurden von der Hauptmaschine die Zeitverläufe der Klemmenspannung $u_H(t)$, des Ankerstromes $i_H(t)$, der Erregerspannung $u_{Fd;H}(t)$, des Erregerstromes $i_{Fd,H}(t)$ und der Drehzahl $n_H(t)$ des Generatorläufers, von der Erregermaschine die des Erregerstromes $i_{Fd,E}(t)$ und vom Dieselmotor die der Regelstangenstellung $y_R(t)$, des mittleren Drehmomentes $m_D(t)$ und des Kupplungsmomentes $m_K(t)$. Der Schaltvorgang wurde jeweils bei $t = 0,1$ s eingeleitet.

Bei der Aufschaltung der halben Nennlast auf den leer laufenden Dieselgenerator (Abb. 9.17) sinken die Klemmenspannung transient von $u_H(0) = 1,024$ auf $u_H(0,234) =$

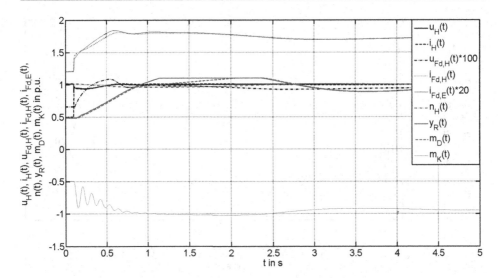

Abb. 9.18 Erhöhung der Dieselgenerator-Belastung von 50 auf 100 %

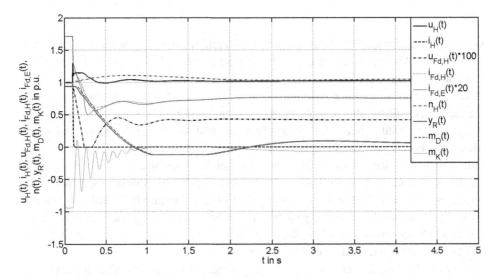

Abb. 9.19 Entlastung des Dieselgenerators von Nennlast auf Leerlauf

0,943 und die Drehzahl (Frequenz) von $n_H(0) = 1,04$ auf $n_H(0,885) = 0,986$, bei der zweiten Lastschaltung (Abb. 9.18) sind die transienten Einbrüche auf $u_H(0,232) = 0,937$ bzw. $n_H(1,2) = 0,96$ sogar noch stärker, bleiben aber im zulässigen Bereich. Der größere Drehzahleinbruch ist darauf zurückzuführen, dass die Regelstange bei $t = 1,143$ s für 1,2 s die Begrenzung bei 110 % erreicht und bereits vorher bei etwa $t = 0,874$ s das indizierte Drehmoment wegen Luftmangels der eingespritzten Kraftstoffmenge nicht mehr folgen

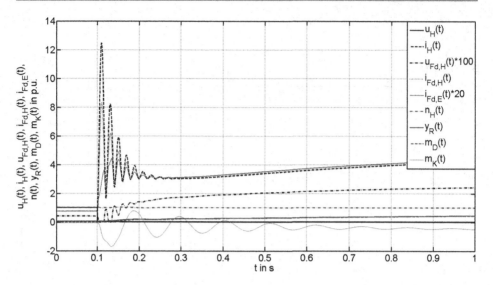

Abb. 9.20 Stoßkurzschluss nach Leerlauf bei einem Dieselgenerator

konnte. Die anderen Zeitverläufe zeigen keine Auffälligkeiten. Am Ende der 5-s-Ab-schnitte, also 4,9 s nach der Lastzuschaltung, sind annähernd die jeweiligen stationären Zustände erreicht.

Bei der Abschaltung der Nennlast (Abb. 9.19), etwa durch Auslösung des Gene-ratorschalters, springt die Klemmenspannung subtransient auf einen Höchstwert von $u_{H,max} = 1{,}295$, fällt schnell auf etwa 110 % ab und durchläuft dann das transiente Maximum bei 115 %. Die Erregerspannung der Hauptmaschine $u_{Fd,H}$ wird kurzzeitig null. Durch den dabei kurzgeschlossenen rotierenden Gleichrichter ist in dieser Zeit die Erregermaschine von der Hauptmaschine entkoppelt, die Spannungsregelung also wirkungslos. Durch die Entlastung steigt die Drehzahl (Frequenz) bis auf 110,7 % des Nennwertes an, die Regelstange geht bis an den Stoppanschlag zurück. Der durch die Lastabschaltung eingeleitete Übergangsvorgang ist nach 4,9 s weitgehend abgeschlossen, alle Größen haben wieder die Leerlaufwerte erreicht.

Abschließend wurde der Konstantspannungsgenerator aus dem Leerlauf heraus plötz-lich an den Sammelschienen kurzgeschlossen. Bereits etwa 9,5 ms nach der Einleitung des Kurzschlusses bei $t = 0{,}1$ s erreicht der Ankerstrom mit $i_H(0{,}1095) = 12{,}475$ das Ma-ximum, also den Stoßkurzschlussstrom. Die Zeitverläufe des Ankerstromes $i_H(t)$ und des Erregerstromes $i_{Fd,H}(t)$ der Hauptmaschine stimmen anfangs gut mit denen bei Fremder-regung (Abb. 9.1 und 9.3) überein, verlaufen aber etwas niedriger. Größere Unterschiede treten bei der Erregerspannung $u_{Fd,H}(t)$ auf, die statt 0,2 s (Abb. 9.2) nun in zwei kurzen Abschnitten für insgesamt nur etwa 20 ms null ist, sowie beim Erregerstrom der Erreger-maschine $i_{Fd,E}$, der sein Maximum statt sofort beim Kurzschlusseintritt (Abb. 9.4) hier erst 33 ms nach Kurzschlusseintritt erreicht. Diese Unterschiede sind auf die Wirkung der Kompoundierungseinrichtung zurückzuführen. Nach 5 s sind auch hier die stationären Endwerte in guter Näherung erreicht, als Dauerkurzschlussstrom erhält man 4,9 s nach der Kurzschlusseinleitung $i_{k,H}(5) = 4,757$.

Das Kupplungsmoment erreicht 36 ms nach Kurzschlusseintritt seinen negativen Extremwert bei $m_K(0,136) = -1,7$. Aus der abklingenden Schwingung des Kupplungsmomentes lässt sich sehr einfach die mechanische Eigenfrequenz des betrachteten Zweimassen-Systems ablesen zu $f_{e,m} = 9,2$ Hz. Die Drehzahl sinkt beim Stoßkurzschluss vom Leerlaufwert $n_0 = 1,04$ auf $n_{min} = 0,998$ bei $t = 0,215$ s ab, steigt dann aber entsprechend der Generatorbelastung und der Nachregelung des Drehzahlreglers wieder an auf $n(5) = 1,096$; für die Regelstangenstellung, das indizierte Drehmoment und das Kupplungsmoment ergeben sich 4,9 s nach Kurzschlusseintritt die Werte $y_R(5) = 0,581$, $m_D(5) = 0,581$ bzw. $m_K(5) = -0,581$.

Wird nach dem Vorgang von Abb. 9.17 nur im Strang a durch Schließen des Schützes K_2 in Abb. 9.16 die Gesamt-Lastimpedanz auf den Nennwert halbiert, während die Lastimpedanzen in den Strängen b und c auf den Halblastwerten bleiben, entsteht für den Generator eine unsymmetrische Belastung. Von Bedeutung ist dabei, ob die Sternpunkte von Hauptmaschine und Last niederohmig verbunden sind (4-Leiter-System mit Nullleiter) oder ein isoliertes 3-Leiter-System vorliegt, also r_0 und x_0 in Abb. 9.16 mit hohen Werten belegt sind. In Abb. 9.21 und 9.22 sind die Simulationsergebnisse beider Varianten gegenübergestellt. Dargestellt sind über jeweils 100 ms die Zeitverläufe des Klemmenspannungsbetrages u_H und der Strangspannungen $u_{a,H}$, $u_{b,H}$, $u_{c,H}$, des Ankerstrombetrages i_H und der Strangströme $i_{a,H}$, $i_{b,H}$, $i_{c,H}$ sowie des Erregerstromes der Erregermaschine $i_{Fd,E}$. Die Zuschaltung im Strang a erfolgte bei $t = 20$ ms.

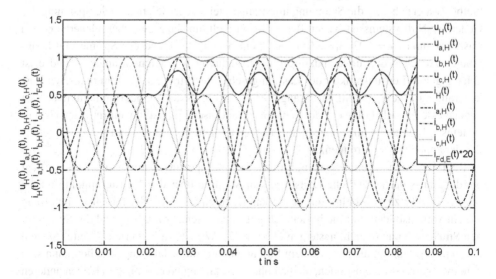

Abb. 9.21 Unsymmetrische Lastzuschaltung bei einem 4-Leiter-System mit Nullleiter

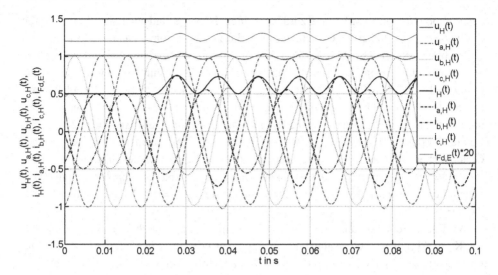

Abb. 9.22 Unsymmetrische Lastzuschaltung bei einem isolierten 3-Leiter-System

Im ersten Fall (4-Leiter-System mit Nullleiter) kann sich ein Nullstrom für die zusätzliche Belastung in Strang a ausbilden. Dadurch steigt der Strom $i_{a,H}$ nach der Lastzuschaltung im Strang a etwa auf den doppelten Wert an, während sich die Ströme in den Stränge b und c kaum ändern (Abb. 9.21). Die Amplitude von $i_{a,H}$ ist um den Nullstrom größer als der nur aus Längs- und Querkomponente des Ankerstromes berechnete Betrag i_H. Die Strangspannung $u_{a,H}$ des belasteten Stranges sinkt etwas, die des Stranges b bleibt etwa gleich, und die Spannung im Strang c steigt sogar leicht an. Die Spannung des Generator-Nullsystems ist wegen der geringen Nullimpedanz zwischen Generator- und Laststernpunkt ($r_0 = 0,03$, $l_0 = 0,05$) sehr klein. Der Unterschied der Ströme und Spannungen zwischen den unveränderten ohmsch-induktiv belasteten Strängen b und c ist abhängig vom Leistungsfaktor der Last im geschalteten Strang a; bei rein ohmscher Last in Strang a ist die Spannung im Strang c größer als im Strang b, bei rein induktiver Last dagegen kleiner. Als Folge des durch die unsymmetrische Belastung auftretenden Gegensystems pulsieren nun alle elektromagnetischen Größen von Haupt- und Erregermaschine mit der doppelten Netzfrequenz.

Beim isolierten 3-Leiter-System, für das die Nullimpedanzen mit hohen Werten belegt wurden, muss der zusätzliche Laststrom von Strang a über den Laststernpunkt und die Stränge b und c zur Maschine zurück fließen. Dadurch kann sich der Laststrom im Strang a nicht voll ausbilden und bleibt deutlich unter dem Nennstrom, während die Ströme in den Strängen b und c leicht ansteigen (Abb. 9.22). Wird beim isolierten 3-Leiter-System aus dem Leerlauf heraus nur in einem Strang eine Lastimpedanz zugeschaltet, kann sich kein merkbarer Strom ausbilden, da die hohen Leerlaufimpedanzen in den beiden anderen Strängen dies verhindern.

9.5 Synchronisationsvorgänge

Steigt in einem Inselnetz die Verbraucherleistung an und droht die zulässige Belastbarkeit des einspeisenden Generators zu überschreiten, muss rechtzeitig die Generatorleistung durch Zuschaltung eines weiteren Generators erhöht werden. Um dabei unzulässig hohe Ausgleichsströme zu vermeiden, ist der zuzuschaltende, bisher unbelastete Drehstrom-Synchrongenerator an das Netz zu synchronisieren, also vor der Zuschaltung bei gleicher Phasenfolge seine Frequenz und Spannung sowie Phasenlage an die Netzwerte anzugleichen. Diese Vorgänge laufen heute meist automatisch ab. Besonders kritisch ist eine zu große Phasendifferenz zwischen der Netz- und der Klemmenspannung der zuzuschaltenden Maschine, da der Ausgleichsstrom, der Spannungseinbruch an den Sammelschienen und die an den Maschinen angreifenden Kräfte und Drehmomente mit dem Differenzwinkel schnell ansteigen. Bei Phasenopposition, also einer Phasendifferenz von 180° elektrisch, kann der Ausgleichsstrom sogar größer werden als beim Stoßkurzschluss, wenn die Kurzschlussleistung des Inselnetzes mit den in Betrieb befindlichen Synchron- und Asynchronmaschinen größer ist als die des zuzuschaltenden Generators allein.

Nach der eigentlichen Synchronisation soll der zugesetzte Generator möglichst schnell Wirk- und Blindleistung übernehmen. Deshalb wird im Gegensatz zur Feinsynchronisation, bei der die Synchronisationsbedingungen so gut wie möglich eingehalten werden, bei der Schnellsynchronisation die zuschaltende Maschine mit einer geringfügig höheren Frequenz betrieben und die Zuschaltung unter Berücksichtigung der Schaltereigenzeit bis maximal 15° elektrisch vor der Phasengleichheit ausgelöst. Der Ausgleichsstrom und damit auch die mechanischen Belastungen bleiben so für die zugesetzte Maschine meist trotzdem noch unter den Nennwerten.

Die Netzbelastung soll sich nach der Synchronisation stabil und möglichst gleichmäßig auf alle nun parallel arbeitenden Generatoren proportional zu ihrer Nennwerte von Wirk- und Blindleistung verteilen. Für eine zur Nennleistung proportionalen Wirklastverteilung müssen die Drehzahlregler der Antriebsmaschinen bezüglich Leerlaufdrehzahl und Drehzahlabfall bis Nennleistung seines Generators, der Drehzahl- oder Frequenzstatik, gleich eingestellt sein. Üblich sind Statikwerte von $2 \ldots 4\,\%$. Der dadurch entstehende Frequenzabfall bei Belastung lässt sich durch Nachregeln der Leerlaufdrehzahl kompensieren. Eine ähnliche Strategie wird bezüglich der Blindlastverteilung angewandt, indem an den Spannungsreglern aller Generatoren gleiche Werten für Leerlaufspannung und Blindstromstatik eingestellt werden. Wegen des komplizierten Zeitverhaltens sowohl der Synchrongeneratoren und ihrer Spannungsregler als auch der Antriebsmaschinen einschließlich Drehzahlregler ergeben sich nach der Zuschaltung schwer überschaubare Übergangsvorgänge, für deren Untersuchung die digitale Simulation ein wichtiges Hilfsmittel darstellt. Grundlage für die folgenden Synchronisationsuntersuchungen ist eine Schaltungsanordnung nach Abb. 9.23.

Eine Synchronisation von zwei gleichen, leer laufenden Dieselgeneratoren DG1 und DG2 (Daten: Abschn. 11.1) bei gleicher Leerlaufdrehzahl $n = 1{,}04$, gleicher Leerlaufspannung $u = 1{,}024$ und Phasenopposition ist in Abb. 9.24 dokumentiert. Dargestellt sind in

Abb. 9.23 Synchronisation
von DG2 auf DG1

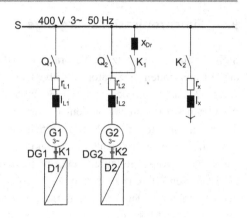

Abb. 9.24a vom Dieselgenerator DG1 die Zeitverläufe der Klemmenspannung u_{H1} und des Ankerstromes i_{H1}, von Strangspannung $u_{a,H1}$ und -strom $i_{a,H1}$ sowie Drehzahl n_{H1} des Hauptgenerators und vom Dieselmotor die Zeitverläufe der Regelstangenstellung y_{R1}, des mittleren Drehmomentes m_{D1} und des Kupplungsmomentes m_{K1}, in Abb. 9.24b analog die Zeitverläufe von Dieselgenerator DG2. Bezüglich des Spannungseinbruchs ist dies der Extremfall. Die Ankerströme entsprechen anfangs dem Stoßkurzschlussverlauf, klingen dann aber schnell auf sehr geringe Werte ab. Natürlich sollte bei solch hohen Strömen der Kurzschlussschutz des Generatorschalters sofort ansprechen, die erste Stromspitze lässt sich aber kaum vermeiden. Die von den Kupplungen übertragenen Drehmomente erreichen bei beiden Dieselgeneratoren den 1,58-fachen Nennwert und verlaufen wie die anderen mechanischen Größen anfangs gleich- und später gegenphasig. Wegen der hohen mechanischen Beanspruchungen für die Generatoren und die Kupplungen müssen Synchronisationen bei Phasenopposition zuverlässig vermieden werden.

Abbildung 9.25 zeigt die Übergangsvorgänge der beiden Dieselgeneratoren für eine Schnellsynchronisation mit einem Differenzwinkel $\delta = -10°$ elektrisch. Der Dieselgenerator DG1 (Abb. 9.25a) befand sich dabei im Nennbetriebspunkt (Nennlast, $n_{H1} = 1$), der Dieselgenerator DG2 (Abb. 9.25b) im Leerlauf bei Leerlaufdrehzahl $n_{H2} = 1{,}04$. Trotz dieser relativ großen Drehzahldifferenz von 4 % erreicht die Ausgleichsstromspitze beim zugeschalteten Generator G2 auch im Anfangsbereich nur wenig über 50 % des Nennstromes (Abb. 9.25b). Da die Drehzahlregler beider Dieselmotoren gleiche Einstellungen für Leerlaufdrehzahl und Drehzahlstatik besitzen, gleicht sich die Belastung beider Dieselgeneratoren innerhalb weniger Sekunden ohne weiteres Zutun an.

Steht keine automatische Synchronisiereinrichtung zur Verfügung, lässt sich bei kleineren Einheiten auch die sehr einfache und robuste Drosselsynchronisation [1] anwenden. Sie eignet sich insbesondere für unruhige Inselnetze, bei denen durch andauernde leistungsstarke Schalthandlungen im Netz die exakten Synchronisierbedingungen kaum zu erreichen sind. Der zuzuschaltende Generator wird dabei zuerst über das Schütz K_1 und eine den Ausgleichsstrom begrenzende Synchronisierdrossel x_{Dr} auf das Netz geschaltet (Abb. 9.23), ein Phasenabgleich ist dabei nicht erforderlich. Damit einerseits der

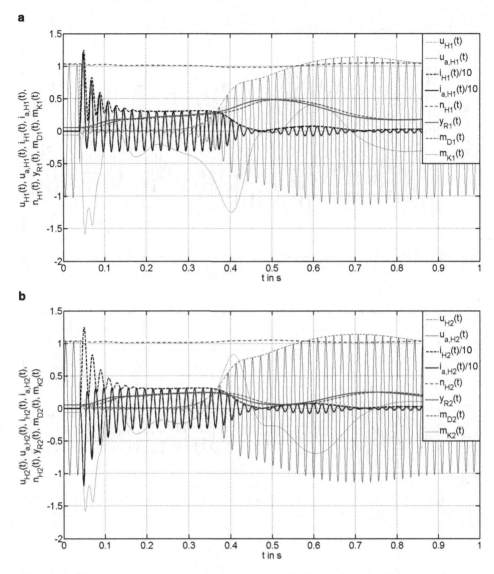

Abb. 9.24 Übergangsvorgänge durch Zuschaltung von DG2 (Leerlauf) auf DG1 (Leerlauf) bei Phasenopposition (**a** Zeitverläufe DG1, **b** Zeitverläufe DG2)

Maximalwert des Ausgleichsstromes auch bei Phasenopposition auf etwa den zweifachen Nennstrom begrenzt wird, andererseits aber eine sichere Synchronisation zustande kommt, soll die Synchronisierdrossel eine Reaktanz $x_{Dr} \approx 1{,}5 \ldots 2{,}0$ p.u. haben. Nach dem Abklingen des Einschaltvorganges, also etwa nach 5 s, wird der Generatorschalter Q_2 am zugeschalteten Generator eingeschaltet und damit die Synchronisierdrossel überbrückt. Diese kann mit K_1 nun abgeschaltet werden und steht dann für andere Generatoren

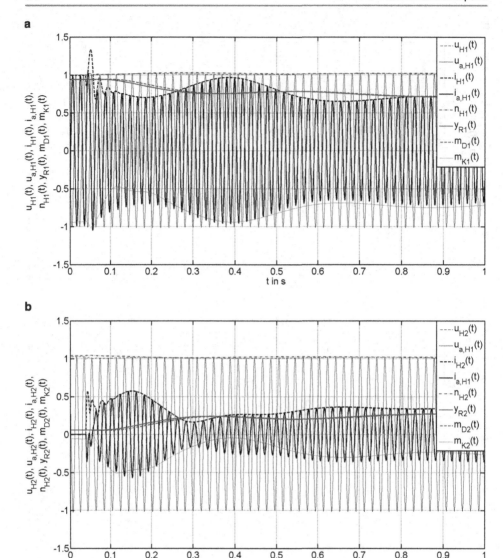

Abb. 9.25 Schnellsynchronisation von DG2 (Leerlauf) auf DG1 (Nennlast) bei $\delta = -10°$ elektrisch (**a** Zeitfunktionen DG1, **b** Zeitfunktionen DG2)

zur Verfügung. Natürlich entsteht beim Überbrücken der Synchronisierdrossel durch den Generatorschalter Q_2 ein zweiter, jedoch recht kurzer Ausgleichsvorgang mit einer deutlichen Ausgleichsstromspitze.

In Abb. 9.26 und 9.27 sind die bei der Zuschaltung des unbelasteten Dieselgenerators DG2 auf den im Nennpunkt betriebenen Dieselgenerator DG1 über eine Synchronisierdrossel $x_{Dr} = 1,7$ p.u. ablaufenden Übergangsvorgänge dargestellt. Die Drosselzuschal-

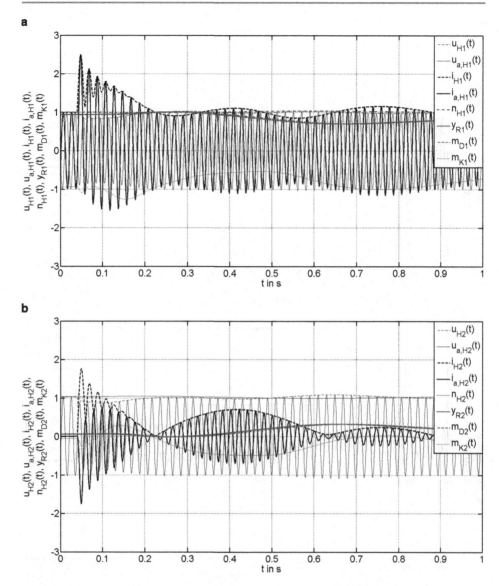

Abb. 9.26 Drosselsynchronisation DG2 (Leerlauf) auf DG1 (Nennlast) bei Phasenopposition – Zuschaltung von DG2 über eine Synchronisierdrossel (**a** Zeitfunktionen DG1, **b** Zeitfunktionen DG2)

tung bei $t = 0{,}04\,\mathrm{s}$ erfolgte bei einer Drehzahldifferenz von $4\,\%$ und Phasenopposition (Abb. 9.26), die Zuschaltung des Leistungsschalters und Abschaltung der Drossel bei $t = 5\,\mathrm{s}$ (Abb. 9.27). Der maximale Ausgleichsstrom bei der Drosselzuschaltung erreicht beim vorbelasteten Generator G1 fast das 2,5-fache des Nennstroms (Abb. 9.26a), beim

a

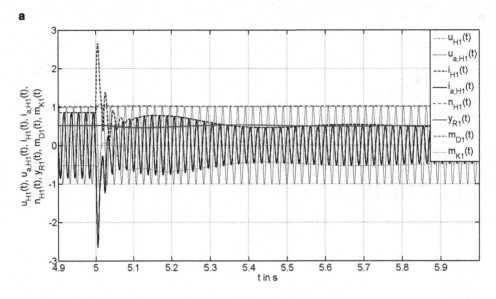

b

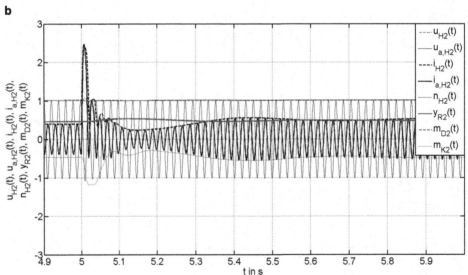

Abb. 9.27 Drosselsynchronisation von DG2 (Leerlauf) auf DG1 (Nennlast) bei Phasenopposition –
Einschaltung des Generatorschalters, Abschaltung der Synchronisierdrossel (**a** Zeitfunktionen DG1,
b Zeitfunktionen DG2)

zugeschalteten Generator G2 (Abb. 9.26b) nur das etwa 1,7-fache, und auch bei der Drosselabschaltung ist die Stromspitze bei Generator G1 (Abb. 9.27a) deutlich größer als bei Generator G2 (Abb. 9.27b).

Durch eine größere Drosselreaktanz lässt sich der Ausgleichsstrom bei der Drosselzuschaltung zwar verringern, die Stromspitze bei der Drosselabschaltung wird dann jedoch größer. Ein geringerer Fehlwinkel führt bei der Drosselzuschaltung zu geringeren Ausgleichsströmen, die Ausgleichströme bei der Drosselabschaltung werden dadurch aber kaum beeinflusst. Um die Ausgleichsströme beim Generator G1 zu vermindern, sollte DG2 bei einer geringeren Vorbelastung von DG1 synchronisiert werden. Eine kurze Stromspitze bis zum 2-fachen Nennstrom ist aber meist unkritisch.

9.6   Einschaltung leistungsstarker Drehstrom-Asynchronmaschinen mit Käfigläufer

Bei der Inbetriebnahme leistungsstarker motorischer Antriebe darf keine unzulässige Beeinträchtigung anderer Verbraucher im Netz auftreten. Das betrifft insbesondere den transienten Spannungseinbruch nach dem Einschalten und ggf. die Frequenzabsenkung, die bei einem Schweranlauf durch die länger anhaltende, hohe Wirkbelastung entsteht. Bei Schiffsbordnetzen wird ein transienten Spannungseinbruch bis zu 20 % noch als zulässig angesehen, wenn dadurch der sichere Betrieb der anderen Verbraucher nicht gefährdet wird, während die Frequenz zu keinem Zeitpunkt um mehr als $\pm 10\,\%$ vom Nennwert abweichen darf [2]. Das lässt sich bei leistungsstarken Antrieben gut durch eine Simulationsrechnung überprüfen.

Betrachtet wird das Inselnetz aus Abschn. 9.5 mit zwei einspeisenden 750-kVA-Dieselgeneratoren DG1 und DG2, einer allgemeinen ohmsch-induktiven Netzbelastung von 50 % der Generatorenleistung sowie einem entlastet zuzuschaltenden Pumpenantrieb mit einem 250-kW-Drehstrom-Asynchronmotor (Abb. 9.28). Die aus Katalogdaten berechneten Modellparameter sind in Abschn. 11.2 zusammengestellt.

Abb. 9.28 Beispielnetz mit einzuschaltendem Drehstrom-Asynchronmotor

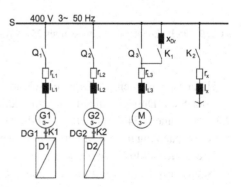

a

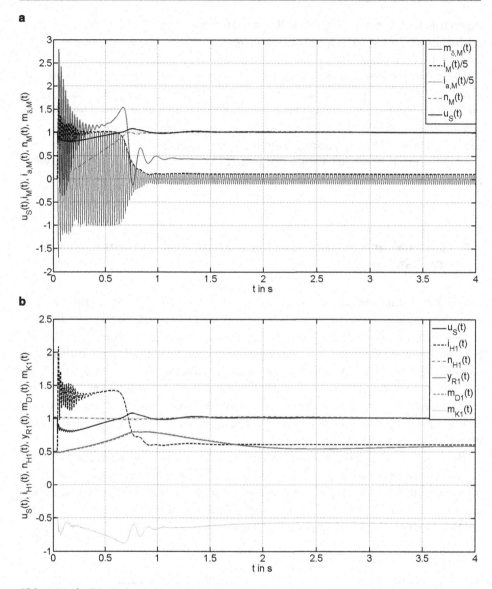

Abb. 9.29a,b Direkteinschaltung eines 250-kW-Pumpenantriebes (Erläuterungen im Text)

Untersucht wurden die Direkteinschaltung, die Zuschaltung über eine Anlaufdrossel und der Stern-Dreieck-Anlauf. Die Simulationsergebnisse sind in Abb. 9.29, 9.30, 9.31, 9.32, 9.33 und 9.34 dargestellt. Teilbild a) zeigt jeweils die Zeitverläufe von Sammelschienenspannung u_S und Motorstrom i_M sowie des Strangstromes $i_{a,M}$, der Drehzahl n_M und des Luftspaltdrehmomentes $m_{\delta,M}$ des Pumpenmotors, Teilbild b) jeweils die der Sammelschienenspannung u_S und des Generatorstromes i_{H1} sowie Generatordrehzahl n_{H1},

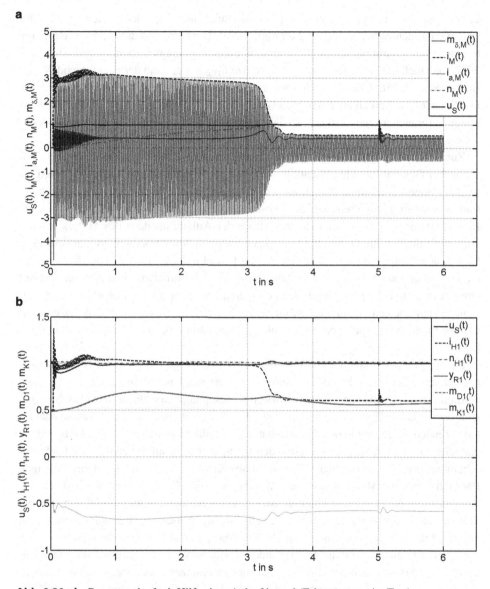

Abb. 9.30a,b Pumpenanlauf mit Hilfe einer Anlaufdrossel (Erläuterungen im Text)

Regelstangenweg y_{R1}, Dieselmotor-Drehmoment m_{D1} und Kupplungsmoment m_{K1} von Dieselgenerator DG1. Auf die Darstellung der Zeitverläufe für Dieselgenerator DG2 wurde verzichtet, da sie denen von Dieselgenerator DG1 entsprechen. Die Zuschaltung erfolgte jeweils bei $t = 0{,}04$ s.

Bei einer Direkteinschaltung (Abb. 9.29) entsteht durch den Anlaufstrom des Pumpenmotors an den Sammelschienen ein transienter Spannungseinbruch auf etwa 82 %

der Nennspannung. Der Maximalwert des Anlaufstromes liegt bei $i_{M,max} = 8,6$, der des Luftspaltmomentes bei $m_{\delta,M,max} = 2,8$ (Abb. 9.29a). Die Generatordrehzahl und damit die Frequenz bleiben mit $n_{H1,min} = 0,981$ ebenso wie das Kupplungsmoment im zulässigen Bereich, und auch die kurze Belastungsstromspitze $i_{H1,max} = 2,1$ und der nachfolgende Überstrom von etwa 150 % des Nennstromes sind für die Generatoren unkritisch (Abb. 9.29b). Der Spannungseinbruch an den Sammelschienen um 18 % ist jedoch möglicherweise für einige Verbraucher schon kritisch, so dass alternative Anlaufverfahren untersucht werden sollen.

Zur Verminderung des Anlaufstromes kann dem Motor analog zur Drosselsynchronisation bei Generatoren eine Anlaufdrosselspule x_{Dr} vorgeschaltet werden, die nach erfolgtem Hochlauf zu überbrücken ist. Um einen sicheren Hochlauf ggf. auch gegen ein Lastmoment zu garantieren, darf die Drosselreaktanz x_{Dr} nicht zu groß gewählt werden. Eine Anlaufdrossel mit einer Reaktanz gleich der Anlaufimpedanz des Motors halbiert etwa den Anlaufstrom, vermindert aber gleichzeitig das Anlaufmoment etwa auf ein Viertel. Für den Pumpenantrieb wurde eine Anlaufdrossel mit $x_{Dr} = 0,15$ p.u. gewählt, mit der die Pumpe in etwa 3,5 s hochläuft (Abb. 9.30). Die Überbrückung und Abschaltung der Drossel erfolgte bei $t = 5$ s. Durch den geringeren Anlaufstrom tritt nun an den Sammelschienen nur noch ein Spannungseinbruch auf 90 % ein, der nach etwa 500 ms ausgeregelt ist. Die kleine Stromspitze bei $t = 5$ s bei der Abschaltung der Drosselspule ist unerheblich.

Da der Pumpenmotor bei 400 V in Dreieck zu betreiben ist, kann die Netzbelastung auch durch einen Stern-Dreieck-Anlauf vermindert werden. Infolge der Sternschaltung verdreifachen sich die für das Netz wirksamen Eingangsimpedanzen der Maschine gegenüber der äquivalenten Dreieckschaltung. Das bedeutet, dass die die Maschine charakterisierenden Widerstände und Induktivitäten verdreifacht werden müssten. Es ist jedoch einfacher, die Bezugsspannung U_0 und den Bezugsstrom I_0 auf die Nennwerte für Sternschaltung zu setzen, wodurch die Nennimpedanz Z_0 verdreifacht und damit die bisherigen Per-Unit-Werte der Modellparameter verdreifachte Werte für die einheitenbehafteten Widerstände und Induktivitäten charakterisieren. Die veränderten Bezugsgrößen gelten bei Sternschaltung dann für alle Spannung und Ströme der Maschine, für das Bezugsmoment M_0, das Luftspaltdrehmoment m_δ und die Zeitkonstanten gelten aber die gleichen Werte wie für die Dreieckschaltung. Die veränderten Bezugswerte zur Umrechnung und Anpassung der Spannungen und Ströme an die des Inselnetzes finden ihren Niederschlag in den Gln. 8.7 bis 8.15. Zu beachten ist jedoch, dass bei Sternschaltung für die auf die Bezugsgrößen des Motors bezogenen Zuleitungsparameter r_L und x_L gegenüber Dreieckschaltung dreifache Werte anzusetzen sind, da die Zuleitungen ja nicht umgeschaltet werden.

Die Zeitverläufe vom Sternanlauf des Pumpenmotors zeigt Abb. 9.31. Die Motorströme in Abb. 9.31a sind durch $\sqrt{3}$ geteilt dargestellt, um sie mit denen der anderen in Dreieckschaltung betriebenen Anlaufvarianten vergleichbar zu machen. Der Maximalwert des Anlaufstromes liegt bei Bezug auf den Bezugsstrom der Sternschaltung bei $i_{M,max} = 5$, also bei $i_{M,max}/\sqrt{3} = 2,88$. Die Sammelschienenspannung bricht nun ledig-

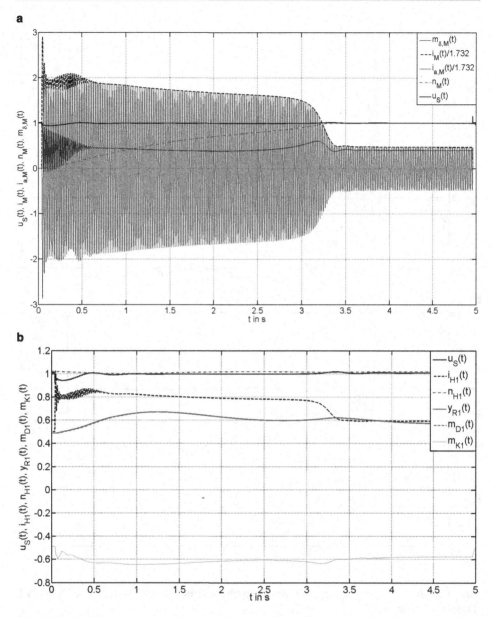

Abb. 9.31a,b Anlauf des Pumpenmotors in Sternschaltung (Erläuterungen im Text)

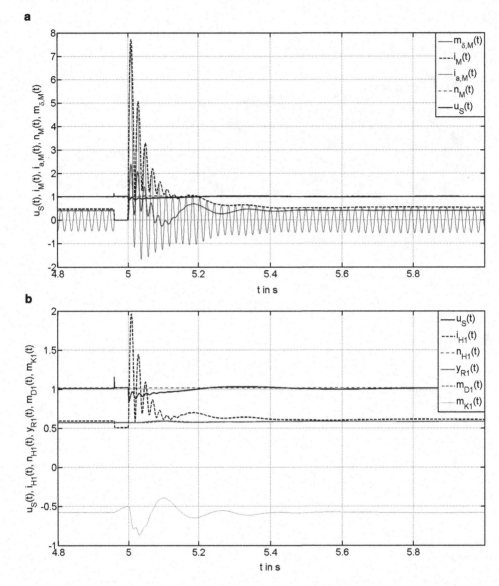

Abb. 9.32a,b Kurzunterbrechung und Wiedereinschaltung in Dreieck U1-W2, V1-U2, W1-V2 (Erläuterungen im Text)

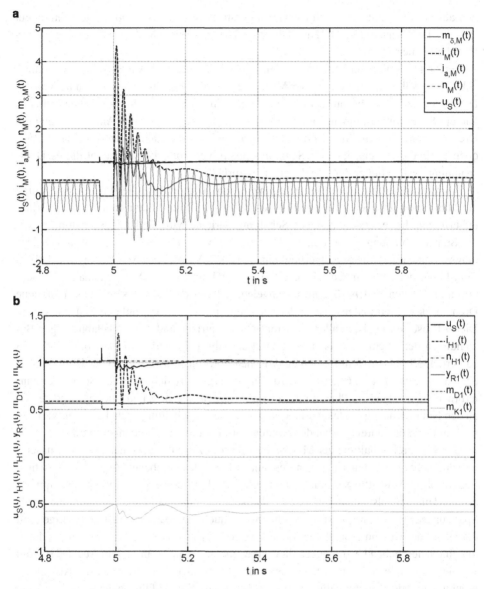

Abb. 9.33a,b Kurzunterbrechung und Wiedereinschaltung in Dreieck U1-V2, V1-W2, W1-U2 (Erläuterungen im Text)

lich auf $u_S = 0{,}94$ ein, und auch der Generatorstrom i_{H1} und das Kupplungsdrehmoment m_{K1} des Dieselgenerators DG1 bleiben im zulässigen Bereich (Abb. 9.31b). Der Stern-Hochlauf dauert etwa 3, 3 s.

Bei $t = 4{,}96$ s wird der Motor vom Netz getrennt, so dass die Ankerströme sehr schnell abklingen, während der Fluss in der Maschine und die Drehzahl nur langsam abnehmen. Der Rotor der Asynchronmaschine wirkt dabei infolge des noch vorhandenen Flusses wie ein Synchronmaschinen-Polrad und induziert in der nun offenen Ankerwicklung ein Drehspannungssystem mit einer der abnehmenden Rotordrehzahl n_M entsprechenden Frequenz. Wegen des ansteigenden Schlupfes der Asynchronmaschine bleibt dieses Drehspannungssystem hinter dem des Inselnetzes zurück.

Nach einer geschätzten Schalter-Eigenzeit von 40 ms erfolgt die Wiedereinschaltung der Maschine in Dreieckschaltung. Die Zuschaltung in Dreieck kann dabei in zwei Varianten erfolgen. In der ersten, üblichen Schaltungsvariante wird die Dreieckschaltung durch die Schaltverbindungen U1-W2, V1-U2 und W1-V2 hergestellt, in der zweiten Schaltungsvariante durch die Schaltverbindungen U1-V2, V1-W2 und W1-U2. Wird dabei die Zuordnung der Zuleitungen L1 an U1, L2 an V1 und L3 an W1 beibehalten, bedeutet das im ersten Fall bezüglich des angelegten Drehspannungssystems eine plötzliche Drehung des Koordinatensystems der Maschine um $-\pi / 6$, im anderen Fall um $+\pi / 6$. Dieser Phasensprung ist in allen Transformationsmatrizen und den winkelabhängigen Beziehungen der Drehstrom-Asynchronmaschine Gln. 6.39 und 6.40 bzw. 6.52 und 6.53 zu berücksichtigen, indem für den elektrischen Fortschrittswinkel ϑ ab der Umschaltung $(\vartheta - \pi / 6)$ bzw. $(\vartheta + \pi / 6)$ gesetzt wird. Damit vergrößert sich der während der Kurzunterbrechung entstandene Phasenunterschied zwischen Inselnetz und Maschine, gemessen an den Nulldurchgängen gleicher Phasen, durch die Umschaltung nach der ersten Variante noch um $-\pi / 6$, während er bei der zweiten Variante um $+\pi / 6$ verringert wird.

Die Wiedereinschaltung der Maschine ist mit der Zuschaltung einer Synchronmaschine vergleichbar. An den Klemmen der nun in Dreieck betriebenen Asynchronmaschine liegt infolge des Restflusses eine Spannung an, die bei Vernachlässigung des Abklingens etwas kleiner ist als $u_S / \sqrt{3}$; neben der Phasendifferenz tritt also zusätzlich eine große Spannungsdifferenz auf. Sowohl die Phasen- als auch die Spannungsdifferenz steigen mit der Dauer der Kurzunterbrechung. Bei der Wiedereinschaltung der Maschine muss daher mit einem deutlichen Übergangsvorgang gerechnet werden, der in seinem Ausmaß sowohl von der verwendeten Dreieck-Schaltungsvariante als auch von der Dauer der Kurzunterbrechung und der Geschwindigkeit des Drehzahl- und Flussabfalls abhängt.

Betrachtet wird zuerst die Wiedereinschaltung auf die übliche Dreieck-Schaltungsvariante U1-W2, V1-U2, W1-V2 (Abb. 9.32). Während der Kurzunterbrechung steigt der Schlupf von $s(4{,}96) = 0{,}012$ auf $s(5) = 0{,}039$ an, die Spannung an den offenen, nun in Dreieck umgeschalteten Ankerklemmen sinkt dabei auf $u_M = 0{,}486$. Der Phasenunterschied zur Netzspannung liegt bei der Zuschaltung unter Berücksichtigung des negativen Phasensprunges infolge der Dreieckumschaltung bei insgesamt etwa $-56°$ elektrisch. Dadurch entsteht ein kräftiger Ausgleichsvorgang mit $i_{M,max} = 7{,}7$ (Abb. 9.32a) und $i_{H1,max} = 1{,}96$

(Abb. 9.32b) sowie einem transienten Spannungseinbruch an den Sammelschienen auf $u_{S,min} = 0,9$. Der Übergangsvorgang ist nach 0,4 s Dauer weitgehend abgeschlossen.

Wird die Dauer der Kurzunterbrechung vergrößert, steigt der Phasenunterschied zwischen Inselnetz und Maschine weiter an. Vernachlässigt man den leichten Abfall der in den Ankerwicklungen durch das Restfeld induzierten Spannung u_M, nimmt die Stärke des Ausgleichsvorganges noch bis zu einem Phasenunterschied von 180° (Phasenopposition) zu, um erst danach geringer zu werden. Die größten Ausgleichsströme wurden bei einer Kurzunterbrechung von etwa 0,14 s Dauer zu $i_{M,max} = 14,9$ und $i_{H1,max} = 3,29$ bestimmt, die Sammelschienenspannung brach dabei auf $u_{S,min} = 0,774$ ein.

Bei der Wiedereinschaltung des Asynchronmotors auf die Dreieck-Schaltungsvariante U1-V2, V1-W2, W1-U2 (Abb. 9.33) ergeben sich die wesentlich kleineren Ausgleichsströme $i_{M,max} = 4,47$ (Abb. 9.33a) und $i_{H1,max} = 1,31$ (Abb. 9.33b), und auch der Spannungseinbruch an den Sammelschienen auf nun $u_{S,min} = 0,951$ ist deutlich geringer. Die Ursache dafür liegt in der geringeren Phasendifferenz zwischen der Netzspannung und der induzierten Spannung an den Ankerklemmen der Asynchronmaschine zum Zeitpunkt der Zuschaltung bei $t = 5$ s; sie beträgt hier etwa +4° elektrisch. Die größten Ausgleichsströme wurden für diese Schaltungsvariante bei einer Kurzunterbrechung von 0,17 s Dauer mit $i_{M,max} = 14,64$ und $i_{H1,max} = 3,21$ ermittelt, der Minimalwert der Spannung an den Sammelschienen mit $u_{S, min} = 0,775$.

Man erkennt, dass beim Stern-Dreieck-Anlauf eines Drehstrom-Asynchronmotors die Dreieck-Schaltungsvariante U1-V2, V1-W2, W1-U2 bevorzugt und die Umschaltpause entweder sehr klein ($< 0,1$ s) oder sehr groß bei einigen Sekunden Dauer gewählt werden sollte, um im ersten Fall eine kleine Phasendifferenz nutzen und im zweiten Fall die Zuschaltung möglichst ohne Restfeld in der Asynchronmaschine vornehmen zu können.

9.7 Kurzschlüsse im Inselnetz

Kurzschlüsse stellen für die beteiligten Betriebsmittel eine oft extreme Belastung dar, die bei deren Auswahl und Dimensionierung besondere Beachtung erfordert. Für eine zweckdienliche Auslegung der Kabel sowie der Schalt- und Schutzgeräte im Inselnetz sind dabei nicht nur die Maximalwerte sondern auch die Zeitverläufe der möglichen Kurzschlussströme von Interesse. Sie lassen sich gut durch Simulation an vereinfachten Netzkonfigurationen bestimmen. Besondere Bedeutung kommt dabei der Wahl der Vereinfachungen sowie der Bestimmung der auf die Kurzschlussstelle speisenden Quellen und der in den Kurzschlusswegen liegenden Impedanzen zu. Neben den aktiven Generatoren und motorischen Verbrauchern speisen kurzzeitig auch induktive und kapazitive Lasten auf die Kurzschlussstelle. Bei den Impedanzen wirken sich im Inselnetz auch gering erscheinende Anteile wie die von Klemmstellen und von im Kurzschlussweg liegenden Messgeräten auf den Kurzschlussstrom mindernd aus.

Für die nachfolgenden Untersuchungen wurde das in Abb. 9.34 dargestellte Beispielnetz zugrunde gelegt. Als Unterschied zu dem Netz in Abb. 9.28 wurde die allgemeine

Abb. 9.34 Beispielnetz zur Untersuchung von Kurzschlüssen

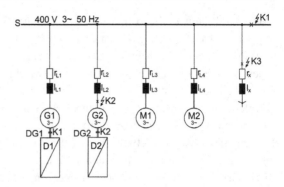

Netzbelastung entsprechend der Nennlast eines Dieselgenerators je zur Hälfte aufgeteilt in einen zusätzlichen 300-kW-Ersatzmotor M2 und eine ohmsch-induktive Restlast mit gleichem Nennleistungsfaktor $\cos\varphi_N = 0{,}8$. Für den Ersatzmotor wurden etwas vergrößerte Werte für die Zuleitungsimpedanzen, den Ständerwiderstand und den Schlupf sowie eine kleinere elektromechanische Zeitkonstante T_m gewählt, um dadurch größere Leitungslängen und die Eigenheiten kleinerer Maschinen zu berücksichtigen. Die Daten von Motor M2 und der Restlast sind im Abschn. 11.2 (Anhang B) zusammengefasst. Durch die Aufteilung der ursprünglichen ohmsch-induktiven Netzbelastung in einen Ersatzmotor M2 und eine ohmsch-induktive Restlast ändern sich die Belastungsbedingungen im Normalbetrieb für die Dieselgeneratoren DG1 und DG2 nicht. Über die Sammelschienen wird außerdem der 250-kW-Pumpenmotor M aus Abschn. 9.6, jetzt als M1 bezeichnet, versorgt.

Zuerst wird ein dreipoliger Sammelschienen-Kurzschluss, in Abb. 9.34 gekennzeichnet mit K1, betrachtet (Abb. 9.35). Der Kurzschluss wurde bei $t = 0{,}04\,\mathrm{s}$ eingeleitet. Abb. 9.35a zeigt die Zeitverläufe der Sammelschienen-Spannung u_S, des Kurzschlussstromes i_k, des Kupplungsmomentes von DG1 m_{K1} sowie die der Drehzahlen von Generator G1 n_{H1}, 250-kW-Motor M1 n_{M1} und 300-kW-Ersatzmotor M2 n_{M2}. Die Zeitverläufe des Kurzschlussstromes i_k, der Kurzschluss-Strangströme $i_{a,k}$, $i_{b,k}$ und $i_{c,k}$, des Generatorstromes i_{H1}, der Motorströme i_{M1} und i_{M2} sowie des Restlaststromes i_x sind in Abb. 9.39b dargestellt. Für den Kurzschlussstrom i_k und den Strom der Restlast i_x gilt der Bezugsstrom I_0 der Generatoren mit einem Nennstrom von $I_N = 1{,}083\,\mathrm{kA}$.

Der Kurzschlussstrom erreicht 8,5 ms nach Kurzschlusseintritt seinen Maximalwert mit $i_{k,\mathrm{max}} = 32{,}3$ p.u. entsprechend 49,5 kA, durchläuft bei $t = 0{,}1\,\mathrm{s}$ ein transientes Minimum mit $i_{k,\mathrm{min}} = 5{,}4$ p.u. und strebt dann dem durch die beiden Dieselgeneratoren DG1 und DG2 bestimmten Dauerkurzschlussstrom $i_k = 9{,}5$ p.u. zu. Die Kupplungen der Dieselgeneratoren werden mit einer Drehmomentspitze von $m_{K1,\mathrm{max}} = -1{,}445$ p.u. belastet. Der Anteil der motorischen Antriebe am Kurzschlussstrom i_k ist zwar am Maximalwert deutlich, fällt dann aber schnell ab (Abb. 9.35b). Im Gegensatz zu den Zeitverläufen der Kurzschluss-Strangströme $i_{a,k}(t)$, $i_{b,k}(t)$ und $i_{c,k}(t)$ ist der Verlauf des Kurzschlussstrom-Betrages $i_k(t)$ nicht vom Schaltaugenblick abhängig.

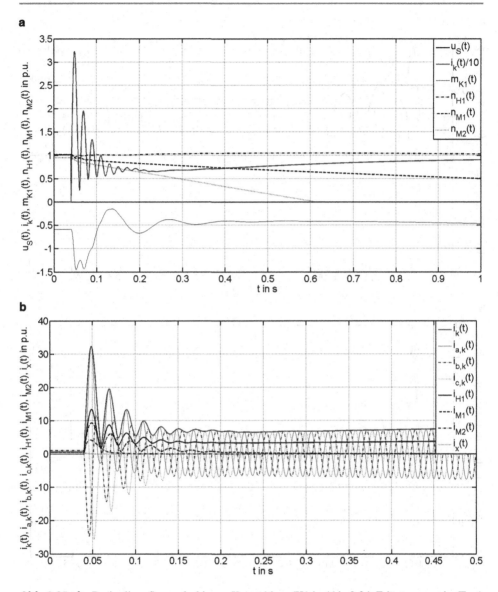

Abb. 9.35a,b Dreipoliger Sammelschienen-Kurzschluss (K1 in Abb. 9.34; Erläuterungen im Text)

Abbildung 9.36 zeigt die Simulationsergebnisse für einen dreipoligen Klemmenkurzschluss am vorbelasteten Generator G2, Kurzschlussstelle K2 in Abb. 9.34. Dieser Fall unterscheidet sich vom vorhergehenden dadurch, dass der Generator G2 nun direkt von der einen Seite, die anderen Quellen (Generator G1, Motoren M1 und M2, Restlast) aber über die Zuleitungsimpedanzen des Generators G2 (Generatorschalter, Klemmverbindungen, Kabelverbindung usw.) von der anderen Seite in die Kurzschlussstelle einspeisen. Für

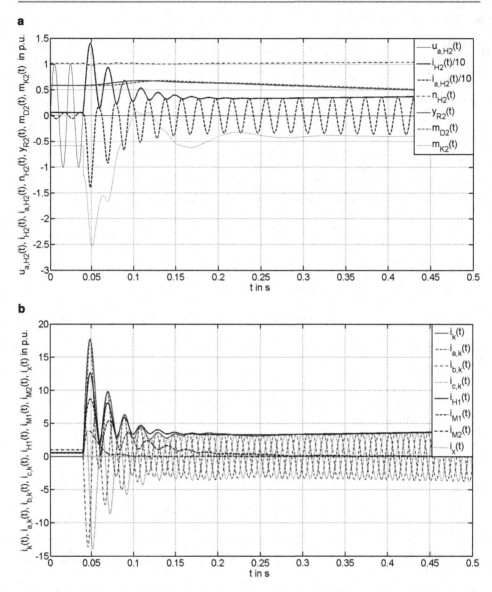

Abb. 9.36a,b Klemmenkurzschluss am Generator G2 (K2 in Abb. 9.34; Erläuterungen im Text)

Generator G2 ist ein solcher Klemmenkurzschluss kritisch, weil zwar der über die Sammelschienen fließende Kurzschlussstrom i_k durch die in den Kurzschlusswegen liegenden Schaltgeräte abgeschaltet werden kann, für seinen nun als Kurzschlussstrom wirkender Ankerstrom i_{H2} zwischen Ankerwicklung und Kurzschlussstelle jedoch normalerweise kein Schaltgerät vorhanden ist. Dargestellt sind in Abb. 9.36a vom Hauptgenerator des Dieselgenerators DG2 die Strangspannung $u_{a,H2}$, der Ankerstrom i_{H2}, der Strangstrom

$i_{a,H2}$ und die Drehzahl n_{H1} sowie der Regelstangenweg y_{R2}, das Nutzmoment m_{D2} und das Kupplungsmoment m_{K2}, in Abb. 9.36b die gleichen Zeitverläufe wie in Abb. 9.35b.

Der Anker-Kurzschlussstrom i_{H2} des Generators G2 ist mit $i_{H2,max} = 14$ p.u. wegen der fehlenden Zuleitungsimpedanz bis zu den Sammelschienen nur geringfügig größer als beim Sammelschienen-Kurzschluss K1 ($i_{H1,max} = i_{H2,max} = 13{,}4$ p.u.), während das Kupplungsmoment mit $m_{K2,max} = 2{,}54$ p.u. einen deutlich höheren negativen Extremwert erreicht (Abb. 9.36a). Der über die Sammelschienen in die Kurzschlussstelle K2 fließende Kurzschlussstrom ist mit $i_{k,max} = 17{,}8$ p.u. wesentlich kleiner, da der Beitrag von Generator G2 fehlt und außerdem die Zuleitungsimpedanz von Generator G2 zusätzlich in diesem Kurzschlussweg liegt (Abb. 9.36b).

Simulationsergebnisse von Doppelerdschlüssen an der Fehlerstelle K3 (Abb. 9.34) sind in Abb. 9.37, 9.38 und 9.39 wiedergegeben. Beim Doppelerdschluss und beim zweipoligen Kurzschluss ist zu unterscheiden, ob die Kurzschlussstelle und die Quellen-Sternpunkte voneinander isoliert oder niederohmig miteinander verbunden sind.

Die Simulationsergebnisse für einen zweipoligen Kurzschluss ohne Verbindung zu den Generatorsternpunkten zeigt Abb. 9.37. Dargestellt sind in Abb. 9.37a die Zeitverläufe der Sammelschienen-Strangspannung $u_{a,S}$, für Generator G1 von Kurzschluss-Strangstrom $i_{b,k}$, Kupplungsmoment m_{K1} und Generatordrehzahl n_{H1} sowie der Motordrehzahlen n_{M1} und n_{M2}, in Abb. 9.37b wie bisher die des Kurzschlussstromes i_k und der Kurzschluss-Strangströme $i_{a,k}$, $i_{b,k}$ und $i_{c,k}$, des Generatorstromes i_{H1}, der Motorströme i_{M1} und i_{M2} sowie des Restlaststromes i_x. Der Restlaststrom i_x ist kein Teil des über die Sammelschienen fließenden Kurzschlussstromes i_k, da die Kurzschlussstelle zwischen den Sammelschienen und der Restlast liegt. Da kein Nullstrom fließen kann, sind $i_{b,k}$ und $i_{c,k}$ exakt gegenphasig (Abb. 9.37b); im Strang a fließt kein Kurzschlussstrom. Die Spannung am nicht kurzgeschlossenen Strang a erreicht ein Maximum bei $u_{a,S,max} = 1{,}41$, sinkt dann aber schnell durch die eingreifende Spannungsregelung der Generatoren auf schließlich $u_{a,S} = 0{,}9$. Die Spannungen der Stränge b und c sind stets gleich groß und zusammen um eine geringe Nullspannung kleiner als die des Stranges a. Die Maximalwerte bei den Strömen und auch beim Kupplungsmoment liegen deutlich unter denen des dreipoligen Kurzschlusses.

Abbildung 9.38 zeigt die Simulationsergebnisse für einen Doppelerdschluss in einem Inselnetz mit geerdeten Generatorsternpunkten. Dargestellt sind die gleichen Zeitverläufe wie in Abb. 9.37.

Die Sammelschienenspannung im nicht kurzgeschlossenen Strang a sinkt bei Kurzschlusseintritt und steigt dann infolge der einsetzenden Spannungsregelung wieder an auf etwa $u_{a,S} = 0{,}63$ (Abb. 9.38a), in den kurzgeschlossenen Strängen b und c bleibt die Spannung null. Die auch hier gegenphasigen Ströme in den Kurzschlusssträngen b und c haben zwar höhere Maxima als beim zweipoligen Kurzschluss im isolierten Netz, bleiben aber deutlich unter den Maximalwerten des dreipoligen Kurzschlusses (Abb. 9.38b). Das Kupplungsmoment erreicht mit $m_{K1,min} = 1{,}34$ einen um etwa 50 % niedrigeren negativen Extremwert als beim isolierten Netz. Insgesamt ist die Belastung für die Dieselgeneratoren beim Doppelerdschluss größer als beim zweipoligen Kurzschluss ohne Nullstrom.

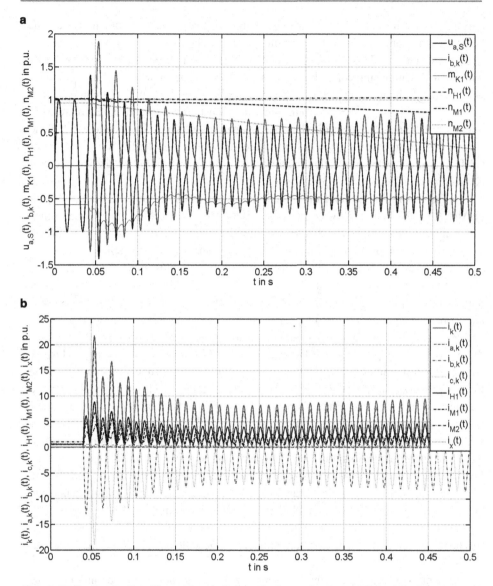

Abb. 9.37a,b Zweipoliger Kurzschluss bei einem isolierten Inselnetz (K3 in Abb. 9.34; Erläuertungen im Text)

Abschließend soll gezeigt werden, wie sich im geerdeten Inselnetz der Übergang vom Doppelerdschluss zum dreipoligen Kurzschluss mit Erdberührung ausbildet. Dafür wurde 10 ms nach Eintritt des Doppelerdschlusses die Netzimpedanz auch im Strang a auf null gesetzt, wodurch auch die Spannung im Strang a verschwindet (Abb. 9.39a). Zwar steigen der Kurzschlussstrombetrag i_k und die Amplituden der Kurzschluss-Strangströ-

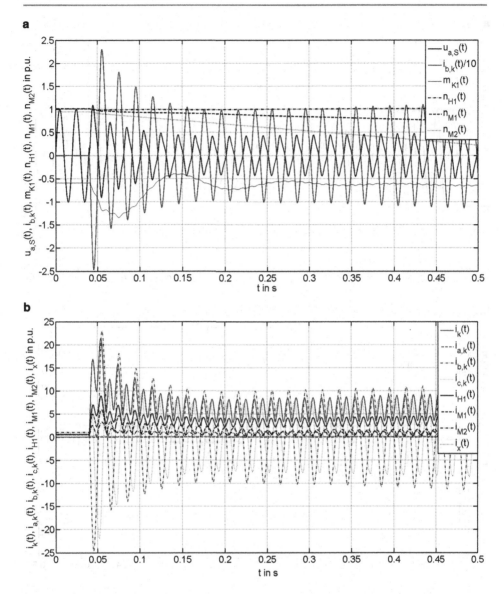

Abb. 9.38a,b Doppelerdschluss bei einem geerdeten Inselnetz (K3 in Abb. 9.34; Erläuterungen im Text)

me nun noch etwas an (Abb. 9.39b), erreichen aber bei Weitem nicht mehr die Höhe der Werte beim direkt eingeleiteten dreipoligen Kurzschluss nach Abb. 9.35. Da sich die meisten dreipoligen Kurzschlüsse wohl aus einem zweipoligen Kurzschluss oder Doppelerdschluss entwickeln, kann man schlussfolgern, dass die für den direkt eingeleiteten dreipoligen Kurzschluss ermittelten Extremwerte in der Praxis nur selten erreicht werden.

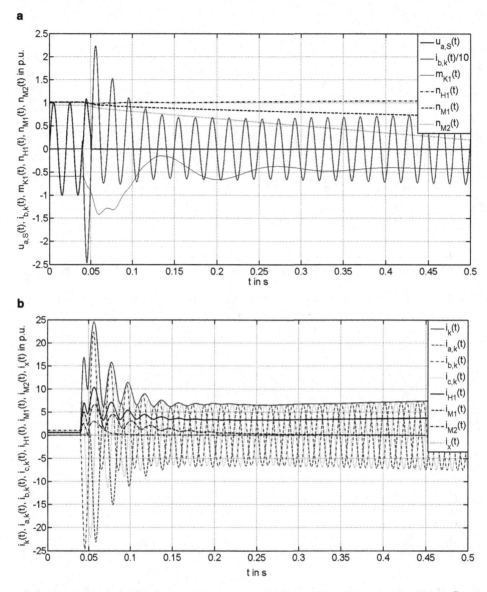

Abb. 9.39a,b Doppelerdschluss bei einem geerdeten Inselnetz (K3 in Abb. 9.34), nach 10 ms Übergang in den dreipoligen Kurzschluss (Erläuterungen im Text)

Literatur

1. Kosack, H.-J., Wangerin, W.: Elektrotechnik auf Handelsschiffen, 2. Aufl. Springer, Berlin u. a. (1964)
2. Germanischer, L.: Bauvorschriften & Richtlinien. I – Schiffstechnik, Teil I – Seeschiffe. Germanischer Lloyd SE, Hamburg (2012). Ausg. 2012

Anhang A: Antriebs- und Arbeitsmaschinen 10

Zusammenfassung

Um Läuferdrehzahl und -drehwinkel einer Drehstrommaschine berechnen zu können, werden alle am Läufer angreifenden Drehmomente benötigt. Dazu gehört insbesondere das bei der aktuellen Drehzahl über die Kupplung eingeleitete Drehmoment der Antriebs- bzw. Arbeitsmaschine.

Als Antriebsmaschinen kommen häufig aufgeladene Dieselmotoren sowie Dampf-, Gas- und auch Windturbinen zum Einsatz, für welche einfache Modelle angegeben werden. Für die Drehzahlregelung sind PI- oder PID-Strukturen geeignet.

Arbeitsmaschinen lassen sich durch typische n-m-Kennlinien charakterisieren. Einfache Modelle für elastisch-dämpfende und schaltbare Wellenkupplungen erlauben die Nachbildung auch komplexer Antriebssysteme.

10.1 Dieselmotor mit Drehzahlregler

10.1.1 Drehmomententwicklung im Dieselmotor

Als Antriebsmaschine für Generatoren kommen bei Notstromanlagen, auf Schiffen und Offshore-Plattformen und auch bei der separaten Elektroenergieversorgung abgelegener Gebiete vorzugsweise Dieselmotoren zum Einsatz. Da im Hinblick auf den angetriebenen Generator lediglich das Drehmoment, das im betrachteten Betriebszustand oder Übergangsvorgang bei einer bestimmten Drehzahl auf den Generatorläufer übertragen wird, von Interesse ist, genügt ein stark vereinfachtes, summarisch wirkendes Dieselmotor-Modell. Inbetriebnahme- und Hochfahrvorgänge werden von der Betrachtung ausgeschlossen, und auch auf die detaillierte Nachbildung der im Innern ablaufenden Masseströme und thermodynamischen Vorgänge sowie Bauteilbelastungen wird ausdrücklich verzich-

© Springer Fachmedien Wiesbaden 2015

H. Mrugowsky, *Drehstrommaschinen im Inselbetrieb*, DOI 10.1007/978-3-658-08990-0_10

tet. Eine genauere Modellierung des Dieselmotorverhaltens ist sehr aufwändig [1] und für Untersuchungen zu den Vorgängen im Elektroenergiesystem nicht erforderlich.

Der Dieselmotor wird hier als kontinuierlich arbeitende Maschine angesehen, bei der proportional zur je Arbeitstakt vollständig verbrannten Kraftstoffmenge B_v ein mittleres inneres oder indiziertes Drehmoment M_i entsteht. Benötigt wird dafür unter idealen Verhältnissen die stöchiometrische Verbrennungsluftmenge L_{th}. Wegen der nicht idealen Gemischbildung erfordert die rauchfreie Verbrennung von B_v jedoch stets eine größere Mindestluftmenge

$$L_{min} = \lambda_{min} L_{th} \quad \text{mit} \quad \lambda_{min} > 1, \tag{10.1}$$

wobei das Mindestluftverhältnis λ_{min} unter anderem von der Brennraumgestaltung, der Art der Kraftstoff- und Luftzuführung, der zugeführten Kraftstoff- und Luftmenge sowie der Brennraum- und der Wandflächentemperatur abhängig ist. Trotzdem soll hier vereinfachend für eine konkrete Maschine ein vom Betriebszustand unabhängiges, konstantes Mindestluftverhältnis λ_{min} angenommen werden. Im normalen Betrieb arbeiten alle Dieselmotoren mit einem deutlichen Luftüberschuss, also mit einem Luftverhältnis

$$\lambda > \lambda_{min} > 1. \tag{10.2}$$

Um die Parametrierung und Verallgemeinerung der Ergebnisse zu erleichtern, wird auf bezogene Größen übergegangen. Als Bezugsgrößen werden für alle Kraftstoffmengen die bei Nennbetrieb je Arbeitstakt erforderliche Kraftstoffmenge B_N abzüglich der bereits bei Leerlauf zur Deckung der Leerlaufverluste benötigten Kraftstoffmenge B_0 und für alle Luftmengen die für deren rußfreie Verbrennung unter realen Bedingungen erforderliche Mindestluftmengendifferenz gewählt. Für bezogene Kraftstoffmengen gilt also

$$b = \frac{B}{B_N - B_0} \tag{10.3}$$

und für bezogene Luftmengen analog

$$l = \frac{L}{\lambda_{min}(L_{th,N} - L_{th,0})}. \tag{10.4}$$

Die dem Brennraum je Arbeitstakt zugeführte, für die rußfreie Verbrennung verfügbare bezogene Frischluftmenge wird mit l_z bezeichnet. Sie wird bei Saugmotoren unter Berücksichtigung von λ_{min} weitgehend durch die Brennraumgröße bestimmt

$$l_z = l_S \tag{10.5}$$

und als konstant angenommen, so dass für eine rauchfreie Verbrennung nur eine begrenzte Kraftstoffmenge zugeführt werden darf. Um bei einem Motor mit gegebenem Brennraum bei gleicher Drehzahl eine Leistungssteigerung zu erreichen, muss nicht nur mehr

Abb. 10.1 Kennlinien eines
Dieselmotors mit Abgastur-
boaufladung im stationären
Betrieb

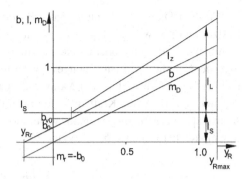

Kraftstoff eingespritzt, sondern auch mehr Frischluft $l_z > l_S$ zugeführt werden, um den ein-gespritzten Kraftstoff vollständig verbrennen zu können. Deshalb wird bei aufgeladenen Dieselmotoren dem Brennraum verdichtete Luft zugeleitet. Weitgehend durchgesetzt hat sich bei größeren Dieselmotoren dafür die Abgasturboaufladung (ATL). Der Verdichter wird dabei von einer Abgasturbine angetrieben, so dass die Verdichterleistung und da-mit die zusätzlich geförderte, für die rußfreie Verbrennung nutzbare bezogene Luftmenge l_L mit dem Abgasangebot, also der je Zeiteinheit verbrannten Kraftstoffmenge, ansteigen. Als Maß für die Förderfähigkeit des Abgasturboladers wird eine fiktive Laderzustandsgrö-ße p_L eingeführt, die näherungsweise dem durch den Verdichter aufgebauten Überdruck entspricht und infolge der Trägheit des Turboladers der je Arbeitstakt verbrannten Kraft-stoffmenge b_v nach

$$\frac{\mathrm{d}p_L}{\mathrm{d}t} = \begin{cases} -\frac{p_L}{T_L} & \text{für } b_v \leq b_{v0}, \\ \frac{1}{T_L}(b_v - b_{v0} - p_L) & \text{für } b_v > b_{v0} \end{cases} \tag{10.6}$$

mit der ATL-Zeitkonstante T_L zeitverzögert folgt. b_{v0} bedeutet darin den Turbolader-Ein-satzpunkt. Die vom Turbolader durch die Verdichtung zusätzlich geförderte Luftmenge l_L wird der Laderzustandsgröße proportional angesetzt

$$l_L = a_L p_L. \tag{10.7}$$

Damit setzt sich die dem Brennraum insgesamt zugeführte Frischluftmenge l_z aus der dem Brennraumvolumen proportionalen Luftmenge des Saugbetriebes l_S und der infolge der Druckerhöhung gegenüber dem Saugbetrieb zusätzlichen Luftmenge l_L zusammen, so dass im stationären Betrieb je Arbeitstakt die Frischluftmenge

$$l_z = l_S + l_L \tag{10.8}$$

zur Verfügung steht (Abb. 10.1).

Wird ein Dieselmotor mit Abgasturboaufladung und $l_S < 1$ aus einem sehr niederen Lastzustand mit wenig Abgasangebot und daher $l_L = 0$ plötzlich mit seinem gegenüber dem Saugzustand vergrößerten Nennmoment belastet, steht die zur rauchfreien Verbrennung der Nennlast-Kraftstoffmenge $b_N = 1$ erforderliche Luftmenge $l_z \geq 1$ möglicherweise nicht sofort zur Verfügung, der Motor rußt. Unter der Annahme, dass weder für $\lambda < \lambda_{min}$ der nicht verbrennende Kraftstoffanteil noch für $\lambda > \lambda_{min}$ der dann vorhandene Luftüberschuss den Verbrennungsvorgang wesentlich beeinträchtigen, folgt die tatsächlich verbrannte Kraftstoffmenge b_v dann zu

$$b_v = \begin{cases} b & \text{für } b \leq l_z, \\ l_z & \text{für } b > l_z. \end{cases} \tag{10.9}$$

Das mittlere innere oder indizierte Drehmoment des Dieselmotors wird nun der je Arbeitstakt verbrannten Kraftstoffmenge gleichgesetzt

$$m_i = b_v. \tag{10.10}$$

Diesem über einen Zyklus gemittelten inneren Drehmoment sind beim realen Dieselmotor als Folge seiner diskontinuierlichen Arbeitsweise und seiner oszillierenden Massen (Kolben, Pleuel) Drehmoment-Harmonische aufgeprägt, die im Antriebssystem Drehschwingungen anregen können. Abbildung 10.2 zeigt für einen 8-Zylinder-Dieselmotor die nach [2] berechneten Drehmoment-Zeitverläufe für einen Zylinder $m_{i,1}$, für alle acht Zylinder $m_{i,1-8}$ und für den Mittelwert m_i.

Abb. 10.2 Inneres Drehmoment eines 8-Zylinder-Dieselmotors, aufgetragen über dem Kurbelwinkel KW (berechnet nach [2])

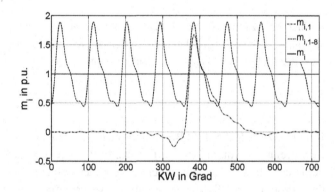

Ihre Frequenzen, Amplituden und Phasenbeziehungen sind drehzahl- und belastungsabhängig und mit vertretbarem Aufwand einer allgemeinen Simulation schwer zugängig. Für quasistationäre Lastfälle lassen sich jedoch die wichtigsten Harmonischen mit der Ordnung k, der für Nennlast ermittelten bezogenen Drehmomentamplitude d_k, dem Drehwinkel ϑ_D und der Phasenlage ϑ_k aus dem Tangentialkraftdiagramm des Dieselmotors ermitteln und dann etwa in der Form

$$m_H = m_i \sum d_k \sin(k\vartheta_D + \vartheta_k) \tag{10.11}$$

dem mittleren inneren Drehmoment überlagern. Unter Berücksichtigung des inneren Reibmomentes

$$m_r = -b_0 \tag{10.12}$$

folgt für das Dieselmotor-Nutzdrehmoment damit

$$m_D = m_i + m_H + m_r. \tag{10.13}$$

Die Kurbelwelle und alle mit ihr bewegten Massen des Dieselmotors werden durch eine Ersatzdrehmasse mit dem Massenträgheitsmoment J_D charakterisiert; an ihr greifen das Nutzdrehmoment m_D und das Kupplungsmoment m_K an. Als Bewegungsgleichung erhält man

$$T_{J,D} \frac{d\omega_D}{dt} = m_D + m_K \quad \text{mit} \quad T_{J,D} = \frac{\Omega_{D,N}^2}{P_{D,N}} J_D \tag{10.14}$$

und für den Drehwinkel

$$\frac{d\vartheta_D}{dt} = \Omega_{D,N}\omega_D. \tag{10.15}$$

Als Maß für die je Arbeitstakt eingespritzte Kraftstoffmenge b dient die Stellung der Regelstange y_R; ihr wird bei Leerlauf der Wert $y_{R0} = 0$ und bei Nennbelastung $y_{RN} = 1$ zugeordnet. Unter Berücksichtigung der zur Deckung der Leerlaufverluste erforderlichen Kraftstoffmenge b_0 gilt für den stationären Betrieb dann

$$y_R = b - b_0 \tag{10.16}$$

und für den Stoppanschlag ($b = 0$)

$$y_{Rr} = -b_0. \tag{10.17}$$

Im dynamischen Betrieb tritt zwischen der Stellung der Regelstange y_R und der entsprechend veränderten Kraftstoffmenge im Dieselmotor als Folge von Spiel im Einspritzmechanismus sowie der diskontinuierlichen Einspritzung und dem Ablauf der Verbrennung eine Verzögerung auf, die durch eine Ersatztotzeit T_t berücksichtigt wird:

$$b(t) = y_R(t - T_t) - y_{Rr}. \tag{10.18}$$

Abb. 10.3 Blockschaltbild des
Dieselmotors mit Abgasturboaufladung

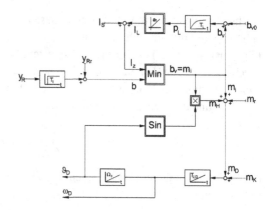

Das Spiel wird durch konstruktive Maßnahmen möglichst klein gehalten und ist daher
meist vernachlässigbar. Die verbleibende, aus der diskontinuierlichen Arbeitsweise resultierende Verzögerung besteht aus zwei Anteilen:

$$T_t = T_{t1} + T_{t2}. \tag{10.19}$$

Die zeitliche Unbestimmtheit der nächsten Einwirkungsmöglichkeit auf die einzuspritzen-
de Kraftstoffmenge (Förderende der Einspritzpumpe bzw. Schließen des Injektors) lässt
sich berücksichtigen durch den Anteil

$$T_{t1} = (0 \text{ bis } 1) \frac{k}{2zn} \tag{10.20}$$

mit der Kennung $k = 2$ für Zweitakt- und $k = 4$ für Viertakt-Dieselmotoren, der Zylinder-
zahl z und der sekundlichen Kurbelwellendrehzahl n. Mit dem zweiten Anteil

$$T_{t2} = \frac{0{,}3 \text{ bis } 0{,}5}{2n} \tag{10.21}$$

wird die Laufzeit der Druckwelle in der Einspritzleitung, die Einspritzverzögerung, der
Zündverzug und der Brennverlauf erfasst [3, 4]. Wegen der Unsicherheit des stochasti-
schen Anteils T_{t1} erübrigt sich eine hohe Genauigkeit bei der Bestimmung der Ersatztotzeit T_t, so dass im Nenndrehzahlbereich mit einem konstanten, mittleren T_t-Wert bei
$n = n_N$ gerechnet werden kann. In Abb. 10.3 ist das Blockschaltbild des so dargestellten
Dieselmotors mit Abgasturboaufladung dargestellt.

10.1.2   Drehzahlregelung

Dieselmotoren, die einen Generator antreiben, benötigen eine Drehzahlregelung, um die
Drehzahl und damit die Frequenz des Generators auch bei schnell wechselnder Belastung

Abb. 10.4 Blockschaltbild
eines hydraulisch verstärkten
Drehzahlreglers

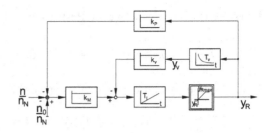

in engen Grenzen zu halten. Diese Aufgabe erfüllt heute vielfach ein sehr komplexes, digitales Managementsystem, das eine Vielzahl von Betriebsgrößen überwacht und nicht nur die Drehzahlregelung übernimmt, sondern auch die Arbeitsweise von Dieselmotor und Aufladesystem im Hinblick auf einen geringen Kraftstoffverbrauch, geringe Schadstoffemissionen und niedere Bauteilbelastungen beeinflusst [1]. Die Nachbildung eines solchen Motormanagementsystems ist im vorliegenden Fall sowohl wegen des erforderlichen Aufwandes und der dafür benötigten Eingabedaten als auch wegen der extremen Vereinfachungen beim verwendeten Motormodell nicht sinnvoll, denn hier interessiert lediglich die Funktion der Drehzahlregelung. Deshalb wird nachfolgend eine analoge Drehzahlregelung zugrunde gelegt. Regelgröße ist die Kurbelwellendrehzahl n, während als Stellgröße der Regelstangenweg y_R angesehen wird. Betrachtet werden dabei die bei Dieselmotoren und Gasturbinen für die Stromerzeugung bewährten hydraulisch verstärkten mechanischen Drehzahlregler. Solche Drehzahlregler [5] besitzen im Allgemeinen ein federbelastetes Fliehkraftpendel-Messwerk, ein hydraulisch verstärktes Steuerungssystem sowie einen Servomotor-Arbeitskolben, der direkt auf die Regelstange der zentralen Einspritzpumpe wirkt. Eine starre und eine nachgebende Rückführung sorgen für die Stabilität des Reglers. Abbildung 10.4 zeigt das Blockschaltbild eines solchen hydraulisch verstärkten Drehzahlreglers.

Neben der Regelstangenbegrenzungen y_{Rmax} sind die Leerlaufdrehzahl n_0 und der Proportionalitätsgrad k_P

$$k_P = \frac{n_0 - n_N}{n_N} \qquad (10.22)$$

sowie bei der Inbetriebnahme für die nachgebende Rückführung die Zeitkonstante T_v und die Verstärkung k_v einstellbar, während der Messwerkübertragungsfaktor k_M und die Zeitkonstante des Servomotors T_I nur durch Auswechseln bestimmter Teile des Messwerks bzw. des Servomotors variiert werden können [6]. Die untere Begrenzung des Servomotors und damit auch der Regelstange ist durch den Stoppanschlag y_{Rr} gegeben.

Mit der Regelabweichung

$$x = \frac{n_0 - n}{n_N} \qquad (10.23)$$

erhält man bei Vernachlässigung der Coulombschen Reibung und der geringen Verzögerung im Drehzahlmesswerk ohne Berücksichtigung der Begrenzungen für die Stellung des Servomotor-Arbeitskolbens und der Regelstange y_R sowie die Auslenkung y_v des Rückführkolbens aus der Ruhelage die Bestimmungsgleichungen

$$T_\mathrm{I}\frac{\mathrm{d}y_\mathrm{R}}{\mathrm{d}t} = k_\mathrm{M}(x - k_\mathrm{P}y_\mathrm{R}) - k_\mathrm{v}y_\mathrm{v} \quad \text{und} \quad T_\mathrm{v}\frac{\mathrm{d}y_\mathrm{R}}{\mathrm{d}t} = T_\mathrm{v}\frac{\mathrm{d}y_\mathrm{v}}{\mathrm{d}t} + y_\mathrm{v}. \tag{10.24}$$

Durch Addition der differenzierten ersten Gleichung und Einführung der Abkürzungen

$$T_1 = T_\mathrm{I} + T_\mathrm{v}(k_\mathrm{M}k_\mathrm{P} + k_\mathrm{v}) \quad \text{und} \quad T_2^2 = T_\mathrm{I}T_\mathrm{v} \tag{10.25}$$

ergibt sich daraus die allgemeine Reglergleichung [5, 6]

$$T_2^2\frac{\mathrm{d}^2y_\mathrm{R}}{\mathrm{d}t^2} + T_1\frac{\mathrm{d}y_\mathrm{R}}{\mathrm{d}t} + k_\mathrm{M}k_\mathrm{P}y_\mathrm{R} = k_\mathrm{M}\left(x + T_\mathrm{v}\frac{\mathrm{d}x}{\mathrm{d}t}\right), \tag{10.26}$$

die auch für Drehzahlregler ohne Hilfsenergie verwendet werden kann. Für elektronische PID-Drehzahlregler [7] mit den Parametern k_PR, T_I, T_D und starrer k_P-Rückführung erhält man zum Vergleich mit den Abkürzungen

$$T_1 = T_\mathrm{I}(1 + k_\mathrm{M}k_\mathrm{P}k_\mathrm{PR}) \quad \text{und} \quad T_2^2 = k_\mathrm{M}k_\mathrm{P}k_\mathrm{PR}T_\mathrm{I}T_\mathrm{D} \tag{10.27}$$

die Reglergleichung

$$T_2^2\frac{\mathrm{d}^2y_\mathrm{R}}{\mathrm{d}t^2} + T_1\frac{\mathrm{d}y_\mathrm{R}}{\mathrm{d}t} + k_\mathrm{M}k_\mathrm{P}k_\mathrm{PR}y_\mathrm{R} = k_\mathrm{M}k_\mathrm{PR}\left(x + T_\mathrm{I}\frac{\mathrm{d}x}{\mathrm{d}t} + T_\mathrm{I}T_\mathrm{D}\frac{\mathrm{d}^2x}{\mathrm{d}t^2}\right) \tag{10.28}$$

mit einem zusätzlichen Term auf der rechten Seite.

Die vorstehenden Drehzahlregler-Ansätze können auch für die nachfolgenden Dampf- und Gasturbinen verwendet werden.

10.2 Dampf- und Gasturbinen

Neben Dieselmotoren kommen zur Versorgung von Bordnetzen und anderer Inselnetze, insbesondere für größere Leistungen, Dampf- und Gasturbinenanlagen zum Einsatz. Ihre genaue Nachbildung [8] erfordert einen großen Aufwand, ist aber für Kurzzeituntersuchungen des Drehzahl-Drehmoment-Verhaltens im Nenndrehzahlbereich meist nicht erforderlich. Hier genügen wie beim Dieselmotor stark vereinfachte Modelle. Anfahrvorgänge lassen sich damit dann natürlich nicht untersuchen.

Abbildung 10.5 zeigt das Prinzipschaltbild einer Dampfturbinenanlage mit dreistufiger Turbine, Zwischenüberhitzung und Regenerativvorwärmung [8]. Der Druck im Dampfkessel p_K wird als konstant angenommen. Aus dem Dampfkessel DK strömt der Dampf nach dem Überhitzer Ü durch das Steuerventil V in die Hochdruckturbine (HD), von dort über einen Zwischenüberhitzer ZÜ in die Mittel- (MD) und schließlich in die Niederdruckturbine (ND). Vom Kondensator K wird das Kondensat über Pumpen P und

Abb. 10.5 Prinzipschema eines Dampfkraftwerkes mit dreistufiger Turbine. (Nach [8])

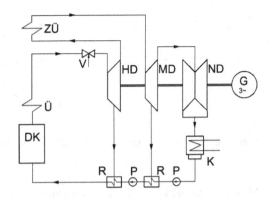

Regenerativvorwärmer R wieder dem Kessel zugeführt. Das Ventil V hat dabei die Funktion des Stellgliedes für die Drehzahl- und Leistungsregelung.

Im stationären Zustand wird die Turbinenleistung P dem der Turbine zugeführten Dampf-Massestrom, also der je Zeiteinheit zugeführten Dampfmenge proportional angesetzt [8]; sie ergibt sich mit dem Proportionalitätsfaktor k_{DK} aus dem als konstant angesehenen Druck im Dampfkessel p_{DK} und der vom Drehzahlregler bestimmten Ventilstellung y_R:

$$P_{DT} = y_R k_{DK} p_{DK}. \qquad (10.29)$$

Bei einer dreistufigen Turbinenanlage setzt sich die Gesamtleistung P_{DT} aus den Anteilen P_{HD}, P_{MD} und P_{ND} der HD-, der MD- und der ND-Turbine zusammen, es gilt also

$$P_{HD} = k_{HD} P_{DT}, \quad P_{MD} = k_{MD} P_{DT}, \quad P_{ND} = k_{ND} P_{DT} \quad \text{mit} \quad k_{HD} + k_{MD} + k_{ND} = 1. \qquad (10.30)$$

Zur Vereinfachung der Parametrierung werden die Teilleistungen auf die Nennleistung bezogen und der Ventilstellung im Bemessungspunkt der Wert $y_R = 1$ zugewiesen; damit erhält man für die Turbinenanlage im stationären Betrieb die Per-Unit-Beziehung

$$p_{DT} = p_{HD} + p_{MD} + p_{ND} = y_R. \qquad (10.31)$$

Im dynamischen Betrieb sind noch das Speichervermögen der Rohrleitungen und des Zwischenüberhitzers zu berücksichtigen. Für die Teilleistungen der Turbinenanlage nach Abb. 10.5 ergeben sich damit die Zustandsgleichungen

$$T_1 \frac{dp_{HD}}{dt} = k_{HD} y_R - p_{HD},$$

$$T_2 \frac{dp_{MD}}{dt} = \frac{k_{MD}}{k_{HD}} p_{HD} - p_{MD}, \qquad (10.32)$$

$$T_3 \frac{dp_{ND}}{dt} = \frac{k_{ND}}{k_{MD}} p_{MD} - p_{ND}.$$

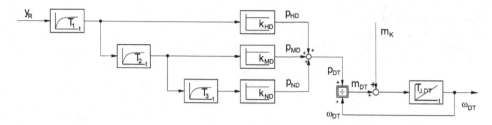

Abb. 10.6 Vereinfachtes Blockschaltbild einer dreistufigen Dampfturbine. (Nach [8])

Als Größenordnung für die Zeitkonstanten der Verzögerung zwischen Ventil V und HD-Turbine kann $T_1 = 0,3$ s, für die zwischen HD- und MD-Turbine mit dem Zwischenüberhitzer $T_2 = 10$ s und für die Rohrleitungen zwischen MD- und HD-Turbine $T_3 = 0,5$ s angesetzt werden [8].

Das Turbinendrehmoment ergibt sich aus der Gesamtleistung der Turbine zu

$$m_{DT} = \frac{p_{DT}}{\omega_{DT}}. \tag{10.33}$$

Der Turbinenläufer wird bis zur abtriebsseitigen Kupplung als starrer Körper angesehen und durch eine Drehmasse mit der mechanischen Zeitkonstante oder Anlaufzeit

$$T_{J,DT} = \frac{\Omega_{DT,N}^2}{P_{DT,N}} J_{DT} \tag{10.34}$$

charakterisiert; sie liegt in der Größenordnung von 10 Sekunden. Mit dem Kupplungsmoment m_K lauten die Bewegungsgleichungen des Turbinenläufers damit

$$T_{J,DT} \frac{d\omega_{DT}}{dt} = m_{DT} + m_K \quad \text{und} \quad \frac{d\vartheta_{DT}}{dt} = \Omega_{DT,N}\omega_{DT}. \tag{10.35}$$

Damit erhält man für die Turbinenanlage nach Abb. 10.5 einschließlich Drehmasse J_{DT} des gesamten Turbinenläufers bis zum Kupplungsflansch für den Nenndrehzahlbereich ein vereinfachtes Blockschaltbild entsprechend Abb. 10.6.

Bei Gasturbinen wird der Brennstoff in einer Brennkammer BK mit durch den Verdichter LV vorverdichteter Luft verbrannt und das energiereiche Verbrennungsgas der eigentlichen Turbine GT zugeleitet (Abb. 10.7a). Die Turbine entzieht dem Gas einen großen Anteil der Energie und wandelt sie in mechanische Energie um. Dieser Prozess lässt sich für Kurzzeituntersuchungen im Nenndrehzahlbereich ebenfalls vereinfacht durch ein PT$_1$-Glied nachbilden (Abb. 10.7b). Dabei wird die Turbinenleistung p_{GT} dem mit einer Zeitkonstante T_{GT} (Größenordnung etwa 2 s) verzögerten Brennstoff-Massestrom proportional angesetzt [8].

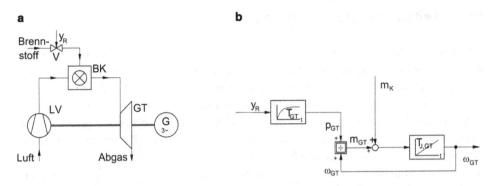

Abb. 10.7 Prinzipschema (**a**) und vereinfachtes Blockschaltbild (**b**) einer Gasturbinenanlage

Bezieht man wieder die aktuelle Turbinenleistung auf die Nennleistung und setzt im Bemessungspunkt die Steuerventilstellung $y_R = 1$, erhält man die Zustandsgleichung

$$T_{GT} \frac{dp_{GT}}{dt} = y_R - p_{GT}. \tag{10.36}$$

Analog zur Dampfturbine folgen das Turbinenmoment zu

$$m_{GT} = \frac{p_{GT}}{\omega_{GT}} \tag{10.37}$$

und mit der mechanischen Zeitkonstante

$$T_{J,GT} = \frac{\Omega_{GT,N}^2}{P_{GT,N}} J_{GT} \tag{10.38}$$

die Bewegungsgleichungen zu

$$T_{J,GT} \frac{d\omega_{GT}}{dt} = m_{GT} + m_K \quad \text{und} \quad \frac{d\vartheta_{GT}}{dt} = \Omega_{GT,N}\omega_{GT}. \tag{10.39}$$

Vielfach werden Gas- und Dampfturbinen auch in sogenannten GuD-Kraftwerken kombiniert, indem das noch energiereiche Abgas der Gasturbinen über einen Abhitzkessel geführt und so der Dampf für die Dampfturbinenanlage erzeugt wird. Dabei können die Gasturbine und die Dampfturbine gemeinsam auf einen Generator (Einwellenanlage) oder auf separate Generatoren (Zweiwellenanlage) arbeiten. Man erreicht dadurch eine Steigerung der elektrischen Leistung gegenüber dem reinen Gasturbinenbetrieb von etwa 50 %

Dampf- und Gasturbinen haben wie Dieselmotoren regelungstechnisch gesehen I-Verhalten, so dass für ihren stabilen Betrieb eine Drehzahl- bzw. Leistungsregeleinrichtung zwingend erforderlich ist. Zum Einsatz kommen dafür heute überwiegend digitale Überwachungs- und Regelungssysteme, geeignet sind aber auch für diese Anlagen hydraulisch verstärkte oder elektronische analoge Regler, wie sie in Abschn. 10.1.2 erläutert wurden.

10.3   Weitere Drehmoment-Ansätze

Antriebs- und Arbeitsmaschinen, die nicht detailliert nachgebildet werden sollen oder können, lassen sich vereinfacht durch eine separate Drehmasse und einer an dieser angreifenden charakteristischen Drehmomentabhängigkeit darstellen. Bei einer annähernd starren Verbindung mit einer anderen Drehmasse kann auch auf die separate Drehmasse verzichtet, ihr Massenträgheitsmoment der anderen Drehmasse zugeschlagen und ihre Drehmomentabhängigkeit an dieser angreifend unterstellt werden. Bei positiver Drehzahl ist ein antreibendes, die Drehmasse beschleunigendes Drehmoment positiv, ein bremsendes, also die Drehmasse verzögerndes Drehmoment negativ. Als Bezugsgrößen werden das Nennmoment und die Nennwinkelgeschwindigkeit am Antriebsflansch verwendet.

Für die Charakterisierung der nachzubildenden Antriebs- oder Arbeitsmaschine wird zweckmäßigerweise ein aus mehreren Termen zusammengesetzter Ansatz verwendet, wobei diese jeweils spezielle physikalische Vorgänge beschreiben (Abb. 10.8).

Mit dem Ansatz

$$m_{A0}(\omega_A) = a_0 + \left(a_1 + a_2|\omega_A| + a_3\omega_A^2\right)\operatorname{sign}(\omega_A) \tag{10.40}$$

lassen sich die Wirkung der Schwerkraft ($a_0 \neq 0$), trockene Reibung ($a_1 > 0$), viskose Reibung ($a_2 > 0$) sowie Gas- und Flüssigkeitsreibung ($a_3 > 0$) erfassen und durchziehende Lasten bei Hebezeugen, Aufzügen oder Förderanlagen, Lagerreibung, Propeller, Lüfter oder Kreiselpumpen im Nenndrehzahlbereich oft hinreichend genau charakterisieren. Durch Hinzunahme eines exponentiell von der Drehzahl abhängigen Terms ($a_4 < 0$, $a_5 < 0$)

$$m_{A0}(\omega_A) = a_0 + \left(a_1 + a_2|\omega_A| + a_3\omega_A^2 + a_4 e^{a_5|\omega_A|}\right)\operatorname{sign}(\omega_A) \tag{10.41}$$

kann bei niederen Drehzahlen ein Losbrechmoment berücksichtigt werden. Mit dem Ansatz Gl. 10.41 lassen sich vorteilhaft auch zeitabhängige Lasten sehr variabel nachbilden,

Abb. 10.8 Charakteristische Drehmomentabhängigkeiten. *a* durchziehende Lasten, Schwerkraft, *b* trockene Reibung mit Losbrechmoment, *c* viskose Reibung, *d* Gas- und Flüssigkeitsreibung

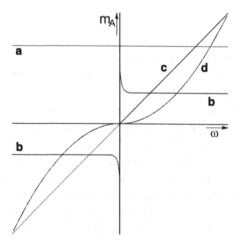

indem die Parameter a_0 bis a_5 zeitkontinuierlich nachgeführt oder zu bestimmten Zeitpunkten einfach nur umgeschaltet werden.

Periodisch-drehwinkelabhängige Vorgänge bei Kolbenpumpen können durch eine dem Drehmoment-Mittelwert aufgeprägte Summe von dominierenden Harmonischen berücksichtigt werden

$$m_A(\omega_A, \vartheta_A) = m_{A0} + \sum_\nu a_\nu \sin(k_\nu \vartheta_A + \vartheta_\nu) \quad \text{mit} \quad \nu = 6, \ldots, \tag{10.42}$$

während der Drehmomentverlauf einer Presse sich etwa in der Form

$$m_A(\omega_A, \vartheta_A) = m_{A0} + \begin{cases} 0 & \text{für } \sin(\vartheta_A + a_7) < 0, \\ a_6 \sin(\vartheta_A + a_7) & \text{für } \sin(\vartheta_A + a_7) \geq 0 \end{cases} \tag{10.43}$$

darstellen lässt; m_{A0} kann dabei wieder ein Term nach Gl. 10.41 sein.

Als Beispiel für eine komplexere Drehmoment-Abhängigkeit sei die Bildung des Antriebsmomentes einer Windkraftanlage dargestellt. Das Drehmoment einer frei laufenden Windturbine bei konstanter Anströmung kann im Betriebsdrehzahlbereich näherungsweise bereits durch den Ansatz Gl. 10.40 nachgebildet werden. Für eine kurzzeitige Änderung der Anströmung, z. B. infolge einer Windböe, eignet sich der zeitabhängige Cosinus-Ansatz

$$m_{A1} = \begin{cases} 0 & \text{für } t \leq a_5, \\ 0.5 a_4 \left[1 - \cos\left(2\pi \frac{t - a_5}{a_6 - a_5}\right)\right] & \text{für } a_5 < t < a_6, \\ 0 & \text{für } a_6 \leq t \end{cases} \tag{10.44}$$

mit der Amplitude a_4 und der Windböe-Dauer ($a_6 - a_5$).

Wenn sich bei Windturbinen die Flügel im unteren Bereich kurzzeitig dem Turm annähern, wird dadurch ihre Umströmung gestört. Dieser Turmvorstaueffekt (Luvläufer) bzw. Turmschatteneffekt (Leeläufer) lässt sich durch einen drehwinkelabhängigen Korrekturfaktor

$$k(\vartheta_A) = \begin{cases} 0 & \text{für } \left|\cos\left(a_9 \frac{\vartheta_A}{2}\right)\right| \geq \sin\left(\frac{a_8}{4}\right), \\ 0,5 a_7 \left[1 + \cos\left(\frac{4\pi \vartheta_A^*}{a_8}\right)\right] & \text{für } \left|\cos\left(a_9 \frac{\vartheta_A}{2}\right)\right| < \sin\left(\frac{a_8}{4}\right) \end{cases} \tag{10.45}$$

mit dem auf den Hauptwertebereich einer Pulsperiode modifizierten Drehwinkel

$$\vartheta_A^* = \left|\arcsin\left[\cos\left(a_9 \frac{\vartheta_A}{2}\right)\right]\right| \tag{10.46}$$

erfassen, so dass man dann für die Windturbine mit Turmvorstau bei einer Windböe ein drehzahl-, drehwinkel- und zeitabhängiges Arbeitsmaschinen-Drehmoment erhält:

$$m_A(\omega_A, \vartheta_A, t) = (m_{A0} + m_{A1}(t))(1 + k(\vartheta_A)). \tag{10.47}$$

Abb. 10.9 Drehmoment der Propellerturbine einer Windkraftanlage bei einer Windböe

Durch a_7 wird die relative Tiefe, durch a_8 ($< 2\pi$) die relative Dauer des Drehmomenteinbruchs und durch a_9 die Flügelanzahl festgelegt.

Abbildung 10.9 zeigt einen nach Gl. 10.47 berechneten Drehmomentverlauf der Propellerturbine einer Windkraftanlage mit einer kurzen Windböe und den Drehmomenteinbrüchen infolge des Turmvorstaueffektes. Durch die große Trägheit der Propellerturbine selbst und die Eigenschaften der Drehmoment-Übertragungselemente werden die Drehmomentschwankungen bis zum Generator zwar deutlich gedämpft, haben aber trotzdem noch zusätzliche Belastungen für die Drehmoment-Übertragungselemente und Drehzahlschwankungen des Generatorrotors zur Folge. Oft genügt es, für das Drehschwingungssystem von Windkraftanlagen mit Getriebe eine Reihenschaltung aus zwei oder drei elastisch gekoppelten Drehmassen zugrunde zu legen. Bei getriebelosen Windkraftanlagen ist die Propellerturbine dagegen starr mit dem Generatorrotor verbunden, so dass das Propellerdrehmoment dann direkt auf den Generatorläufer wirkt.

10.4   Drehmomentübertragung in Mehrmassen-Systemen

10.4.1   Das allgemeine Zweimassen-System

Zwei über ein Drehmoment-Übertragungselement verbundene Drehmassen mit den Massenträgheitsmomenten J_i und J_j stellen – auch innerhalb eines größeren mechanischen Systems – ein allgemeines Zweimassen-System (Abb. 10.10) dar. Das Drehmoment-Übertragungselement selbst wird als masselos angesehen, sein Massenträgheitsmoment ist, falls nicht vernachlässigbar, anteilig bei den benachbarten Drehmassen zu berücksichtigen. Die Drehmomentübertragung kann dabei form- oder kraftschlüssig erfolgen. Formschlüssige Wellenkupplungen können nicht oder nur bei gleicher Drehzahl beider Kupplungsseiten (Synchronismus) geschaltet werden, für Anlaufkupplungen und Bremsen kommen kraftschlüssige Wellenkupplungen zum Einsatz.

Für beide Drehmassen gelten im Normalfall die Nennwinkelgeschwindigkeit Ω_N und auch das Nenndrehmoment M_N einer der Drehmassen, etwa die der Drehmasse i, als einheitliche Bezugsgrößen. Zwischen den Drehmassen wird das auf M_N bezogene Kupplungsmoment m_K übertragen. Man erhält für das Zweimassen-System folgende Per-Unit-Beziehungen:

$$T_{J,i}\frac{d\omega_i}{dt} = m_{ii} + m_{ij} \quad \text{und} \quad \frac{d\vartheta_i}{dt} = \Omega_N\omega_i \quad \text{mit} \quad T_{J,i} = \frac{\Omega_N}{M_N}J_i, \tag{10.48}$$

$$T_{J,j}\frac{d\omega_j}{dt} = m_{jj} + m_{ji} \quad \text{und} \quad \frac{d\vartheta_j}{dt} = \Omega_N\omega_j \quad \text{mit} \quad T_{J,j} = \frac{\Omega_N}{M_N}J_j, \tag{10.49}$$

$$m_K = m_{ij} = -m_{ji}. \tag{10.50}$$

m_{ii} und m_{jj} kennzeichnen dabei die an den beiden Drehmassen angreifenden Drehmoment-Summen, jedoch ohne das zwischen ihnen übertragene Kupplungsmoment m_K.

Befindet sich zwischen der der Drehmasse i zugeordneten Kupplung und der Drehmasse j eine Getriebe-Übersetzung i_{ij}

$$i_{ij} = \frac{\Omega_{i,N}}{\Omega_{j,N}}, \tag{10.51}$$

werden für die Drehmasse j die Werte als Nenn- und Bezugsgrößen von Winkelgeschwindigkeit und Drehmoment verwendet, die sich bei Nennbedingungen für die Drehmasse i an der Drehmasse j einstellen:

$$\Omega_{j,N} = \frac{\Omega_{i,N}}{i_{ij}} \quad \text{und} \quad M_{j,N} = i_{ij}M_{i,N}. \tag{10.52}$$

Die Bewegungsgleichungen lauten nun

$$T_{J,i}\frac{d\omega_i}{dt} = m_{ii} + m_{ij} \quad \text{und} \quad \frac{d\vartheta_i}{dt} = \Omega_{i,N}\omega_i \quad \text{mit} \quad T_{J,i} = \frac{\Omega_{i,N}}{M_{i,N}}J_i, \tag{10.53}$$

$$T_{J,j}\frac{d\omega_j}{dt} = m_{jj} + m_{ji} \quad \text{und} \quad \frac{d\vartheta_j}{dt} = \Omega_{j,N}\omega_j \quad \text{mit} \quad T_{J,j} = \frac{\Omega_{j,N}}{M_{j,N}}J_j. \tag{10.54}$$

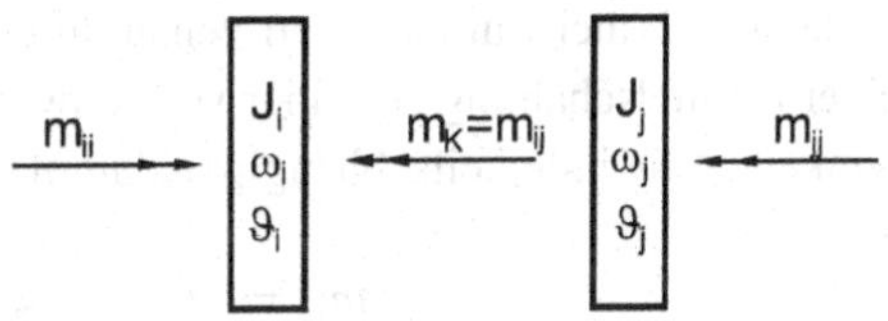

Abb. 10.10 Allgemeines Zweimassen-System

Durch diesen leistungsinvarianten Bezug wird das auf die jeweiligen Nennmomente bezogene Kupplungsmoment für beide Seiten des Zwei-Massen-Systems gleich, es gilt weiterhin Gl. 10.50. Im stationären, schlupffreien Zustand sind auch die Winkelgeschwindigkeiten gleich $\omega_i = \omega_j$, die Drehwinkel ϑ_i und ϑ_j jedoch unterscheiden sich um den Faktor i_{ij}. Als auf die Drehmasse i reduzierter Drehwinkel der Drehmasse j bezeichnet man den Drehwinkel ϑ_j^* auf der der Drehmasse i zugewandten Seite des der Drehmasse j vorgeschalteten Getriebes:

$$\vartheta_j^* = i_{ij}\,\vartheta_j. \tag{10.55}$$

Ist die gegenseitige Verdrehung benachbarter Drehmassen unerheblich oder unter den gegebenen Umständen auf das Verhalten der Gesamtanlage ohne merkbaren Einfluss, empfiehlt sich die Zusammenlegung der Drehmassen einschließlich der an ihnen angreifenden Drehmomente. Für eine solche verdrehsteife Verbindung erhält man bei Berücksichtigung einer der Drehmasse j zugeordneten Getriebestufe mit dem Übersetzungsverhältnis i_{ij} bei leistungsinvarianten Bezugsgrößen als gemeinsame Bewegungsgleichung

$$(T_{\mathrm{J},i} + T_{\mathrm{J},j})\frac{\mathrm{d}\omega}{\mathrm{d}t} = m_{ii} + m_{jj} \quad \text{mit} \quad \omega = \omega_i = \omega_j, \tag{10.56}$$

während für die in rad anzugebenden Drehwinkel die unterschiedlichen Bezugsgrößen zu beachten sind:

$$\frac{\mathrm{d}\vartheta_i}{\mathrm{d}t} = \Omega_{i,\mathrm{N}}\omega \quad \text{und} \quad \frac{\mathrm{d}\vartheta_j}{\mathrm{d}t} = \Omega_{j,\mathrm{N}}\omega \quad \text{sowie} \quad \vartheta_j = \frac{\Omega_{j,\mathrm{N}}}{\Omega_{i,\mathrm{N}}}\vartheta_i = \frac{\vartheta_i}{i_{ij}}. \tag{10.57}$$

10.4.2 Elastisch-dämpfende Drehmomentübertragung

Formschlüssige Drehmoment-Übertragungselemente besitzen stets mehr oder weniger drehelastische und Drehschwingungen dämpfende Eigenschaften, die in Antriebsanlagen gezielt zur Milderung von Drehmomentstößen, zur Bedämpfung von Drehschwingungen und zur Verlagerung gefährlicher Resonanzen ausgenutzt werden [9, 10]. Das Betriebsverhalten solcher normalerweise nicht schaltbarer Wellenkupplungen ist abhängig von den verwendeten Materialien, von der Konstruktion, der Bauform und Baugröße sowie Alterung und verschiedenen Umwelteinflüssen (Temperatur, Luftfeuchte, …) [10, 11].

Für eine zwischen den Drehmassen i und j angeordnete Kupplung sollen die Nenndaten Ω_N und M_N der Drehmasse i als Bezugsgrößen verwendet werden. Von Interesse ist für eine meist relativ kurze Betrachtungsdauer der Zusammenhang zwischen den Bewegungen der beiden benachbarten Drehmassen und das übertragene Kupplungsmoment m_K. Es lässt sich meist hinreichend genau durch ein verallgemeinertes Voigt-Kelvin-Modell, einer Parallelschaltung aus einer verdrehwinkelabhängigen elastischen und einer verdrehwinkelgeschwindigkeitsabhängigen dämpfenden Komponente (Abb. 10.11), beschrieben:

$$m_\mathrm{K} = m_{ij} = m_{cij}(\vartheta_{ij}) + m_{dij}(\omega_{ij}). \tag{10.58}$$

Für den Verdrehwinkel des elastisch-dämpfenden Drehmoment-Übertragungselementes ϑ_{ij}, vereinfachend meist mit φ bezeichnet, und die auf die Nennwinkelgeschwindigkeit der Drehmasse i bezogene Verdrehwinkelgeschwindigkeit ω_{ij} zwischen den Drehmassen i und j gelten die Relationen

$$\varphi = \vartheta_{ij} = \vartheta_j - \vartheta_i \quad \text{und} \quad \omega_{ij} = \omega_j - \omega_i. \tag{10.59}$$

Vorausgesetzt wird dabei, dass die Kupplung direkt an Drehmasse i angeflanscht ist, also der i-seitige Kupplungsflansch mit der Winkelgeschwindigkeit ω_i dreht. Ist der Drehmasse j bezüglich der Drehmasse i eine Getriebestufe mit dem Übersetzungsverhältnis i_{ij} nach Gl. 10.51 zugeordnet, wird anstelle von ϑ_j der nach Gl. 10.55 auf die Drehmasse i reduzierte Drehwinkel ϑ_j^* der Drehmasse j verwendet.

Der Zusammenhang zwischen dem elastischen Kupplungsmoment $m_c(\varphi)$ und dem Verdrehwinkel φ wird als bezogene statische Drehfedersteife (Einheit 1/rad)

$$c_{\text{stat}} = \frac{\Delta m_c(\varphi)}{\Delta \varphi} \tag{10.60}$$

bezeichnet. Für Stahl ist c_{stat} eine Konstante, bei Wellenkupplungen mit Gummi- oder Elastomerwerkstoffen jedoch mehr oder weniger von der Auslenkung abhängig. Charakteristisch für nichtmetallische Kupplungswerkstoffe ist außerdem, dass sie bei schnellen Laständerungen steifer wirken und sich der weichere stationäre Endzustand nur langsam einstellt. Man unterscheidet deshalb zwischen der statischen und der um den Faktor k_{dyn} größeren dynamischen Drehfedersteife [10, 11]

$$c_{\text{dyn}} = k_{\text{dyn}} c_{\text{stat}} \quad \text{mit} \quad k_{\text{dyn}} = 1{,}1 \text{ bis } 3. \tag{10.61}$$

Gerechnet wird bei der Betrachtung dynamischer Vorgänge grundsätzlich mit der dynamischen Verdrehfedersteife. Die genauen Werte für c_{dyn} oder c_{stat} und k_{dyn} sind den Kupplungsunterlagen zu entnehmen oder vom Kupplungshersteller zu erfragen. Für nichtlineare Drehfederkennlinien geben die Kupplungshersteller vielfach c-Werte für unterschiedliche Belastungsstufen an, zwischen denen dann ggf. zu interpolieren ist. Oft genügt jedoch der lineare Ansatz

$$m_{cij}(\vartheta_{ij}) = c_{\text{dyn}} \vartheta_{ij} \tag{10.62}$$

mit einem mittleren Wert für c_{dyn}.

Abb. 10.11 Zweimassen-System mit elastisch-dämpfender Kupplung

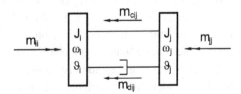

Hochelastische Wellenkupplungen dürfen statisch meist nur bis zum dreifachen Nenn-drehmoment M_{KN}, oft auch noch weniger, belastet werden. Mitunter besitzen sie aber auch schon vorher einen metallischen Anschlag als Verdrehbegrenzung beim maximal zulässi-gen Verdrehwinkel φ_{max}. Hochelastische Kupplungen haben niedere c-Werte ($< 10\,\text{rad}^{-1}$), steife Verbindungselemente dagegen hohe c-Werte ($> 100\,\text{rad}^{-1}$).

Der dämpfende Anteil des Kupplungsmomentes entsteht durch die innere Reibung des elastischen Kupplungsmaterials bei Verdrehbewegungen zwischen den Kupplungs-flanschen. Als Parameter der Werkstoffdämpfung wird die relative oder verhältnismäßige Dämpfung ψ verwendet. Sie ist frequenz-, vorlast- und amplitudenabhängig, wird aber näherungsweise als konstant angenommen. Kupplungsmaterialien mit $\psi > 2$ besitzen sehr gutes Dämpfungsvermögen, durch $\psi < 0{,}01$ wird ein geringes Dämpfungsvermögen cha-rakterisiert. Da eine genauere Nachbildung des Dämpfungsverhaltens zwar möglich [11], jedoch überaus aufwändig und oft unsicher ist, wird hier der übliche geschwindigkeitspro-portionale Ansatz des Voigt-Kelvin-Modells

$$m_{dij}(\omega_{ij}) = d\omega_{ij} \tag{10.63}$$

gewählt mit dem aus der verhältnismäßigen Dämpfung berechenbaren Dämpfungsbeiwert

$$d = \frac{\psi c_{dyn}(\varphi)}{2\pi\omega_e}. \tag{10.64}$$

ω_e steht dabei für die auf Ω_N bezogene Anregungskreisfrequenz. Für Untersuchungen mit kleinen Anregungen und Schwingungen mit geringer Auslenkung um einen festen Ar-beitspunkt kann vereinfacht auch mit konstanten Werten für die dynamische Federsteife c_{dyn} und den Dämpfungsbeiwert d gerechnet werden. Bei sehr verdrehsteifen Verbindun-gen wird die Dämpfung oft vernachlässigt.

10.4.3 Anlaufkupplungen und Bremsen

Kraftschlüssige Drehmoment-Übertragungselemente kommen als Schalt- oder Anlauf-kupplungen, Drehmomentbegrenzungs-, Sicherheits- oder Stellkupplungen oder als Bremsen, bei denen der abtriebsseitige Flansch stillsteht ($n_j = 0$), zum Einsatz. Ihre Dreh-momentübertragung erfolgt durch mechanische, viskose oder hydrodynamische Reibung oder durch elektromagnetische Kraftwirkung. Das zwischen den Drehmassen i und j an-geordnete und der Drehmasse i zusätzlich zu ihrem elastisch-dämpfenden Drehmoment-Übertragungselement zugeordnete kraftschlüssige Drehmoment-Übertragungselement wird ebenfalls als masselos angenommen. Das über diese Kupplung auf die Drehmasse i übertragene Drehmoment kann in Abhängigkeit von der vorliegenden Ausführungsform durch verschiedene Näherungen charakterisiert werden.

Bei einer Reibungskupplung ist zwischen den Zuständen Gleitreibung und Haftreibung zu unterscheiden. Im Gleitreibungszustand wird über die Reibflächen auf die Drehmasse i

Abb. 10.12 Schaltvorgang
an einer Reibungskupplung.
a Einschaltung, **b** Ausschal-
tung

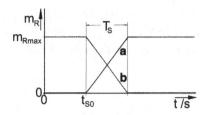

als Kupplungsmoment m_K das Rutschmoment m_R übertragen. Es wird beim Einschaltvor-
gang zeitabhängig, vorzugsweise linear oder exponentiell, vom Wert null (ausgeschalteter
Zustand) bis zum Maximalwert m_{Rmax} (eingeschalteter Zustand) erhöht, beim Ausschalt-
vorgang entsprechend von m_{Rmax} bis auf null vermindert (Abb. 10.12):

$$m_K = m_R(t)\mathrm{sign}(s) \quad \text{mit} \quad s = n_j - n_i. \tag{10.65}$$

Mit t_{S0} ist in Abb. 10.12 der Anfangszeitpunkt und mit T_S die Schaltzeit, während der das
Reibmoment erhöht oder vermindert wird, bezeichnet. Außerhalb des Schaltvorganges ist
das Reibmoment konstant null (Reibungskupplung aus) bzw. m_{Rmax} (Reibungskupplung
ein). Wird im Gleitreibungszustand s = 0, geht die Reibungskupplung in den Haftreibungszustand über.

Im Haftreibungszustand wird das von der Drehmasse j über die Reibflächen auf die
Drehmasse i wirkende Kupplungsmoment m_K nur vom Verdrehwinkel φ, dem Verdrehschlupf s und den Eigenschaften des ggf. zwischen Drehmasse i und zugeordneter Reibungskupplung befindlichen elastisch-dämpfenden Drehmoment-Übertragungselementes
bestimmt. Überschreitet jedoch das Kupplungsmoment m_K betragsmäßig das aktuelle Si-
cherheitsmoment m_S

$$m_S = k_{HG}m_R \quad \text{mit} \quad k_{HG} > 1, \tag{10.66}$$

geht die Reibungskupplung wieder in den Gleitreibungszustand über. Durch den Faktor
k_{HG} entsteht zwischen den Übergängen eine Hysterese.

Im Gleitreibungszustand beträgt der Schaltwinkel zwischen den Reibflächen der der
Drehmasse i zugeordneten Reibungskupplung

$$\delta = \vartheta_j - \vartheta_i - \varphi. \tag{10.67}$$

Ist zwischen Drehmasse i mit ihren Drehmoment-Übertragungselementen und der Dreh-
masse j ein Getriebe angeordnet, ist auch hier ϑ_j durch ϑ_j^* nach Gl. 10.55 zu ersetzen. Die
dämpfende Komponente wird im Gleitreibungszustand vernachlässigt, das Reibmoment
also der elastischen Komponente gleichgesetzt. Mit m_K aus Gl. 10.65 kann der Verdrehwinkel φ daher aus der elastischen Kennlinie berechnet werden. Im Haftreibungszustand
behält der Schaltwinkel δ den beim Verlassen des Gleitreibungszustandes vorhandenen
Wert, das Übertragungsmoment m_K ist also mit dem nach Gl. 10.67 berechenbaren Verdrehwinkel und dem Verdrehschlupf s zwischen den Drehmassen i und j bestimmbar.

Bei der vereinfachten Nachbildung von Schlupfkupplungen und Bremsen ($s = -n_i$) wird die Elastizität der Drehmomentübertragung meist vollständig vernachlässigt. So lassen sich mit dem einfachen Ansatz

$$m_K(s) = \left(a_1 + a_2|s| + a_3 s^2\right) \operatorname{sign}(s) \tag{10.68}$$

näherungsweise sowohl mechanische Rutsch- und Magnetpulverkupplungen ($a_1 \neq 0$) als auch Anlaufkupplungen und Bremsen mit viskoser ($a_2 \neq 0$) oder hydrodynamischer Dämpfung ($a_3 \neq 0$) nachbilden.

Für die Nachbildung der Induktionskupplung eignet sich der aus der verallgemeinerten Klossschen Beziehung abgeleitete Ansatz

$$m_K(s) = a_1 \frac{2 + a_3}{\frac{s}{a_2} + \frac{a_2}{s} + a_3}; \tag{10.69}$$

a_1 steht darin für das relative Kippmoment, a_2 für den relativen Kippschlupf und a_3 für einen Verlustzuschlag.

Literatur

1. Merker, G.P., Schwarz, C., Teichmann, R. (Hrsg.): Grundlagen Verbrennungsmotoren, 5. Aufl., Vieweg + Teubner, Wiesbaden (2011)

2. Hafner, K.E., Maas, H.: Torsionsschwingungen in der Verbrennungskraftmaschine. Springer, Wien u. a. (1985)

3. Matzen, M.: Verfahren zur Berechnung der Drehzahlregelung von Dieselmotoren. Regelungstechnik 9(12), 497–505 (1961). 10 (1962) 1, S. 20–25

4. Eckert, K., Gauger, R.: Das Drehmomentverhalten eines nicht aufgeladenen Dieselmotors bei sinusförmigen Einspritzmengen. MTZ 26(7), 293–304 (1965)

5. o.V.: UG Zifferblattregler. Druckschrift 03040D. Woodward Governor Company: ohne Jahr.

6. Hutarew, G., Schmidt, A., Wührer, W.: Das Verhalten der Drehzahlregeleinrichtung von Dieselmotoren bei sinusförmigen Drehzahlschwankungen. MTZ 26(10), 397–405 (1965)

7. o.V.: Heinzmann Elektronische Drehzahlregler – Basissystem E 2000. Druckschrift E 94 004-d/01-07. Heinzmann GmbH & Co. KG., 2007.

8. Crastan, V.: Elektrische Energieversorgung, 3. Aufl. Springer, Berlin u. a. (2012). 3 Bde

9. Dresig, H., Holzweißig, F.: Maschinendynamik, 10. Aufl. Springer, Berlin u. a. (2011)

10. Decker, K.-H., et al.: Maschinenelemente, 18. Aufl. Hanser Verlag, München (2011)

11. Peeken, H., Troeder, C.: Elastische Kupplungen. Springer, Berlin u. a. (1986)

Anhang B: Anlagenkennwerte der Simulationsbeispiele

11

Zusammenfassung

Die Daten der in den Beispielen verwendeten Drehstrommaschinen, Spannungsregler, Dieselmotoren, Drehzahlregler, Kupplungen und Netzelemente sind in Tabellenform aufgeführt. Für die Drehstrommaschinen sind neben den Nenndaten und den charakteristischen Kenngrößen (Primärdaten) auch die daraus berechneten Modellparameter angegeben.

© Springer Fachmedien Wiesbaden 2015
H. Mrugowsky, *Drehstrommaschinen im Inselbetrieb*, DOI 10.1007/978-3-658-08990-0_11

11.1   Dieselgenerator DG

Tab. 11.1   Nenn- und Primärdaten des Generators

	HM (R1, R2)	HM (R3)	HM (R4)	EM (R1)	EM (R2, R3, R4)
U_N in kV	0,4	0,4	0,4	0,4	0,4
I_N in kA	1,083	1,083	1,083	1,083	1,083
f_N in Hz	50	50	50	100	100
n_N in min^{-1}	1000	1000	1000	1000	1000
J in kg m^2	60	60	60	0	0
S_N in MW	0,7503	0,7503	0,7503	0,7503	0,7503
Z_0 in Ω	0,2132	0,2132	0,2132	0,2132	0,2132
T_m in s	0,8769	0,8769	0,8769	0	0
r_a	0,0143	0,0143	0,0143	0,1	–
$x_{\sigma a}$	0,0486	0,0486	0,0486	0,4	0,4
x_d	1,69	1,69	1,69	7,5	7,5
x_d'	0,15	0,15	0,15	1,4168	–
x_d''	0,12	0,12	0,12	1,4026	–
$x_{\sigma Dfd}$	0	−0,05	+0,05	0	–
T_d' in s	0,1	0,1	0,1	0,035	–
T_d'' in s	0,023	0,023	0,023	0,00001	–
R_{fd}/Z_0	5,173	5,173	5,173	18,67	–
x_q	1,2	1,2	1,2	3,8	3,8
x_q''	0,23	0,23	0,23	3,762	–
T_q''	0,012	0,012	0,012	0,00001	–

Tab. 11.2 Modellparameter und Magnetisierungskennlinien des Generators

	HM (R1, R2)	HM (R3)	HM (R4)	EM (R1)	EM (R2–R4)
x_{hd}	1,6414	1,6414	1,6414	7,1000	7,1000
$x_{\sigma Dd}$	0,1931	0,5957	0,0304	71,9432	–
$x_{\sigma fd}$	0,1217	0,1576	0,1309	1,1868	1,1868
r_{Dd}	0,0309	0,0820	0,0096	11.495,7978	–
r_{fd}	0,0055	0,0049	0,0090	0,0712	0,0712
$\ddot{u}_{afd}$	0,0266	0,0252	0,0340	0,0504	0,0504
x_{hq}	1,1514	1,1514	1,1514	3,4000	3,4000
$x_{\sigma Dq}$	0,2153	0,2153	0,2153	300,8105	–
r_{Dq}	0,0695	0,0695	0,0695	47.932,4429	–
x_k	–	–	–	2,5823	2,5823
I_{fd0} in kA	0,0610	0,0579	0,0781	0,1158	0,1158
U_{fd0} in kV	12,2966	12,9589	9,6029	6,4780	6,4780
Leerlaufkennlinien $i_{Fd0} = i_{Fd0}(u_0)$					
ψ_{rd}	0,0308	0,0308	0,0308	0	0
x_{hd0}	1,6414	1,6414	1,6414	7,1	7,1
a_0	0,19659	0,19659	0,19659	0	0
b_0	5,1427	5,1427	5,1427	1	1
ψ_{01}	0	0	0	0	0
Hauptflusskennlinien $i_{hd} = i_{hd}(\psi_{hd})$					
ψ_{rd}	0,0308	–	–	–	–
x_{hd0}	1,6414	–	–	–	–
a_h	0,1	–	–	–	–
b_h	4,5	–	–	–	–
ψ_{h1}	0,1	–	–	–	–
Polflusskennlinien $i_{pd} = i_{pd}(\psi_{fd})$					
ψ_{p0}	0,0043	–	–	–	–
x_{p0}	47,1092	–	–	–	–
a_p	0,8225	–	–	–	–
b_p	3,1177	–	–	–	–
ψ_{p1}	0,5687	–	–	–	–

Tab. 11.3 Parameter zur Kompoundierungseinrichtung und zum Spannungsregler

Kompoundierungseinrichtung	x_D	$ü_{T0}$	a_T	b_T	c_T	δ in rad
Abb. 9.5a	347,01	0,003939	2	0,05	1	0
Abb. 9.5b	347,19	0,004462	2	0,05	1	0
Abb. 9.5c	352,34	0,004392	2	0,05	1	0
Abb. 9.5d	347,10	0,004208	2	0,05	1	0,17
Abb. 9.6	312,28	0,004486	2	0,05	1	0,17
Spannungsregler	$u_{H,soll}$	k_b	k_P	T_I in s	$y_{Fd,max}$	$y_{Fd,min}$
	1,024	0,04	5	0,5	1	0

Zuleitungs- und Nullimpedanzen: $r_L = 0{,}002,$ $x_L = 0{,}002,$ $r_0 = 0{,}03,$ $x_0 = 0{,}05,$

Nennlast- und Halblastimpedanzen: $r_x = 0{,}8,$ $x_x = 0{,}6,$ $r_x = 1{,}6,$ $x_x = 1{,}2,$

Synchronisierdrossel: $r_{Dr} = 0{,}15,$ $x_{Dr} = 1{,}7,$

Verlustdrehmoment (Reibung): $m_r = -0{,}05.$

Tab. 11.4 Kennwerte zum Dieselmotor mit Drehzahlregler und Motorkupplung

Dieselmotor			
P_N in MW	0,7	y_{Rr}	−0,12
n_N in min^{-1}	1000	y_{Rmax}	1,1
z	6	l_S	0,72
J in kgm^2	120	b_{v0}	0,2
T_J in s	1,88	a_L	0,8
T_t in s	0,024	T_L in s	3
Drehzahlregler		Motorkupplung	
n_0 in min^{-1}	1042,6	$c(0)$ in rad^{-1}	20
k_P	0,045377	$c(0{,}25)$ in rad^{-1}	20
k_M	10	$c(0{,}5)$ in rad^{-1}	20
k_v	1,5	$c(0{,}75)$ in rad^{-1}	20
T_v in s	0,4	$c(1{,}0)$ in rad^{-1}	20
T_I in s	0,06	ψ	1,1

11.2   Drehstrom-Asynchronmotoren

Tab. 11.5 Katalog- und Primärdaten für Drehstrom-Asynchronmotoren M1 und M2

Katalogdaten	M1[1]	M2
Typ	1LA8 315-4AB60	–
P_N in MW	0,25	0,3
U_N in kV	0,4	0,4
I_N in kA	0,425	0,541
f_N in Hz	50	50
n_N in min^{-1}	1488	1410
$\cos\varphi_N$	0,88	0,8
η_N	0,96	0,92
J in kgm^2	3,6	–
M_N in kNm	1,6	–
M_k/M_N	2,8	–
M_A/M_N	1,9	–
I_A/I_N	6,5	–
Primärdaten in p.u.		
i_0 (variiert zur m_k/m_N-Anpassung)	0,3256	0,5
i_A	6,5	6
$\cos\varphi_A$ (variiert zur m_A/m_N-Anpassung)	0,3193	0,6
$\cos\varphi_N$	0,88	0,8
s_N	0,008	0,06

Tab. 11.6 Modellparameter der Drehstrom-Asynchronmotoren M1 und M2

Modellparameter (in p.u. bzw. s, kNm)	M1	M2
r_1	0,01	0,02
$x_{\sigma 1}$	0,072896	0,06667
x_h	2,9983	1,93333
$x_{\sigma 23}$	0,047758	0,05725
$x_{\sigma 2}$	0	0
$x_{\sigma 3}$	0,089308	0,81458
r_{23}	0	0
r_2	0,06238	0,08934
r_3	0,0096274	0,28
$T_{m,M}$ in s	0,3017	–
$T_{m,ges}$ in s	0,6	0,5
Berechnete Drehmomentwerte		
M_0 in kNm	1,8745	2,3873
m_N	0,87	0,78
m_k/m_N	2,8	3,8
s_k	0,047	0,7365
m_H/m_N	1,548	–
s_H	0,32	–
m_A/m_N	1,9	3,69
Zuleitungsimpedanzen in p.u.		
r_L	0,002	0,003
x_L	0,002	0,003
Lastdrehmoment-Ansatz: $m_A = (a_1 + a_2|\omega_A| + a_3\omega_A^2)\mathrm{sign}(\omega_A)$, Parameter in p.u.		
a_1	−0,2	−0,77
a_2	0,2	–
a_3	−0,4	–

Literatur

1. Siemens: Niederspannungsmotoren – Käfigläufermotoren 0,06 kW bis 1000 kW. Katalog M 11. 2002/2003. Siemens AG, Erlangen (2003)

Sachverzeichnis

© Springer Fachmedien Wiesbaden 2015
H. Mrugowsky, *Drehstrommaschinen im Inselbetrieb*, DOI 10.1007/978-3-658-08990-0